普通高等教育土建学科专业"十二五"规划教材
建筑数字技术系列教材

SketchUp 建筑建模详解教程（第二版）

童滋雨　编著
吉国华　校审

U0194879

中国建筑工业出版社

图书在版编目（CIP）数据

SketchUp建筑建模详解教程 / 童滋雨编著. —2版. —北京：中国建筑工业出版社，2014.8

普通高等教育土建学科专业"十二五"规划教材. 建筑数字技术系列教材

ISBN 978-7-112-16979-5

Ⅰ.①S⋯　Ⅱ.①童⋯　Ⅲ.①建筑设计—计算机辅助设计—应用软件—教材　Ⅳ.① TU201.4

中国版本图书馆 CIP 数据核字（2014）第 127710 号

　　本教材采取了以建筑建模为核心的结构模式，该模式强调建模思路和方法的类型化，以不同类型的建模方法选择相对应的建筑实例，建立完整的建筑实例体系，帮助读者通过实际案例操作实现软件功能的掌握。软件功能完全为目的服务，从而使得教材具有更强的专业性和更长的时效性。

　　本书除供高等学校建筑学、城市规划、风景园林、艺术设计等专业的学生和有关专业人士之用，也可作为其他有关人员阅读、参考。

本书可提供教学课件，有需要者请与出版社联系，邮箱：jzsgjskj@163.com。

责任编辑：陈　桦　刘平平
责任设计：董建平
责任校对：李美娜　党　蕾

普通高等教育土建学科专业"十二五"规划教材
建筑数字技术系列教材
SketchUp 建筑建模详解教程（第二版）
童滋雨　编著
吉国华　校审
＊
中国建筑工业出版社出版、发行（北京海淀三里河路 9 号）
各地新华书店、建筑书店经销
北京京点图文设计有限公司制版
北京建筑工业印刷厂印刷
＊
开本：787×1092 毫米　1/16　印张：21¾　字数：530 千字
2014 年 8 月第二版　2020 年 2 月第十一次印刷
定价：46.00 元（附网络下载）
ISBN 978-7-112-16979-5
　　　　（25219）

本系列教材编委会

序　言

近年来，随着产业革命和信息技术的迅猛发展，数字技术的更新发展日新月异。在数字技术的推动下，各行各业的科技进步有力地促进了行业生产技术水平、劳动生产率水平和管理水平在不断提高。但是，相对于其他一些行业，我国的建筑业、建筑设计行业应用数字技术的水平仍然不高。即使数字技术得到一些应用，但整个工作模式仍然停留在手工作业的模式上。这些状况，与建筑业是国民经济支柱产业的地位很不相称，也远远不能满足我国经济建设迅猛发展的要求。

在当前数字技术飞速发展的情况下，我们必须提高对建筑数字技术的认识。

纵观建筑发展的历史，每一次建筑的革命都是与设计手段的更新发展密不可分的。建筑设计既是一项艺术性很强的创作，同时也是一项技术性很强的工程设计。随着经济和建筑业的发展，建筑设计已经变成一项信息量很大、系统性和综合性很强的工作，涉及建筑物的使用功能、技术路线、经济指标、艺术形式等一系列数量庞大的自然科学和社会科学的问题，十分需要采用一种能容纳大量信息的系统性方法和技术去进行运作。而数字技术有很强的能力去解决上述的问题。事实上，计算机动画、虚拟现实等数字技术已经为建筑设计增添了新的表现手段。同样，在建筑设计信息的采集、分类、存贮、检索、分析、传输等方面，建筑数字技术也都可以充分发挥其优势。近年来，计算机辅助建筑设计技术发展很快，为建筑设计提供了新的设计、表现、分析和建造的手段。这是当前国际、国内层出不穷的构思独特、造型新颖的建筑的技术支撑。没有数字技术，这些建筑的设计、表现乃至于建造，都是不可能的。

建筑数字技术包括的内容非常丰富，涉及建筑学、计算机、网络技术、人工智能等多个学科，不能简单地认为计算机绘图就是建筑数字技术，就是CAAD的全部。CAAD的"D"不应该仅仅是"Drawing"，而应该是"Design"。随着建筑数字技术越来越广泛的应用，建筑数字技术为建筑设计提供的并不只是一种新的绘图工具和表现手段，而且是一项能全面提高设计质量、工作效率、经济效益的先进技术。

建筑信息模型（Building Information Modeling，BIM）和建设工程生命周期管理（Building Lifecycle Management，BLM）是近年来在建筑数字技术中出现的新概念、新技术，BIM技术已成为当今建筑设计软件采用的主流技术。BLM是一种以BIM为基础，创建信息、管理信息、共享信息的数字化方法，能够大大减少资产在建筑物整个生命期（从构思到拆除）中的无效行为和各种风险，是建设工程管理的最佳模式。

建筑设计是建设项目中各相关专业的龙头专业，其应用BIM技术的水平将直接影响到整个建设项目应用数字技术的水平。高等学校是培养高水平技术人才的地方，是传播先进文化的场所。在今天，我国高校建筑学专业培养的毕业生除了应具有良好的建筑设计专业素质外，还应当较好地掌握先进的建筑数字技术以及 BLM-BIM 的知识。

而当前的情况是，建筑数字技术教学已经滞后于建筑数字技术的发展，这将非常不利于学生毕业后在信息社会中的发展，不利于建筑数字技术在我国建筑设计行业应用的发展，因此我们必须加强认识、研究对策、迎头赶上。

有鉴于此，为了更好地推动建筑数字技术教育的发展，全国高等学校建筑学学科专业指导委员会在 2006 年 1 月成立了"建筑数字技术教学工作委员会"。该工作委员会是隶属于专业指导委员会的一个工作机构，负责建筑数字技术教育发展策略、课程建设的研究，向专业指导委员会提出建筑数字技术教育的意见或建议，统筹和协调教材建设、人员培训等的工作，并定期组织全国性的建筑数字技术教育的教学研讨会。

当前社会上有关建筑数字技术的书很多，但是由于技术更新太快，目前真正适合作为建筑院系建筑数字技术教学的教材却很少。因此，建筑技术教育工委会成立后，马上就在人员培训、教材建设方面开展了工作，并决定组织各高校教师携手协作，编写出版《建筑数字技术系列教材》。这是一件非常有意义的工作。

系列教材在选题的过程中，工作委员会对当前高校建筑学学科师生对普及建筑数字技术知识的需求作了大量的调查和分析。选题力求做到先进性、全面性、针对性。而在该系列教材的编写过程中，参加编写的教师能够结合建筑数字技术教学的规律和实践，结合建筑设计的特点和使用习惯来编写教材。各本教材的主编，都是富有建筑数字技术教学理论和经验的教师。他们在主持编写的过程中十分注重编写质量。因此，各本教材都得到了相关软件公司官方的认可。相信该系列教材的出版，可以满足当前建筑数字技术教学的需求，并推动全国高等学校建筑数字技术教学的发展。同时，该系列教材将会随着建筑数字技术的不断发展，与时俱进，不断更新、完善和出版新的版本。

全国 20 多所高校 40 多名教师参加了《建筑数字技术系列教材》的编写，感谢所有参加编写的老师，没有他们的无私奉献，这套系列教材在如此紧迫的时间内是不可能完成的。教材的编写和出版得到了欧特克软件（中国）有限公司、奔特力工程软件系统（上海）有限公司、上海曼恒信息技术有限公司、北京金土木软件技术有限公司和中国建筑工业出版社的大力支持，在此也对他们表示衷心的感谢。

让我们共同努力，不断提高建筑数字技术的教学水平，促进我国的建筑设计在建筑数字技术的支撑下不断登上新的高度。

全国高等学校建筑学学科指导委员会主任　仲德崑
建筑数字技术教学工作委员会主任　李建成
2006 年 9 月

第二版前言

本教材初版于 2007 年，至今已有 7 年。期间软件所有方由初始的 @last Software 公司到 Google 公司再到 Trimble 公司，软件版本也从当时的 5.0 到 8.0 再到 2013，经历了诸多变化。然而本教材依然多次印刷，显示出较强的生命力，这得益于我们当时的写作策略——摒弃了传统软件教材通常采用的以软件功能介绍为主的结构模式，而采取了以建筑建模为核心的结构模式。该模式强调建模思路和方法的类型化，以不同类型的建模方法选择相对应的建筑实例，建立完整的建筑实例体系，帮助读者通过实际案例操作实现软件功能的掌握。软件功能完全为目的服务，从而使得教材具有更强的专业性和更长的时效性。

尽管本教材不依赖于版本的更新变化，但为更贴合软件本身的使用，我们仍然决定推出教材的修订版，针对软件在功能和界面上的改进作相应的内容调整。

本次修订是以 SketchUp2013 为主要版本，考虑到该软件的中文版翻译不太成熟，本教材此次以英文版本为主。在本次修订中，首先是添加了对一些新功能的介绍，包括新的显示模式、动态组件、实体等，还对渲染和插件的使用作了简单的介绍，其次是增加了利用沙盒工具进行三维地形和膜结构的建模操作，此外，针对很多操作界面的变更作了相应的更新。需要说明的是，第 3 章不同类型建筑实例建模中，涉及建筑实例较多，全部按新的软件界面更新工作量太大，而且考虑到原有内容并不影响操作练习，因此在本次修订中更新较少。

另外，新版 SketchUp 中的一个新的功能板块是布局（Layout），该板块主要功能是图面排版和演示，对建模本身并没有什么影响，因此本教材不涉及此部分内容。

Trimble 公司对 SketchUp 软件未来的发展寄予很大的期望，尤其是在建筑信息模型（BIM）方向的发展方面。本教材也会关注这方面的进展，希望在下一次修订中能添加更多这方面的内容。

Trimble 公司为本书的写作提供了软件正版许可证，在此表示感谢，其官方网址为"www. sketchup.com"和"www.sketchupchina.com"。Trimble 公司继承了 SketchUp 软件免费和专业版本的概念，但在定义和市场运作方面作了区分，并分别命名为"Pro 专业版"和"Make 兴趣版"。对这两个版本的区分，其官方解释是：

"……我们相信当人们能视觉化、讲说、文档化展示解释想法和项目是最好的状态，这就是 SketchUp Pro(专业版) 想传达的。专业版的核心目标市场是建筑师，工程师，和施工方。实际上我们的专业用户可延伸到很多不同的行业：室内设计，游戏设计，执法机构（案件场景分析），家具设计，尽你所想。……SketchUp Pro 既包含最基本的建模工具，也包含专业工作必要使用的功能特性，比如：能把文件导入到其他 CAD 程序，有效生成文档并展示模型工作。对于专业人士而言，能生成展示三维模型的文档文件是非常必要的，所以我们制作了 LayOut，这是专业版本里能做到的最好的展示细节、详细表达、定制化、展示、推销作品的方法。

SketchUp Make（兴趣版）是为了那些兴趣爱好者，那些热情的设计师们，无论他们是否认为自己是一个创造者，他们需要一款简单设计工具，而不需要知道点云、报表或者 CAD 文件互导之类的问题。我们相信任何精彩的东西都是开始于漂亮的绘制，所以我们推荐 SketchUp Make（兴趣版）为这些制作者们从每个项目开始，作为他们必要的设计工具。兴趣版的用户对我们来说非常重要，免费版本使用者潜在对专业版本的需求是我们市场的重要支撑，SketchUp.com 上的重大浏览量，3D warehouse 里面的许多模型上传：这都是下载和兴趣版使用的结果。兴趣版用户仍能设计和创建出令人印象深刻的项目，我们希望让他们能最小障碍地接近 SketchUp。"

最后，希望本教材能真正为使用 SketchUp 进行建筑设计的相关人员提供帮助，提高建模效率，改进建模思路，从而更好地对设计方案进行推敲，并加强模型效果的表达。

童滋雨

2014 年 4 月于南京大学

第一版前言

　　SketchUp 作为一种方便易用且又功能强大的三维建模软件，一经推出就在建筑设计领域得到了广泛的应用。其快速成形、易于编辑、直观的操作和表现模式尤其有助于建筑师对方案的推敲。这种帮助不仅体现在对建筑大体量的把握上，还体现在对建筑细部、节点的控制上。同时，实时的材质、光影表现也可以帮助我们得到更为直观的视觉效果。可以说，这是一款为建筑师度身定做的辅助设计软件。然而，尽管 SketchUp 具有很好的易用性，要做到非常熟练地操作也需要一定的学习和实践。本书就是提供这样一个平台，使得读者通过对一系列建筑元素的建模操作的学习，尽快地做到对 SketchUp 完整、熟练地掌握。

　　本书所使用的 SketchUp 版本主要是 5.0.260 中文版，因此相关界面和命令操作都是中文。本书在最后的附录中给出了 SketchUp 命令的中英文对照，以方便英文版的使用者。另外。本书中还介绍了一部分 SketchUp 中文增值版和新的 SketchUp Pro 6.0.277 英文版的新增功能 (SketchUp Pro 6 版中的 Layout 功能未纳入本书范围)。供相关使用者参考。

　　本书的对象是与建筑设计相关的建筑师和学生，针对读者的特点，我们在书的结构安排上不同于那些普通的讲解软件操作的教材。本书的重点不在于详细讲解软件中每一个命令如何使用或每一个菜单所具备的功能，而是针对建筑建模的需要，介绍相关操作的使用技巧和命令组合。本书以功能详解和实例操作相结合，可以帮助读者在学习软件的同时也得到一定程度的实践练习。同时这样的安排也避免了一般软件书籍因软件本身版本的升级而很快过时的问题，因而具有更长的时效性。

　　本书共分 5 章。第 1 章简单介绍了 SketchUp 的基本概念和操作流程，使从未用过该软件的新手对其有一个整体上的了解，并能完成一些简单的操作练习。第 2 章介绍了各种基本建筑元素的建模方法。从建筑体量开始，包括墙、门窗、屋顶、楼梯、地形等，在对这些建筑元素的建模练习中逐步加深对 SketchUp 的理解，同时这些建模方法都可以为下一章的建筑实例建模所用。第 3 章选择了几个不同类型建筑的实例，比较全面地介绍了不同建筑建模的过程和技巧。在实例的选择上不仅考虑了建筑类型的差异，还考虑了 SketchUp 建模方法的差异。从单层坡顶建筑到三层的别墅展现了建模对象的逐渐复杂。而两个多层建筑则分别展现了两种不同的建模方法：标准层组件方法和整体墙面窗户组件方法。不规则建筑展现了 SketchUp 操纵空间中的面的方法。最后的四合院展现了对于中国传统建筑和建筑群体组合的建模方法。在完成第 2 和第 3 章的练习后，读者已经基本上掌握了 SketchUp 的所有建模方法，在第 4 章中，我们进一步介绍关于建筑模型表现的一些技巧，包括显示设置、材质、剖切面和标注等。第 5 章主要介绍一些高级应用技巧，包括对群组和组件的使用、相机和动画、文件的导入和导出，以及 SketchUp 的其他所有设置。通过对这些章节的学习，读者将完整地了解 SketchUp 的工作方式、操作方法和相关技巧。

需要指出的是，本书介绍的 SketchUp 建模方法并不是唯一的。实际上。SketchUp 所具有的功能可以提供多种可能的建模方法。本书在指导学习 SketchUp 的同时，希望能够启发读者根据自身的设计方法和特点形成自己的高效的建模方法。另外，由于时间和水平有限，书中的错误在所难免，也希望读者能给予指正。

本书第 3 章中的实例建模及介绍是由胡巍、赵家玉和刘慧杰完成的。吉国华为第 3 章的写作提供了悉心的指导，并对全书进行了校审。

另外，上海曼恒信息技术有限公司为本书的写作提供了正版软件和操作手册作为参考，在此表示感谢。最后还要感谢中国建筑工业出版社，特别是陈桦编辑对本书写作的支持和耐心等待。

目　录

第1章 SketchUp 基本概念和操作流程

SketchUp 是一种简便、直观且功能强大、富有效率的三维建模软件，可以帮助我们方便快速地创建、观察、修改和表现三维模型。SketchUp 的这种特点在建筑方案设计，尤其是草图设计阶段，对方案的快速成型和推敲提供了极大的便利。而在最新版的 SketchUp 中，配合其中的 LayOut 软件包使用，甚至可以用于建筑信息模型（Building Information Model，BIM）的构建。

SketchUp 模型之所以具有如此延展性和灵活性的关键，在于面和体的建模和编辑的简便性。SketchUp 以"线"和"面"作为基本的制图要素。"线"构成"面"，对"面"的编辑实际上是对"线"的编辑；"面"构成"体"，对"体"的编辑实际上是对"面"的编辑。

图 1-1 模型之线

对于 SketchUp 场景中的三维模型来说，"线"是其构成的基本，"线"在三维空间中相互连接组合成"面"的架构，而"面"是由这些"线"围合而成的（图 1-1）。在同一平面上的任意几条线，包括直线、圆弧和曲线，只要它们能围成一个闭合的区域，该区域将自动生成一个"面"。"面"必须依附于"线"存在，任何一个"面"，只要它有一条边线被删除，该"面"也就不存在了。而即使删除了"面"，其边线依然可以独立存在。

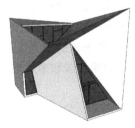

图 1-2 模型之面

然而，尽管"线"是构成 SketchUp 模型的最基本要素，"面"才是 SketchUp 模型的最重要的构成要素（图 1-2）。"面"的生成、编辑和组合构成了 SketchUp 操作的主要内容。SketchUp 模型的建立和编辑过程就是对"面"操作的过程。

因此，我们可以将 SketchUp 模型看作是一种"面"模型，它不同于线框模型，尽管 SketchUp 中有线框显示模式；它也不同于体模型，尽管看上去和体模型很相似，但只要加上一个剖切面，就可以清楚地看到其"面"的本质（图 1-3）。因此，可以将 SketchUp 模型等同于建筑设计中利用硬纸板制作的工作模型，所用的材料都是没有厚度的面。

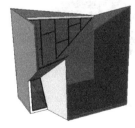

图 1-3 无厚度的面

下面，我们简单介绍一下 SketchUp 的系统构成和操作流程。

1.1 SketchUp 的系统构成

SketchUp 的系统构成包括 SketchUp 的构成要素、坐标系统和自动捕捉系统等。熟悉这些将有助于我们理解并掌握 SketchUp 的特点和规则。

1.1.1 SketchUp 的构成要素

下面简单介绍一下 SketchUp 场景的构成要素：

线：包括直线（Line）、弧线（Arc）和自由线（Freehand）。

前面已经介绍过，线是 SketchUp 的最基本构成要素，通常作为面的边线存在。其中直线是有一定长度的线段（图 1-4）。弧线（图 1-5）和自由线（图 1-6）都是由数量不等的折线段构成，但作为一个整体出现。弧线可以通过改变其折线段的数量获得不同的平滑效果，自由线则无法进行这种修改。弧线和自由线都可以被炸开成一堆各自独立的直线。自由线又可被称为曲线（Curve）。

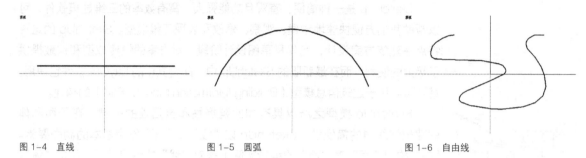

图 1-4　直线　　　　　　　　图 1-5　圆弧　　　　　　　　图 1-6　自由线

需特别提醒大家注意的是，在 SketchUp 中不能有重叠的线，否则，重叠部分将会自动合并成一条线。

面：包括面（Face）、圆（Circle）、多边形（Polygon）和表面（Surface）。

面是组成三维模型的基本构件。几条在同一平面上的能闭合的线就能自动生成面（图 1-7）。SketchUp 中的面具有正反两个属性，正面和反面可以拥有不同的材质，这一特点可以帮助我们表现建筑的内和外。圆（图 1-8）和多边形（图 1-9）都是特殊形式的面，其中圆又是特殊形式的多边形，我们可以通过改变圆的线段数来改变其不同程度的圆滑效果。圆和多边形的边线同样可以被炸碎。

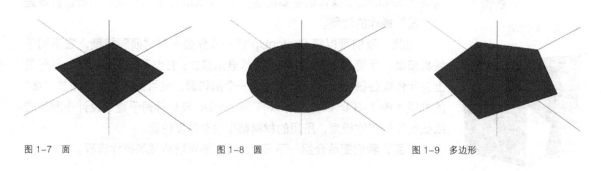

图 1-7　面　　　　　　　　　图 1-8　圆　　　　　　　　　图 1-9　多边形

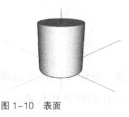

图 1-10　表面

表面与面、圆和多边形都不同，更确切地说，表面是一些面的组合，而且这些面可以不在同一平面上。这种组合在一起的面通常用于表达需要光滑效果的物体，如圆柱的侧面就是最常见的一种表面（图 1-10）。

组合：包括群组（Group）、组件（Component）和动态组件（Dynamic Component）。

组合意味着我们可以将两个以上的物体组合在一起，方便我们对它的编辑。

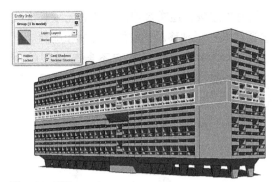

图 1-11　群组

图 1-12　组件

群组是一种临时性的物体组合（图 1-11），只存在于当前场景中，其主要特征包括：

● 快速选择。选择一个群组，则群组内的所有物体都被选择。

● 隔离物体。群组内的物体与群组外的物体被相互隔离，防止编辑时的相互影响。

● 组织模型。群组可以嵌套，灵活使用多层次的群组有助于整个模型的组织。

● 材质组合。除群组内的物体可以被单独赋予材质外，群组本身也可以被赋予材质，两者相互独立。

● 对齐和开洞。群组可以与它们相关联的面粘连在一起，并自动在该面上开洞，该洞口将随着群组的移动、复制而移动、复制。

组件则不仅仅存在在当前场景中，还可以作为单独的 SketchUp 模型被存储，然后可以被任何其他 SketchUp 场景所调用（图 1-12）。组件除了拥有群组所具有的特点之外，还具有以下特点：

● 相互关联。场景中的组件和它的复制品之间具有关联性，除了缩放之类的编辑只影响某组件本身外，对任一组件内物体的编辑都将影响到其所有的复制品。

● 提高效率。组件就像 AutoCAD 软件中的"块"，重复使用组件可以有效地减少 SketchUp 的运算量，提高运行效率。

● 对齐和开洞。除了像群组一样自动在相关联的面上开洞外，组件在创建过程中还可以选择不进行自动开洞。

● 坐标轴。组件在创建过程中可以自定义该组件的坐标轴系统。

动态组件是一种特殊的组件，除了拥有普通组件的特性外，还可以通过一些控制参数来改变组件的形态，如尺寸、数量、颜色等，并且还能通过互动设置进行如门的开关等动作演示（图 1-13）。

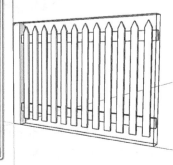

图 1-13　动态组件

实体（Solid）：实体实际上是一个具有完全密封表面的群组或组件。在 SketchUp 中，不能直接创建实体，而只能选择符合实体概念要求的群组或组件执行特殊的布尔运算，包括合并、相交、修剪等。此外，基于实体概念生成外壳的功能使得 SketchUp 模型可以直接用于三维打印机。

辅助性要素：包括辅助线（Guide）、剖切面（Section Plane）、标注（Dimension）、图像（Image）和文字（Text）。

辅助线是用于辅助定位的临时性线条，通常表现为灰色的无限长虚线（图 1-14）。辅助线也可以像普通线条一样被移动、旋转、复制和删除。

剖切面是 SketchUp 中的一种特殊要素，尽管它不参与模型的生成，却可以帮助我们观察到物体的内部，以便于对其进行编辑和表现（图 1-15）。

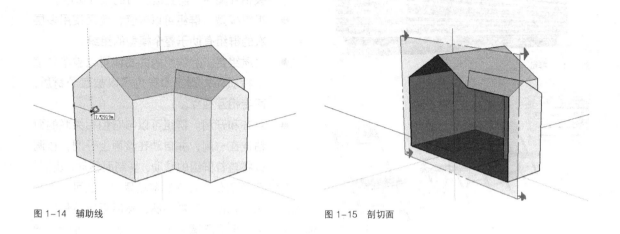

图 1-14　辅助线　　　　　　　　　　　　　　图 1-15　剖切面

标注可以用来标识直线的长度、圆弧的半径或圆的直径（图 1-16）。标注始终与其标注对象在同一平面内，标注可以随其标注对象的改变而自动改变。

图像可以被导入 SketchUp 场景中，并可以像普通物体一样被移动、旋转、复制、缩放和删除（图 1-17）。SketchUp 支持的图像格式包括：JPEG、PNG、TGA、TIF、BMP 和 PSD。

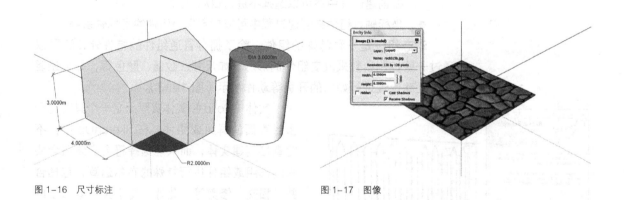

图 1-16　尺寸标注　　　　　　　　　　　　　　图 1-17　图像

文字是对 SketchUp 场景的说明，它有两种形式，一种与物体相关联，有一根延长线与物体相连，该文字将随着视角的改变而改变（图 1-18）；另一种是屏幕文字，不与任何物体相关联，其在屏幕上的位置保持不变（图 1-19）。

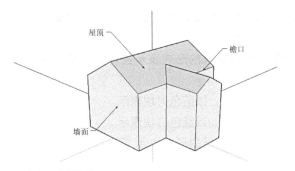

图 1-18　关联文字

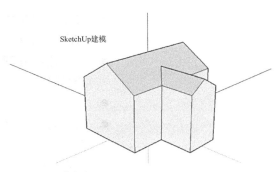

图 1-19　屏幕文字

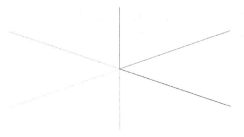

图 1-20　坐标轴

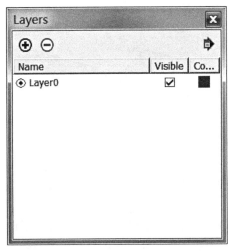

图 1-21　图层管理器

1.1.2　SketchUp 的坐标系统（Axes）

SketchUp 所采用的三维坐标系统，通过 X、Y 和 Z 三条轴线对空间中的任意点进行定位。在 SketchUp 中 X、Y 和 Z 三条轴线分别以红色、绿色和蓝色为标志色，以实线表示正值，以虚线表示负值。其中红色轴线和绿色轴线所处的平面即为地平面，蓝色实线表示地平面以上，蓝色虚线表示地平面以下。三条轴线交叉处的点即为 SketchUp 场景的坐标原点（图 1-20）。

SketchUp 场景中的坐标系可以被移动、旋转或隐藏，也可以直接定义新的坐标系统。

1.1.3　SketchUp 的图层（Layer）

与 AutoCAD 类似，SketchUp 中也有图层管理系统，然而其用法却是大相径庭。SketchUp 中的图层只有可见性和颜色两个属性，其最重要的作用是该图层的可见与否（图 1-21）。

1.1.4　SketchUp 的智能参考系统（Inference）

SketchUp 还有一个非常重要和强大的系统——智能参考系统，该系统帮助我们更精确地创建和编辑模型。这也是 SketchUp 区别于其他三维建模软件的重要特征之一。

智能参考系统借助于场景中的轴线和已有模型精确地定位我们想要绘制的点，包括圆心、中点、端点、平行线、垂直线等等。在这一过程中，SketchUp 通过不同的颜色和提示框来提醒这些点的存在，使我们可以更轻松地进行操作。

SketchUp 的智能参考系统可分为三种参考方式：点、线和面。SketchUp 经常混合使用这三种方式以完成一次复杂的定位。

点的参考：

点的参考提供的是在三维空间中对点的捕捉，与光标在模型上的位置紧密相关。点的参考又包括以下几种类型（图 1-22）：

- 端点：直线或圆弧的端点，以绿色圆圈表示。
- 中点：直线或圆弧的中点，以青色圆圈表示。

- 交点：线与线的交点，或者是线与辅助线的交点，以红色叉表示。
- 圆心：圆心点，以紫色圆圈表示。
- 半圆点：当画圆弧时，以提示框的形式表示当前的圆弧恰好是一个半圆。
- 面上的点：落在某个面上的点，以蓝色方块表示。
- 线上的点：落在某条线上的点，以红色方块表示。
- 正方点：当画矩形时，以提示框的形式表示当前的矩形恰好是一个正方形。
- 黄金分割点：当画矩形时，以提示框的形式表示当前的矩形的长宽边的比例恰好是黄金分割比。
- 边线上的等距点：当有两条交接的线，在线上自动捕捉到与交接点等距的两个点，并以一条紫色实线相连接。

线的参考：

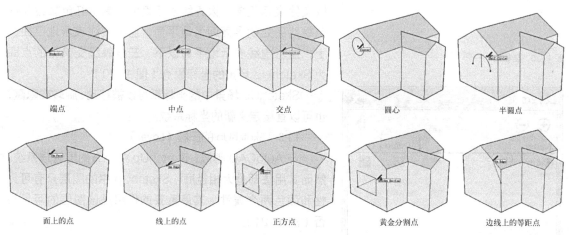

端点　　　　　中点　　　　　交点　　　　　圆心　　　　　半圆点

面上的点　　　线上的点　　　正方点　　　黄金分割点　　边线上的等距点

图 1-22　点的参考

线的参考提供的是在三维空间中对线的走向的参照。线的参考又包括以下几种类型（图 1-23）：

- 与轴线平行的线：从空间中任意一点开始画线，SketchUp 可以自动捕捉到与坐标轴相平行的线的方向，并以与该轴线相同颜色的实线作为提示。

  为更方便捕捉与坐标轴平行的方向，可以直接利用键盘上的方向键。在画线或移动物体的过程中，按一下右箭头将方向限定在红色轴线上，再按一下右箭头则取消方向的限定。同样的，按一下左箭头将方向限定在绿色轴线上，按一下上箭头或下箭头将方向限定在蓝色轴线上。

- 从某点出发的线：鼠标移动到空间中已经存在的某一点，不要点击鼠标，稍停片刻再移开时，SketchUp 可以自动捕捉到从该点出发与坐标轴相平行的线的方向，并以与所平行轴线相同颜色的虚线作为提示。

- 垂直线：从某一点到任意直线的垂直方向，以紫色实线表示。
- 平行线：从某一点与任意直线的平行方向，以紫色实线表示。

图 1-23 线的参考

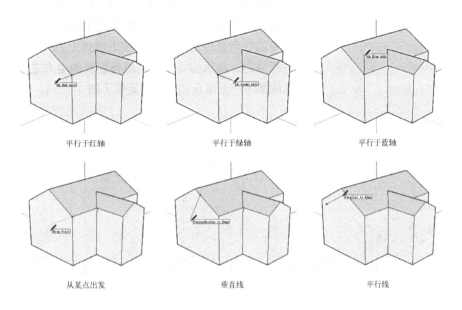

平行于红轴　　　　　　　平行于绿轴　　　　　　　平行于蓝轴

从某点出发　　　　　　　垂直线　　　　　　　　　平行线

面的参考：

面的参考提供的是在三维空间中对绘图基准面的捕捉，其又可分为两种类型：

- 坐标轴平面：如果绘图时不捕捉场景中现有的任何物体，SketchUp 自动将绘图基准面放置在红轴和绿轴所定义的地平面上（图 1-24）。而当红轴或绿轴之一与蓝轴定义的平面和当前视窗平面的夹角足够小时，SketchUp 也会自动将绘图基准面放置在该平面上（图 1-25）。

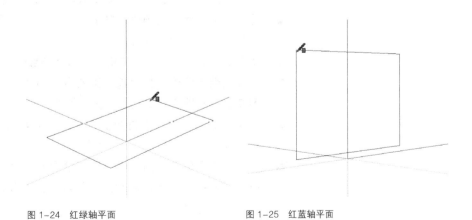

图 1-24　红绿轴平面　　　　　　　　　　图 1-25　红蓝轴平面

- 在面上：如果绘图时点落在某个平面上，在鼠标不离开该平面的情况下，SketchUp 自动将绘图基准面放置在该平面上，并以蓝色表示（图 1-26）。

以上介绍了 SketchUp 中的多种智能参考模式，在实际应用中，我们常常通过两种以上不同模式的组合来得到我们想要的结果（图 1-27）。

有时场景中可供参考的条件太多，难以得到我们想要的模式组合，此时，我们还可以通过锁定的方法来解决这个问题。移动鼠标直到系统提供了你所想要的参考条件之一，这时按下键盘上的"shift"键不要松开就可以对它进行锁定，然后你可以移动鼠标到其他地方进行第二次参考，它将与前一次的参考一起组合完成点的定位（图 1-28）。

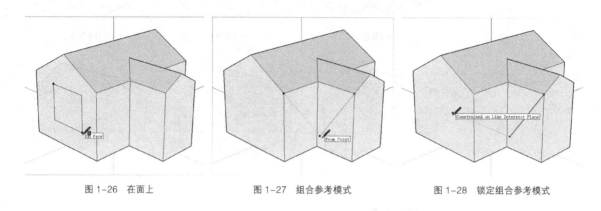

图 1-26　在面上　　　　　　　　　图 1-27　组合参考模式　　　　　　　　图 1-28　锁定组合参考模式

最后，要注意的是所有的智能参考方式对群组和组件内部的物体同样有效，只是对这些物体上的参考点的提示全部都是紫颜色的。

1.1.5　数值控制框（Measurements）

在绘图窗口的右下角是一个数值控制框（图 1-29），不但可以动态显示与当前操作相应的数值，还随时接受我们输入的数值，为我们创建更准确地模型提供帮助。数值控制框的前缀会根据当前命令而即时调整。

图 1-29　数值控制框

数值控制框支持所有的绘图工具和编辑工具，它具有以下的工作特点：

● 可以在命令完成之前输入数值，也可以在执行完命令但还没开始其他操作之前输入数值。

● 输入数值后，必须按回车键确定以使该数值生效。

● 在开始新的命令操作之前，当前命令仍然有效，此时可以根据需要持续不断地改变输入的数值，每次都通过按回车键确认。

● 在输入数值前无须点击数值控制框，你可以直接在键盘上输入，数值控制框随时接受输入的数值。

● 尽管在场景信息对话框中设定了精确度参数，数值控制框仍然可以显示或输入超出该参数以外的数值，并且 SketchUp 会自动在数值前加上"～"作为提示。

● 数值控制框中的数值是带有单位的，其单位形式在场景信息对话框中设定。输入数值时，不加单位则默认为使用了场景设定的单位形式，如果加上了其他的单位，SketchUp 会自动将它转换成场景设定的单位。

1.1.6 绘图模版（Template）

为应对不同专业的使用需求，SketchUp 预设了一系列的绘图模版，其主要区别在于初始视角、绘图单位以及显示样式的不同等。

通常在打开 SketchUp 软件的初始，会有绘图模版的选择（图 1-30）。或者也可以在进入 SketchUp 后，选择菜单 Window->Preferences，在系统设置选项中选择 Template，同样可以挑选不同的绘图模版。

图 1-30 选择绘图模版

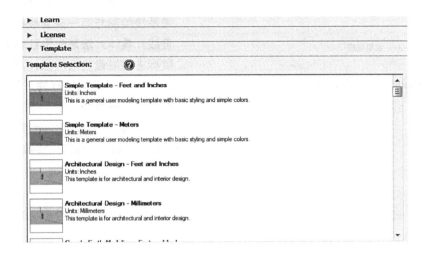

在使用时还可以根据需要创建自己习惯使用的模板，只需要在调好所有设置后，选择菜单 File->Save As Template，根据对话框中的提示输入相应的描述即可。

1.2 SketchUp 的操作流程

在对 SketchUp 的基本概念和系统构成有了初步的了解之后，下面我们将简单介绍一下 SketchUp 的操作流程，主要包括快速的建模和对模型的观察。通过这一流程的介绍，将为我们下一章节的学习打下良好的基础。

1.2.1 在 SketchUp 中快速建模

SketchUp 中有很多创建模型的方法，最简单的就是直接利用直线开始描绘。结合前面所讲的智能参考系统，仅仅是利用直线工具就可以完成很多复杂的工作。注意，在本次练习之前，先要选择以米为单位的绘图模板。

（1）绘制直线并创建面

选择直线工具 ✎，鼠标的光标变为铅笔的图案，在绘图窗口中点击以绘制直线的起点。沿着红轴方向移动光标，SketchUp 会自动拉出一条橡皮线，同时智能参考系统也会根据光标的位置自动显示参考提示（图 1-31），另外，在屏幕右下角的数值控制框中会动态显示你正在拖曳的直

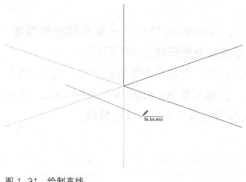

图 1-31 绘制直线

Length	4.2668m

图 1-32 数值控制框

线的长度（图 1-32）。当光标到达你想要的终点的位置时，再次点击鼠标，一条直线就绘制完成了。此时，该终点又将变成下一条线的起点，与光标之间再次拉起一条橡皮线，等待你的再次输入。

注意：在任何时候你想要中止直线的绘制，直接按一下键盘上的"Esc"键即可。

继续绘制一条与绿轴平行的线条。然后利用智能参考系统绘制与第一条直线相平行且长度相等的第三条直线。具体方法是先沿红轴方向移动鼠标，然后移动鼠标去碰触最初始的点，再从该点开始沿绿轴方向移动鼠标，直至绿轴与红轴方向交汇处，点击鼠标捕捉点，得到第三条直线（图 1-33）。最后是第四条直线，其终点与第一条直线的起点重合，完成一个闭合的四边形的绘制。可以看到，SketchUp 自动以这个四边形为边线创建了一个面（图 1-34）。

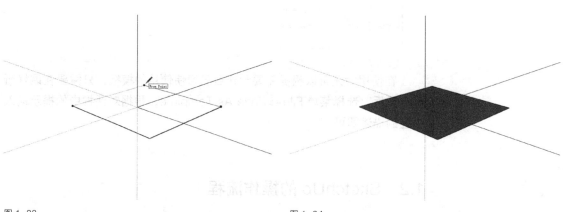

图 1-33

图 1-34

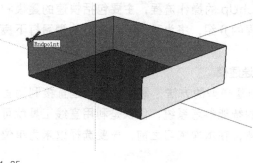

图 1-35

注意：在这个绘制过程中，我们多次用到了 SketchUp 的智能参考系统，并且用到了智能参考系统的组合和锁定功能。

按照同样的方法继续画线，最终我们可以完成一个长方体的绘制（图 1-35）。

（2）面的分割和复原

SketchUp 另一个令人惊叹的功能就是对面的分割和复原是如此的简单轻松，这依然是利用了简单的直线工具。

选择直线工具 ✏️，在我们刚刚创建的长方体模型的顶面画一条贯穿该表面的直线，现在该表面已经被分割为两个面，通过选择工具可以直观地看到这一点（图 1-36）。另外要注意，原来的两条边线也都被一分为二了。

选择选择工具 ，选择刚才画的这条分割线，按一下键盘上的"Del"键，或选择擦除工具，点击该线。分割线消失，同时原来被分割的两个面再次融合到一起，复原成一个面。值得注意的是，不但面复原了，原来被分割线断开的线也再次连接到了一起（图1-37）。

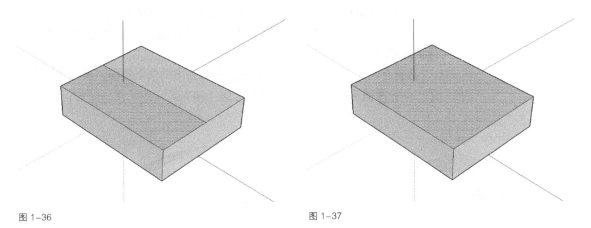

图1-36   图1-37

注意：在同一平面上的具有公共边的任意两个面，可以通过删除该公共边的方式使这两个面融合到一起。

（3）使用推/拉工具

除了使用最基本的直线工具外，利用矩形工具和推/拉工具，我们可以更快捷地得到一个长方体模型。

选择矩形工具 ，在绘图窗口中绘制一个矩形（图1-38）。该矩形包括四条边线和一个面。

选择推/拉工具 ，点击刚才绘制的矩形面，移动光标，SketchUp在与矩形面垂直的方向上自动拉伸出一个长方体（图1-39）。注意，此时在屏幕右下角的数值控制框中同样会动态显示你正在推拉的高度。再次单击鼠标以确定长方体的高度。

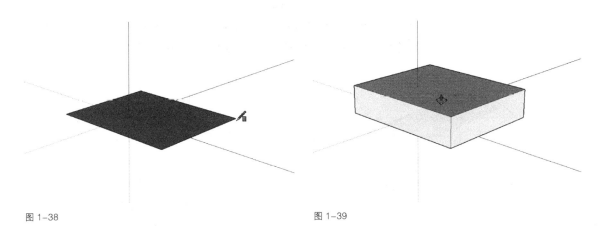

图1-38   图1-39

在长方体的顶面上画一条线将该表面分割成两个面，用推/拉工具选择其中一个面并进行推拉动作，观察模型的变化（图1-40）。

注意：1. 推／拉工具是 SketchUp 中最强大的工具之一，掌握好这个工具将使我们的建模工作变得更为轻松。

2. 推／拉动作总是沿着被推拉面的垂直方向进行的。

（4）边线的拉伸

通过对边线的拉伸是 SketchUp 中改变模型形状的又一方法。

回到刚才的长方体模型，在顶面上画一条分割线，利用选择工具 ▶ 选择该分割线。

选择移动工具 ✥，将该分割线沿蓝色轴线方向向上拉伸，现在我们得到了一个非常简单的两坡屋顶的建筑（图 1-41）。

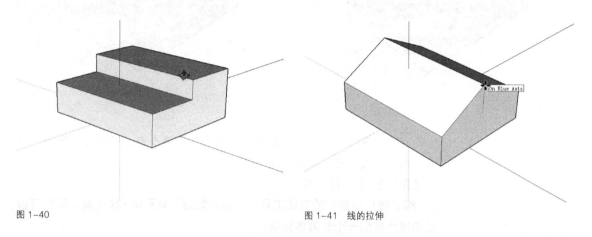

图 1-40

图 1-41　线的拉伸

（5）面的拉伸

除了对边线的拉伸外，SketchUp 还提供对面的拉伸的功能。

回到刚才的长方体模型，在顶面上画一条分割线。利用选择工具 ▶ 选择其中的一个分割面。

选择移动工具 ✥，将该面沿蓝色轴线方向向上拉伸，观察它与使用推／拉工具时的区别（图 1-42）。

（6）点的拉伸和自动折叠

SketchUp 中对点的拉伸往往会导致有些面的自动折叠变形。图中所示即为拉伸长方体的某个顶点的结果，顶面被自动分割成两个三角面（图 1-43）。

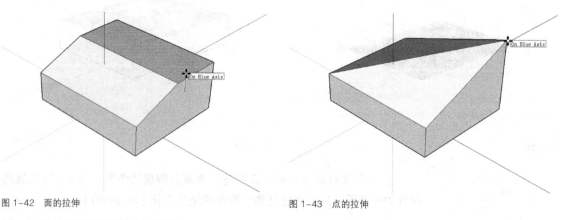

图 1-42　面的拉伸

图 1-43　点的拉伸

这种自动折叠除了在拉伸点的时候发生外，也可以出现在对边和面的拉伸中。通常情况下，边线和面的拉伸会受到方向的限制，这是因为 SketchUp 在试图保持被拉伸物体两侧的面不被拉伸成折面。比如先创建一个长方体，选择一条垂直边线并拉伸，它将受到上下顶面的限制而无法进行蓝轴方向的拉伸（图 1-44）。

要想取消这种限制，可以在用移动工具拉伸前先按住键盘上的"Alt"键，此时，SketchUp 的限制功能被屏蔽，自动折叠功能被激活，该边线可以沿着蓝轴拉伸了。此时的上下顶面都会自动生成一条折线，将原来的一个面分割成不在一个平面上的两个面（图 1-45）。

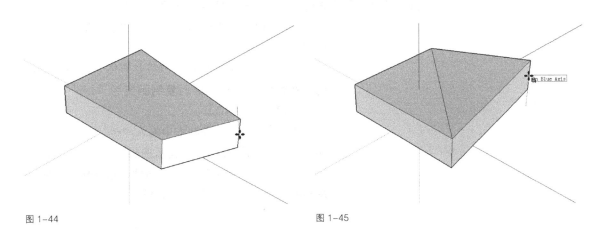

图 1-44   图 1-45

（7）复制与阵列

在 SketchUp 中，移动工具✥除了能完成对单个、多个物体的移动外，还能完成物体的复制与阵列。

物体的复制很简单，只需要在点击移动的起始点之前按一次 Ctrl 键，光标变为✥，表示接下来将先复制物体然后再移动复制的物体。

选择需要复制的物体（图 1-46）。

激活移动工具✥，按一次 Ctrl 键，移动鼠标到需要的位置再次点击（图 1-47），即可完成复制操作。

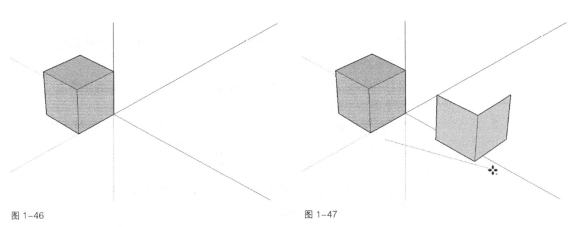

图 1-46   图 1-47

注意：在复制过程中，如果再次单击 Ctrl 键，复制功能将取消，回复到普通的移动或拉伸操作中。

另外还可以通过编辑（Edit）菜单中的复制和粘贴来复制物体。编辑菜单中除了普通的粘贴外，还有粘贴到原处（Paste In Place）的功能，可以使复制的物体与原物体的位置重合，主要用于将物体复制到群组或组件中，或者将群组或组件中的部分物体复制到组合之外。

除了一次性的复制外，还有阵列复制。阵列复制的功能对批量复制物体很有帮助。阵列复制又可分为线性阵列和环形阵列两种。

线性阵列：

线性阵列主要是通过移动工具和数值控制框配合完成。

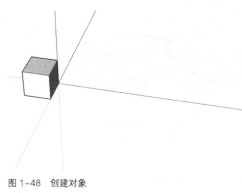

图 1-48　创建对象

1）创建一个 1m×1m×1m 的立方体，将其组成群组（图 1-48）。

2）用移动工具和 Ctrl 键将立方体沿红轴方向复制，在数值控制框中输入复制距离为"1.5"m 并按回车确定（图 1-49）。

3）继续在数值控制框中输入"*4"（或者"4*"、"4x"、"x4"都可以），这表示按照刚才 1.5m 的复制间距沿红轴方向再复制 3 份立方体，这 3 份加上刚才复制的 1 份一共 4 份（图 1-50）。

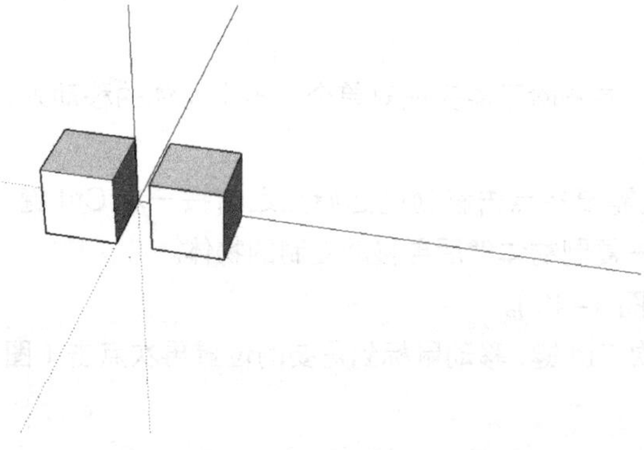

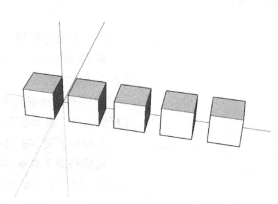

图 1-49　复制对象

图 1-50　阵列对象

刚才的阵列距离是一个累积的值，也可以通过等分值完成阵列。

1）重新创建一个同样大小的立方体群组。

2）沿红轴方向复制该立方体，在数值控制框中输入复制距离为"6"m 并按回车确定（图 1-51）。

3）继续在数值控制框中输入"/4"或"4/"，这表示将刚才输入 6m 的复制间距等分成 4 份，共 3 个等分点，并在每个等分点上复制 1 份立方体，加上刚才复制的 1 份总数也为 4 份（图 1-52）。

注意：在继续其他操作之前，我们可以持续输入不同的阵列数值或复制距离，改变陈列复制的结果。

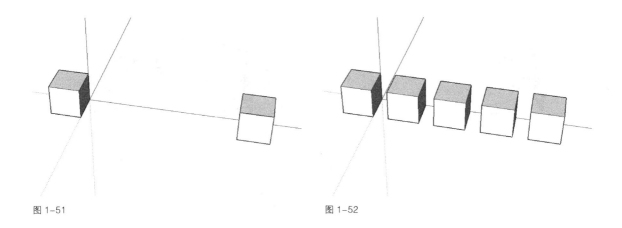

图 1-51

图 1-52

环形阵列：

环形阵列主要是通过旋转工具和数值控制框配合完成。

1）创建一个 1m×1m×1m 的立方体群组，从立方体底边中心出发画一根 2m 长的直线，辅助旋转复制时旋转轴心的捕捉（图 1-53）。

2）选择立方体，激活旋转工具 ↻，光标处出现一个旋转量角器 ◯。按一次 Ctrl 键，激活旋转复制功能。捕捉直线的端点为旋转的轴心，移动鼠标拉出一根橡皮线，沿红轴拉伸并点击，确定旋转的初始线。移动鼠标，橡皮线跟随鼠标转动（图 1-54）。

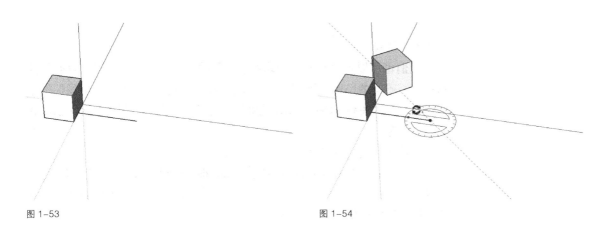

图 1-53

图 1-54

3）在数值控制框中输入复制角度为 45° 并按回车确定（图 1-55）。

4）继续在数值控制框中输入 "*4"（或者 "4*"、"4x"、"x4" 都可以），这表示按照刚才 45° 的复制角度再复制 3 份立方体，这 3 份加上刚才复制的 1 份一共 4 份（图 1-56）。

5）同样，在第 4）步时输入 "180"（图 1-57），然后在第 5）步中输入 "/4" 或 "4/"，也可以得到相同结果（图 1-58）。

（8）赋予材质

到目前为止，我们可以看到，在 SketchUp 中创建的物体都具有同样的材质。这是 SketchUp 的默认材质，该材质具有两面特性，正反面分别

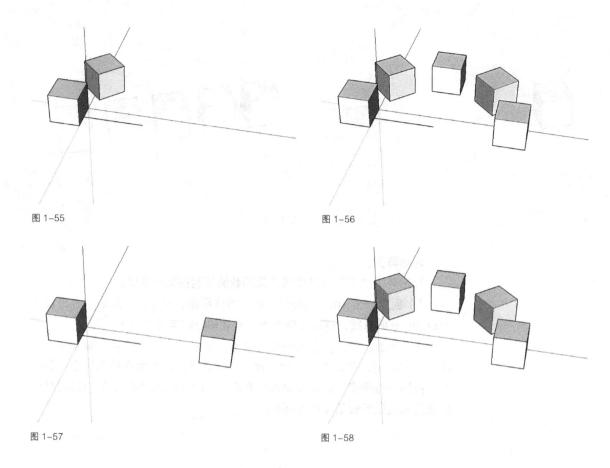

图 1-55

图 1-56

图 1-57

图 1-58

具有不同的颜色。

我们也可以根据需要对物体赋予不同的材质，这些材质可以具有不同的颜色、不同的贴图、不同的透明度，对材质的灵活使用有助于我们推敲形体与材质的关系。SketchUp 提供了一些预先定义好的材质，也可以由我们自己设定材质。

创建一个简单的几何体（图 1-59）。

激活材质工具 ，材质浏览器（Materials）也自动被打开。在"Select"标签下的下拉列表中选择材质库，然后在该材质库的预览图像中选择需要的材质，用鼠标单击（图 1-60）。

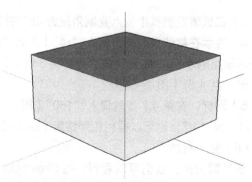

图 1-59　创建对象

图 1-60　材质浏览器

回到绘图窗口，在几何体的任意面上单击，刚才选择的材质被赋予该表面（图1-61）。继续选择不同的材质赋予不同的表面（图1-62）。

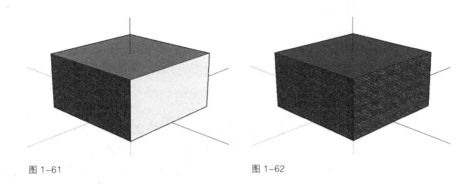

图 1-61　　　　　　　　　　　　　　　图 1-62

（9）量尺和量角器的使用

量尺和量角器是分别用来测量长度和角度的工具，可以让我们得到准确的尺度信息。除此之外，它们还能创建辅助线，是建模过程中非常有用的工具。

创建一个简单的几何体。激活量尺工具 ，光标相应变为卷尺标志。分别选择图中边线的两个端点，在光标位置直接显示了该边线的长度（图1-63），该长度同时也显示在数值控制框内。

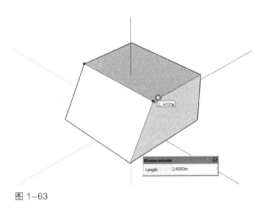

图 1-63

用量尺工具点击边线，注意不要点击端点，移动鼠标，在光标位置出现一条无限延长的虚线，该虚线与点击的边线相平行，同时在数值控制框内显示虚线与边线之间的距离。再次点击鼠标确定虚线的位置，一条无限长的辅助线就完成了（图1-64）。也可以通过在数值控制框内输入数值的方法确定或编辑辅助线与原边线间的距离。

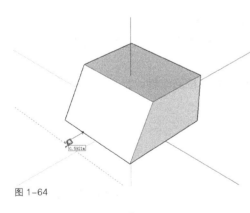

图 1-64

量尺工具还可以创建辅助线段。只要量尺工具的起点选择边线的端点，而终点不要选择任何边线的端点或中点，即可在起点和终点之间创建一根辅助线段（图1-65）。

激活量角器工具 ，光标变为刻度盘标志，当该标志落在与坐标轴平行的平面上时，会变成相应轴线的颜色（图1-66）。

在需要测量角度的角点上单击鼠标（图1-67）。

注意：如果在角点位置量角器不能保持需要的方向，可以先将光标移开至测量角所在平面，然后通过按住Shift的方式锁定该方向，然后再将光标移至测量角所在角点。

移动鼠标至需测角度的初始边并单击（图1-68）。

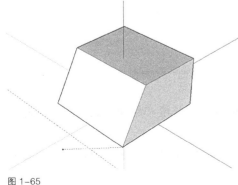

图 1-65

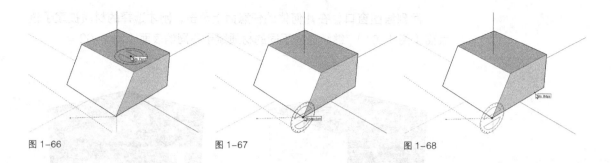

图 1-66   图 1-67   图 1-68

移动鼠标至需测角度的终止边并单击（图 1-69）。

在数值控制框内显示测量出的角度，同时沿终止边自动创建了一条辅助线（图 1-70）。此时编辑在数值控制框内的角度值可以改变辅助线的角度（图 1-71）。

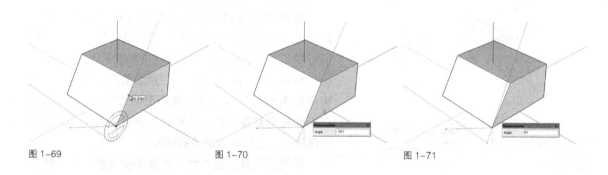

图 1-69   图 1-70   图 1-71

另外，量尺工具还可以整体缩放整个模型。

激活量尺工具，分别点击边线的两个端点作为测量点，此时在数值控制框内显示了该边线的长度（图 1-72）。

在数值控制框内输入需要的新长度并按回车键，出现一个对话框询问是否确认缩放整个模型（图 1-73）。

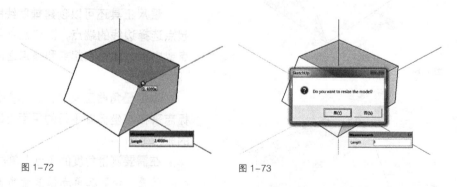

图 1-72   图 1-73

点击确定，整个模型将按照输入的新长度和原长度之间的比值进行缩放。

注意：对于组件，只有在当前场景中创建的组件才能被缩放，那些从外部导入的组件无法以这种方式缩放。

1.2.2　在 SketchUp 中观察模型

在创建三维模型的过程中，我们不可避免地要经常切换我们的视角以获得更直观的绘制角度。SketchUp 提供了一系列功能强大的工具用于对模型更好地观察。

（1）相机的操作

SketchUp 在场景中设置了一个虚拟的相机来模拟人眼的观察效果，我们在绘图窗口看到的场景就是该相机拍摄到的画面。通过对相机位置和焦距的改变，就能获得不同的场景画面。

选择转动工具 ✛，在绘图窗口的任意位置按住鼠标并拖动，整个场景将随之转动。这实际上以模型中心点为轴心旋转相机，实现对模型的全方位观察。

选择平移工具 ✍，在绘图窗口的任意位置按住鼠标并拖动，整个场景将随之移动。

选择缩放工具 ⚲，在绘图窗口中按住鼠标并上下拖动，向上拖曳是放大视图，向下拖曳是缩小视图。

另外两个与缩放相关的相机工具是窗选 ⚲ 和充满视窗 ✖。窗选工具可以在绘图窗口拖出一个矩形区域来放大显示，选择的区域将在绘图窗口中全屏显示。充满视窗工具则可以在绘图窗口中显示整个模型。

最后是撤销视图变更工具 ⚲，它可以用来恢复到上一个观察视角。

注意：更常用的是利用带滚轮的鼠标，即使不选择相机工具，甚至在绘图过程中，也可以完成转动、缩放和平移的操作，这一特点极大地提高了建模的工作效率。

- *转动：按下滚轮，拖动鼠标。*
- *平移：按下滚轮的同时按住键盘上的"Shift"键，拖动鼠标；或者同时按下滚轮和左键，拖动鼠标。*
- *缩放：上下转动滚轮。*

（2）透视与轴测

SketchUp 在显示三维模型时，除了提供模拟人眼的透视模式外，还提供了三维制图时常见的轴测模式。选择菜单 Camera->Perspective 即进入透视模式（图 1-74），选择 Parallel Projection 即进入轴测模式（图 1-75）。

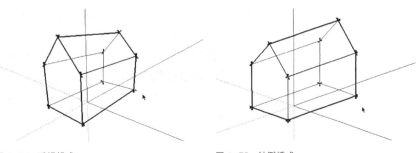

图 1-74　透视模式　　　　　　　　　　图 1-75　轴测模式

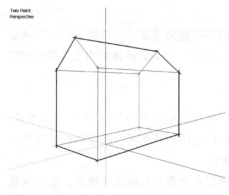

图 1-76　两点透视模式

图 1-77　标准视图

图 1-78　显示模式

在透视模式和轴测模式之外，SketchUp 还提供了一种特殊的透视模式：两点透视（Two Point Perspective）。这种模式可以强制所有的垂直线条在绘图窗口中保持垂直（图 1-76）。不过这种模式只是作为一种临时的显示状态，一旦旋转了视角，则马上回复到普通透视模式。

（3）标准视图

除了利用相机工具改变观察模型的视角外，SketchUp 还提供了一些预设的标准角度的视图：等角透视、顶视图、前视图、右视图、后视图和左视图（图 1-77）。通过标准视图工具栏或相机菜单，三维场景可以在这几个视图模式间自由切换。

（4）显示模式

SketchUp 有多种模型显示模式：X 光透视模式、虚线模式、线框模式、消隐线模式、着色模式、贴图着色模式和单色模式（图 1-78）。通过显示模式工具栏或查看菜单，三维场景可以在这几个显示模式间自由切换。

- X 光透视模式：让所有的可见表面变得透明。该模式可以和除线框模式外的其他显示模式结合使用，它对建模很有帮助，可以轻易看到、选择和捕捉原来被遮挡住的点和边线（图 1-79a）。不过，被遮挡住的面是无法选择的。
- 虚线模式：与 X 光透视模式相类似的是同样具有透视被遮挡的线的功能，并且可以选择和捕捉被遮挡的点和边线。与 X 光透视模式不同的是被遮挡的线以虚线的形式显示（图 1-79b）。
- 线框模式：以一系列的线条来显示三维模型，所有的面被隐藏，无法使用那些基于面的工具，如推/拉工具等（图 1-79c）。
- 消隐线模式：以边线和表面的集合来显示三维模型，但是没有着色和贴图（图 1-79d）。
- 着色模式：模型表面被着色，并反映光源。可以显示赋予表面的颜色，如果没有赋予颜色，将显示默认颜色（图 1-79e）。
- 贴图着色模式：所有赋予模型的贴图材质将显示出来。不过在此模式下，显示刷新的速度将减慢（图 1-79f）。
- 单色模式：SketchUp 的面具有正反两面，但是当模型贴上材质以后，材质的颜色和纹理会遮蔽原先正背面的本色，我们就无从分辨面的正反。而在某些渲染软件中，背面朝外可能影响到渲染结果，因此需要调整所有的面使其正面朝外。单色模式将所有的面以其默认材质状态下的正反面颜色显示，可以直接看到面的正反情况（图 1-79g）。

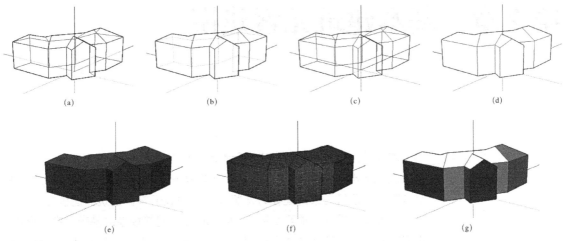

图 1-79

第 2 章　基本建筑元素建模

本章开始介绍各种基本建筑元素的建模方法。

建筑无非是将一些基本的建筑元素按一定的方式排列组合而成。掌握这些基本建筑元素的建模方法将直接帮助我们掌握建筑的建模方法。因此，本章也可看作是学习使用 SketchUp 创建建筑模型的基础。在本章中，我们首先介绍建筑基本体量的建模，接着列举了六大类基本建筑元素，分别是体量、墙、门窗、屋顶、楼梯和地形，每一类基本建筑元素中又包含了更细分类的元素类型。通过对这些基本建筑元素建模方法的学习，既可以为下一章建筑实例建模的学习打下基础，又可以帮助我们充分掌握 SketchUp 软件的使用。

2.1　体量建模

设计建筑一般是由建筑体量开始的，其他建筑基本元素都是依附于建筑体量而存在。而 SketchUp 尤其擅长于对建筑体量的推敲，这也正是 SketchUp 与其他三维软件的最大不同之一。利用 SketchUp，我们可以轻松地对建筑体量进行编辑并快速得到需要的造型。

下面我们以一些比较著名的建筑为例介绍建筑体量的快速创建。

2.1.1　香港中银大厦

（1）激活矩形工具▣并绘制一个 54m×54m 的正方形（图 2-1）。

（2）激活推 / 拉工具◆将正方形向上拉伸 80m 成一个长方体（图 2-2）。

（3）激活直线工具✎绘制顶面的对角线，将该面分成四个三角面（图 2-3）。

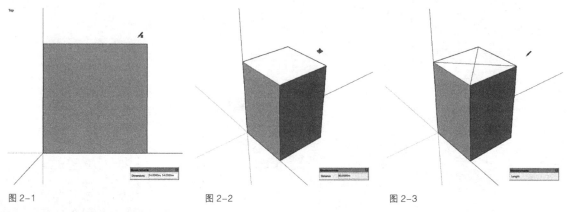

图 2-1　　　　　　　　　　　图 2-2　　　　　　　　　　　图 2-3

（4）激活推/拉工具◆将顶面的三个三角面分别拉伸不同的高度——52、104、208m（图2-4）。

（5）激活移动工具✛分别向上移动四个三角顶面的内角点，移动距离为26m（图2-5）。

（6）香港中银大厦的体块模型创建完成（图2-6）。

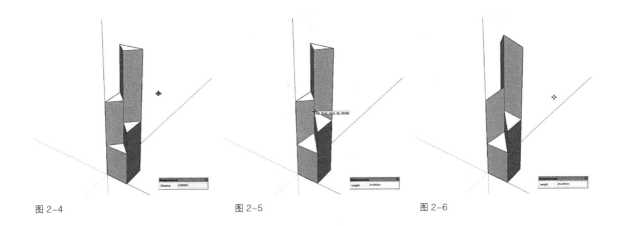

图2-4   图2-5   图2-6

2.1.2 芝加哥西尔斯大厦

（1）利用矩形工具▦和推/拉工具◆创建图中所示立方体，尺寸为69m×69m×443m（图2-7）。

（2）利用移动工具✛在立方体顶面复制边线，形成九宫格（图2-8）。

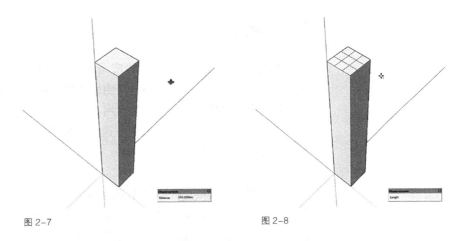

图2-7   图2-8

（3）利用推/拉工具◆按图中所示顺序将九宫格的不同平面分别向下推至不同高度（图2-9）。

（4）删除多余线条，芝加哥西尔斯大厦体块模型创建完成（图2-10）。

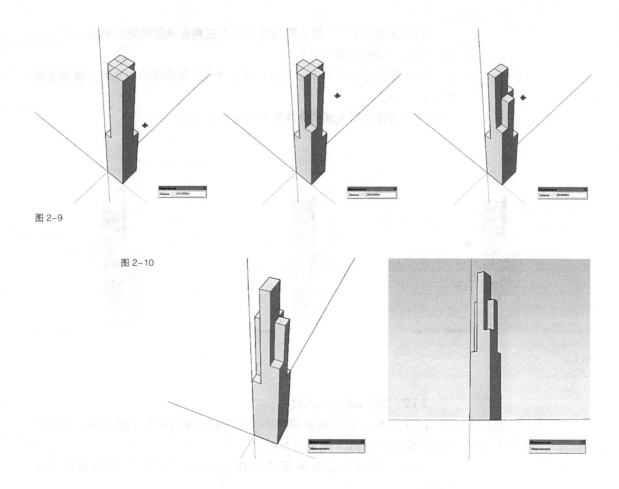

图 2-9

图 2-10

2.2 墙的建模

墙可以说是建筑的最基本构成元素。在我们刚开始方案设计时，可以没有门窗等细节，首先考虑的就是由墙构成的建筑体块的组合关系。因此，学会墙的多种建模和编辑方式是利用 SketchUp 进行方案设计的基础之一。

在 SketchUp 模型中，墙这一建筑元素又可以细分为单线直墙、双线直墙和弧形墙三种类型。

2.2.1 单线直墙

单线直墙在 SketchUp 模型中应用最为广泛，无论是设计初始的体块研究还是设计最后的细节表现，其中所涉及的墙体大多为单线直墙。单线直墙操作简单，易于编辑，下面我们将通过一些实例来完成单线直墙的创建和编辑。

（1）直线创建法

这是最基本的利用直线工具✐创建墙体的方法。这种方法在第一章中已经提到过，利用直线工具和对蓝轴的智能参考，我们可以方便地创建一面墙体（图 2-11）。

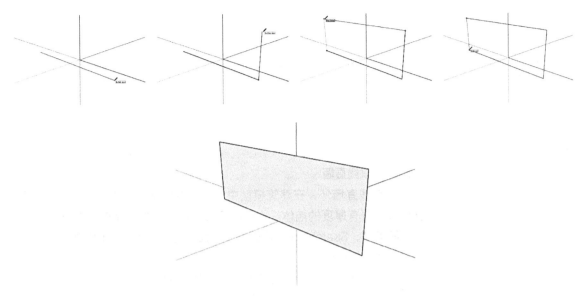

图 2-11

（2）推 / 拉创建法

利用推 / 拉工具 ◆ 推拉一个面可以得到由多面墙体以及底面和顶面围合而成的一个建筑体量。如对一个矩形进行推拉之后，我们得到了四面墙体以及一块地板和一块顶棚（图 2-12）。

图 2-12

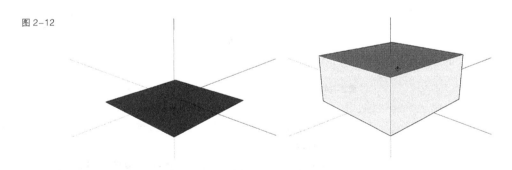

无论是直线创建法还是推 / 拉创建法，我们都可以利用绘图窗口右下角的数值控制框精确地控制墙体的尺寸。数值控制框既可以动态显示创建或移动物体时的空间尺寸信息，也可以输入物体的尺寸或相关命令的数值。

（3）单线直墙的编辑

在 SketchUp 中，面是依附于线而存在的，通过对线的操作，我们很容易完成墙体长度和高度的改变。

回到我们前面创建的单面直墙，激活选择工具 ▶ 选择它的一条边线，激活移动工具 ◆，在绘图窗口单击确定移动的初始点，再次点击鼠标确定移动的终点，或通过数值控制框输入移动的距离，完成直墙长度的编辑（图 2-13）。同样的方法也可以改变它的高度。

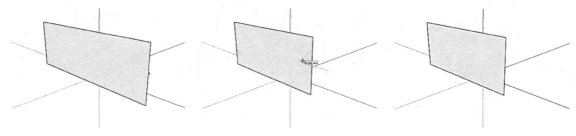

图 2-13

2.2.2　双线直墙

除了单线直墙外，在建筑模型中我们还会经常用到的是双线直墙。双线直墙意味着有厚度的墙体。由于在 SketchUp 中并不存在真正的体模型，而只是面模型，SketchUp 只能通过几个面的组合来表达墙体的厚度。

（1）推／拉创建法

创建双线直墙最方便的方法就是利用推／拉命令。

1）激活矩形工具 ▣ 画出墙体的平面（图 2-14）。

2）激活推／拉工具 ◆ 拉伸该平面，得到具有一定厚度的墙体（图 2-15）。

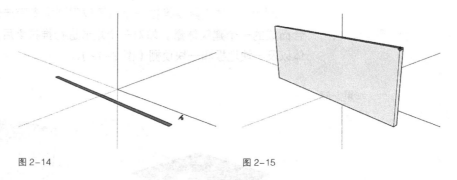

图 2-14　　　　　　　　　　　　　　　　　图 2-15

同样利用推／拉命令，其操作对象还可以针对立面或剖面，得到相应的双线直墙。

实际上，可以将双线直墙看作一个厚度很薄的长方体。

（2）双线直墙的编辑

对于双线直墙来说，利用推／拉工具 ◆ 可以方便地改变墙体的厚度、长度和高度。

2.2.3　弧形墙

在建筑模型中，除了大量的直墙外，还经常有弧形墙的出现。

（1）单线弧形墙

做个简单试验就知道，画两条弧线再加两条边线的方法是无法创建一个弧形墙体的，因此我们必须通过一些辅助方法来完成。

1）激活圆弧工具 ▽ 绘制一段圆弧（图 2-16）。

2）激活直线工具 ✎ 连接弧线的两个端点，生成类似月牙的面（图 2-17）。

3）激活推／拉工具 ◆，拉伸该月牙面至合适高度（图 2-18）。

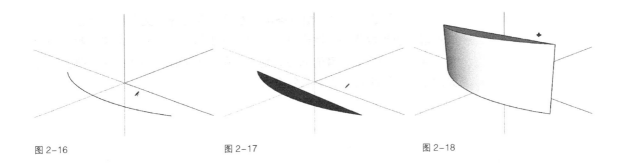

图 2-16   图 2-17   图 2-18

4）激活删除工具 ✐，删除两条直线段（图 2-19）。

5）窗口中只留下一段单线弧形墙面（图 2-20）。

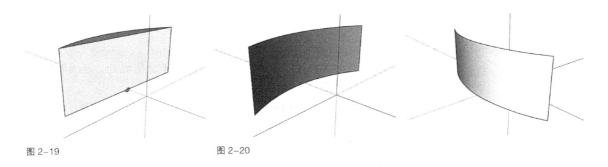

图 2-19   图 2-20

（2）双线弧形墙

1）激活圆弧工具 ◌ 并结合切线智能参考系统完成一段波浪形曲线（图 2-21）。

2）激活选择工具 ▶ 选择该曲线（注意，此时的波浪形曲线并不是一个整体，而是由三条圆弧线组成，因此需要通过框选或增加选择的方法将它们全部选中）。激活偏移工具 🖫，通过单击起始点和终点或单击起始点和输入数值的方式得到墙体的另一条边线（图 2-22）。

3）激活直线工具 ✐补齐墙体的两条侧边线，自动生成墙体平面（图 2-23）。

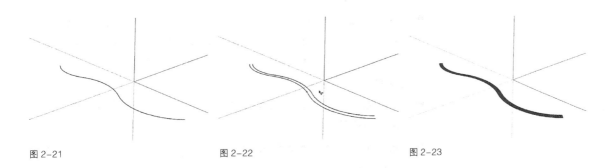

图 2-21   图 2-22   图 2-23

4）激活推 / 拉工具 ◆拉伸该墙体平面至适当高度，生成双线弧形墙（图 2-24）。

5）由于最初的曲线由三条圆弧组成，存在两个交点，因此拉伸出的弧形墙上也有两条线，我们可以利用删除工具将它们隐藏起来。激活删除工具 ✐，在按住 Ctrl 键的同时分别选择两个弧形面上的四条线，得到完全光滑效果的双线弧形墙（图 2-25）。

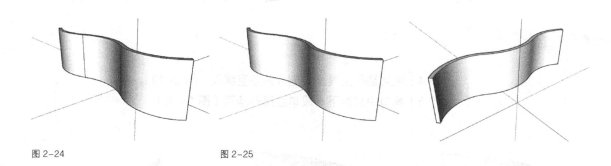

图 2-24

图 2-25

注意：（1）删除工具除了删除边线、辅助线等物体之外，还具有隐藏物体和柔化边线的功能。

● 删除物体：直接用删除工具点击物体；或者按住鼠标不放，在要删除的物体上拖过，被选中的物体会亮显，再次放开鼠标即可全部删除。

● 隐藏物体：在使用删除工具的同时，按住 Shift 键，物体不是被删除，而是被隐藏。

● 柔化边线：在使用删除工具的同时，按住 Ctrl 键，边线不是被删除，而是被柔化并隐藏起来。

● 取消柔化：在使用删除工具的同时，按住 Ctrl 和 Shift 键，可以取消边线的柔化，并使其显示出来。

（2）偏移工具可以针对线，也可以针对面，并有不同的工作特点。

线的偏移：

● 必须先通过选择工具选择要偏移的线，再使用偏移工具。

● 要偏移的线必须是两条以上的相连的线或是一条圆弧线，而且所有的线必须处于同一平面上。

● 当对圆弧进行偏移操作时，偏移复制出的圆弧会自动变为曲线，失去圆弧的定义特性，无法在实体信息对话框中编辑它的片断数等，而原先的那条圆弧还保持圆弧的特性不变。

面的偏移：

● 可以先通过选择工具选择要偏移的面，也可以直接用偏移工具选择要偏移的面。

● 进行面的偏移时只能针对一个面，无法对两个以上的面同时进行偏移操作。

● 面的偏移可以向内，也可以向外。

2.3 门窗的建模

在建筑模型中，门窗总是依附于墙体而存在。门窗的建模需要包括在墙体上开洞、创建门窗以及创建门窗的侧边墙等环节。门和窗的建模方式是基本相同的，可以将门看作是一种特殊形式的窗。因此下面的内容将主要以窗的建模方式为主。

2.3.1 单线墙上的门窗

（1）简单门窗

对单线墙而言，创建一个最简单的门窗是非常容易的。

1）首先利用前一节所学的内容创建一面长 4m, 高 3m 的单线直墙（图 2-26）。

2）激活矩形工具 ▣在墙体上的适当位置画一个 1.8m × 1.5m 的矩形窗口。此时墙体自动被分隔为矩形框内和矩形框外两个面（图 2-27）。

3）选择矩形框内的面，激活推 / 拉工具 ✦向墙体内侧推进需要的窗台厚度 0.2m（图 2-28）。

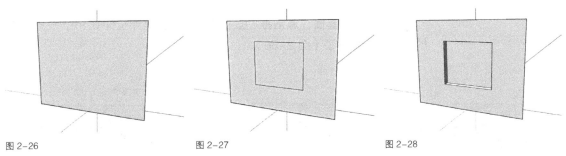

图 2-26　　　　　　　图 2-27　　　　　　　图 2-28

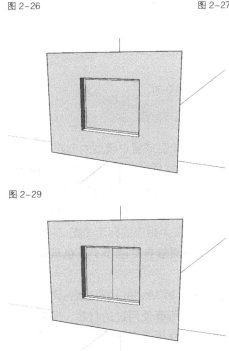

图 2-29

图 2-30

现在我们已经得到了一个窗户的雏形，它有窗洞，有窗台，有窗的侧边墙，还有一个代表玻璃的面，只是没有区分材质而已。

利用类似的方法，我们也可以方便地创建一扇简单的门。

（2）窗框和窗套

在前面创建的简单窗户模型的基础上，我们可以通过添加窗框和窗套使其具有更多的细节。

1）选择刚才创建的窗面，激活偏移工具 ⟳，将窗面向内偏移复制 0.05m（图 2-29）。

2）激活直线工具 ✎，画一条直线连接偏移复制的面的上下边线的中点（图 2-30）。

3）选择刚才画的直线，激活移动工具 ✦，将其向左移动 0.025m，再按一次 Ctrl 键激活复制功能，向右 0.050m 处复制一条直线（图 2-31）。

4）激活删除工具 ✐，删除上下两条短边，形成一个完整的窗框面（图 2-32 ）。

　　5）激活推 / 拉工具◆，将窗框面向外拉伸 0.03m，一个简单的窗框就创建好了（图 2-33 ）。

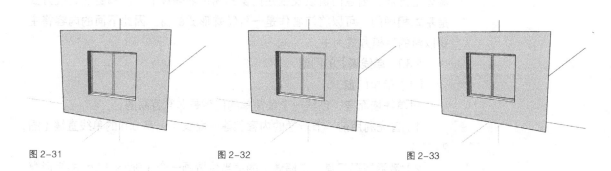

图 2-31　　　　　　　　　　　图 2-32　　　　　　　　　　　图 2-33

　　6）激活选择工具▸，按住 Ctrl 键，光标自动变为增加选择标志，选择墙体上窗洞的四条边线（图 2-34 ）。

　　7）激活偏移工具⌒，将刚才选择的四条边线向外偏移复制 0.1m，生成窗套面（图 2-35 ）。

　　8）选择窗套面，激活推 / 拉工具◆，将其向外拉伸 0.1m，一个简单的窗套就创建好了（图 2-36 ）。

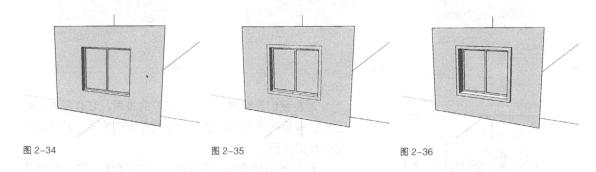

图 2-34　　　　　　　　　　　图 2-35　　　　　　　　　　　图 2-36

　　（3）玻璃材质
　　最后我们通过赋予窗面以更真实的材质来完成窗户模型的创建。

　　1）选择菜单 Window–>Materials，弹出材质对话框，在选择（Select）标签的下拉列表中选择 "Translucent" 目录，此时，材质浏览器窗口下显示出一些预设好的玻璃材质图标，点击选择 "Translucent_Glass_Blue" 材质，材质工具⊘自动激活，光标也自动转变为相应的标志（图 2-37 ）。

　　2）在刚才创建窗户的窗面上单击，该面被自动赋予了蓝色玻璃的材质（图 2-38 ）。

　　3）再次回到材质浏览器，点击模型中（In Model）按钮⌂，浏览器窗口中将显示出当前场景模型中除默认材质外所有使用过的材质，同时该材质预览图右下角有一个白色小三角，表示该材质已经被赋予模型中的某个面（图 2-39 ）（更详细的材质设置参见 4.2 ）。

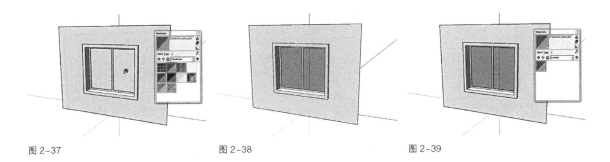

图 2-37　　　　　　　　　　　　　图 2-38　　　　　　　　　　　　　图 2-39

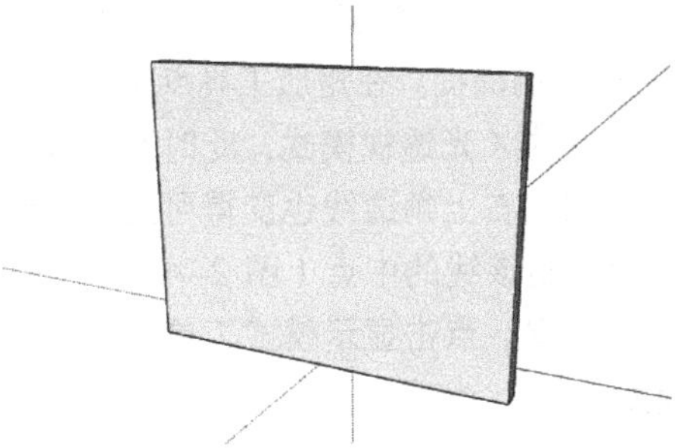

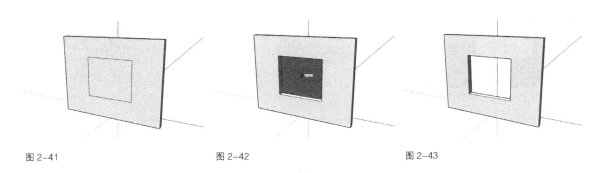

图 2-40

至此，一个单线墙上的简单窗户就创建好了。保存该文件，下面我们还会用到它。

2.3.2　双线墙上的门窗

与单线墙上的门窗相比，在双线墙上创建门窗要稍微复杂一些。

（1）墙体开洞

1）首先创建一面长 4m，高 3m，厚 0.2m 的双线直墙（图 2-40）。

2）■在墙体上的适当位置画一个 1.8m×1.5m 的矩形窗口（图 2-41）。

3）选择矩形框内的面，激活推/拉工具◆向墙体另一侧推动，当推至双线墙的另一面墙体时，智能参考系统自动提示在表面上（On Face）（图 2-42）。松开鼠标，双线墙上形成了一个矩形空洞，被推拉的面和另一侧墙体上的面如同融合一般都消失了（图 2-43）。

图 2-41　　　　　　　　　　　　　图 2-42　　　　　　　　　　　　　图 2-43

（2）创建窗面

首先要创建一个在窗洞中间的窗面，在 SketchUp 中有多种方法可以完成，在此我们介绍两种比较方便的方法。

● 方法一——利用矩形工具：

激活矩形工具■，点击在窗洞左下角边线的中点（图 2-44），按住鼠标中键激活转动工具，旋转视图至窗洞的右上角边线完全出现在绘图窗口内，松开鼠标中键，再次点击窗洞右上角边线的中点（图 2-45），完成此次矩形命令，并得到完整的窗面（图 2-46）。

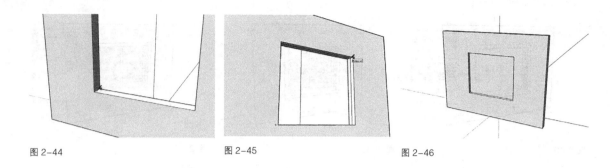

图 2-44   图 2-45   图 2-46

除了在命令执行中途通过鼠标中键完成视图的旋转外，也可以通过 SketchUp 显示模式的变换实现矩形另一点的捕捉。在矩形工具点击了矩形的第一点后，直接点击显示模式工具栏中的 X 光透视模式，此时整个模型都变得透明了，原本被墙面遮挡住的窗洞的右上角边线也变得可见了，而且 SketchUp 的智能参考系统也可以捕捉到该线的中点（图 2-47）。继续刚才的矩形命令点击该中点完成窗面的创建。点击显示模式工具栏中的贴图着色模式，可以恢复场景的显示模式。

● 方法二——利用推 / 拉工具：

激活直线工具 ✐，在墙面洞口的任一条线上再次描绘一次，SketchUp 自动将整个洞口封上了面（图 2-48）。

用推 / 拉工具将刚刚创建的面向内推动 0.1m，得到窗洞中间的窗面（图 2-49）。

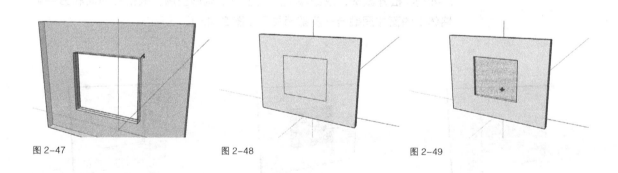

图 2-47   图 2-48   图 2-49

（3）窗框和窗套

与单线墙上创建门窗不同的是，双线墙意味着墙的两个方向都将参与模型效果的展现，因此窗框和窗套的创建同样要考虑到两个方向的效果。

1）选择刚才创建的窗面，激活偏移工具 ⏷，将窗面向内偏移复制 0.05m（图 2-50）。

2）应用之前单线直墙开窗例子中的步骤在窗户中间添加 0.05m 宽的窗框线（图 2-51）。

3）激活推 / 拉工具 ◆，将窗框面向外拉伸 0.03m（图 2-52）。

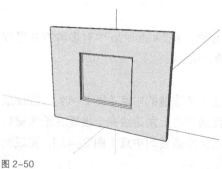

图 2-50

4）按住鼠标滚轮转动视角，将窗户的另外一侧展现在场景窗口（图2-53）。

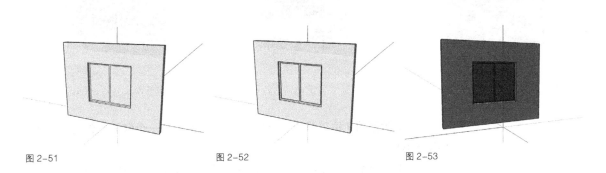

图2-51　　　　　　　　　　图2-52　　　　　　　　　　图2-53

5）激活推/拉工具◆，按一次 Ctrl 键激活复制并推拉功能，将窗框面拉伸 0.06m（图2-54）。复制并推拉意味着先复制选择的面，再推或拉该复制面。

6）再次转动视角观察窗户的原来一侧，会发现这一侧的窗框面因为刚才的命令而被 SketchUp 自动翻转了，我们还需要将它翻转回来。选择该窗框面，在该面上单击鼠标右键，在关联菜单中选择将面翻转（Reverse Faces）（图2-55）。

7）选择墙体上窗洞的四条边线，并激活偏移工具▥，将其向外偏移复制 0.1m，生成窗套面（图2-56）。

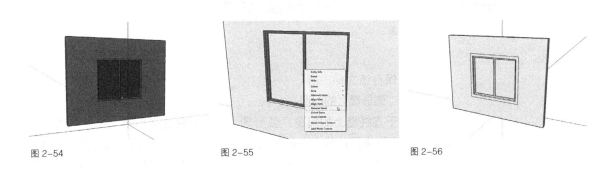

图2-54　　　　　　　　　　图2-55　　　　　　　　　　图2-56

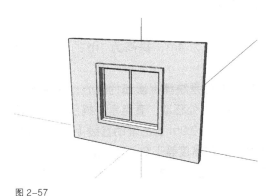

图2-57

8）激活推/拉工具◆，将窗套面向外拉伸 0.1m，创建好一侧的窗套（图2-57）。

9）转动视角至窗户另外一侧以创建内部窗台。选择窗洞的下边线，向下复制移动 0.1m，生成一条复制线（图2-58）。

10）激活直线工具✎，连接刚才两条线的两端，形成一个矩形（图2-59）。

11）激活推/拉工具◆，将该矩形向外拉伸 0.1m（图2-60）。

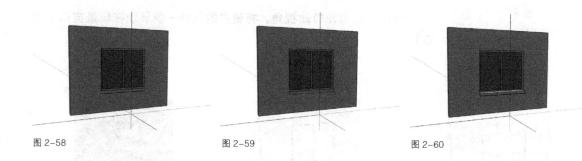

图 2-58   图 2-59   图 2-60

12）激活推／拉工具 ✦，将刚刚拉伸出体块的一个侧面向外拉伸 0.1m（图 2-61）。

13）转动视图，用推／拉工具 ✦ 在另一个侧面上双击，该面自动被向外拉伸 0.1m（图 2-62）。

注意：在执行过一次推／拉工具后，双击鼠标将重复上一次推／拉的方向和距离。另外，移动、偏移和缩放工具都有类似的工作特点。

14）最后按照前面的方法赋予窗户玻璃材质（图 2-63）。

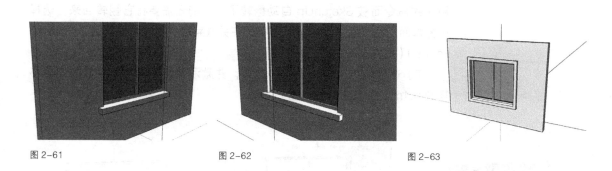

图 2-61   图 2-62   图 2-63

15）保存该文件。

2.3.3 弧形墙上的门窗

相比于直线墙上的门窗，弧形墙上的门窗要复杂得多，这主要是直线墙上开窗洞时常用的推／拉命令无法在弧形墙上直接使用，因为推／拉命令只能针对一个面进行操作，而 SketchUp 中的弧形墙面实际上是由多个面组成的，必须通过其他的途径完成窗洞的切割。

（1）墙体开洞

1）激活圆弧工具 ⬯ 绘制一根弦长为 4m，拱高为 1m 的圆弧（图 2-64）。

2）激活直线工具 ✎，利用智能参考系统捕捉圆弧的圆心，先将光标放在圆弧上，然后移开在圆心的大致位置处移动，直至系统提示捕捉到圆心，单击左键，然后画出一条沿蓝轴方向 0.9m 长的辅助直线（图 2-65），该直线将有助于后面步骤中点的捕捉，其高度等于窗下墙的高度。

3）激活偏移工具 ⬭ 向内偏移 0.2m 复制一根圆弧，用直线将两根圆弧的端点相连，生成弧形墙平面（图 2-66）。

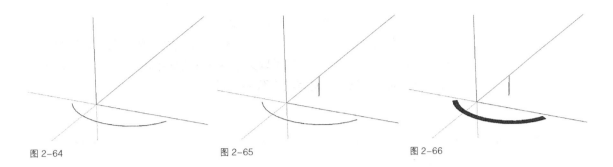

图 2-64   图 2-65   图 2-66

4）激活推 / 拉工具 ✦ 将墙平面拉伸 3m，形成弧形墙（图 2-67）。

5）在绘图窗口的空白处绘制一个 1.8m×4m 的矩形（图 2-68）。

6）激活推 / 拉工具 ✦ 将矩形拉伸 1.5m，形成一个长方体（图 2-69）。

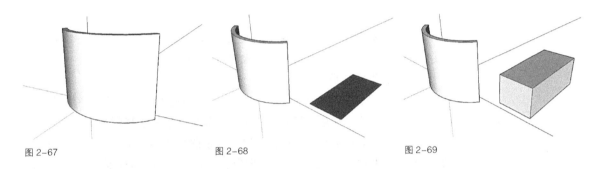

图 2-67   图 2-68   图 2-69

7）选择整个长方体，将其移动至一端的底线中点与前面绘制的直线端点重合（图 2-70）。

8）保持整个立方体都在选择状态中，在立方体上用鼠标右键单击，在关联菜单中选择模型交错（Intersect Faces->With Model）（图 2-71）。

9）可以看到弧形墙和立方体交接的地方生成了线，这表明模型的面已经被这些线分割开了（图 2-72）。

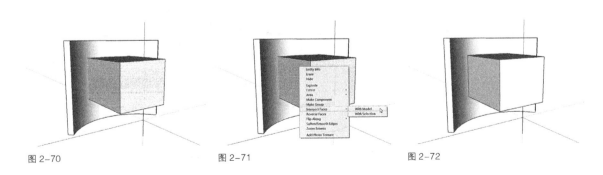

图 2-70   图 2-71   图 2-72

10）激活删除工具 ✐，删除立方体在弧形墙两侧的所有线和面。可以看到弧形墙两侧各有一个矩形线框（图 2-73）。

11）分别选择墙上的两个矩形线框内的面，按键盘上的 Del 键删除，弧形墙上的矩形洞口就出现了（图 2-74）。也可以通过鼠标右键单击该面，在关联菜单中选择删除（Erase）来删除面。

12）仔细检查我们会发现，矩形洞口的侧边的面的方向都是反的。选择这些面，鼠标右键单击，在关联菜单中选择将面翻转（Reverse Faces），弧形墙上的矩形洞口创建完成（图2-75）。

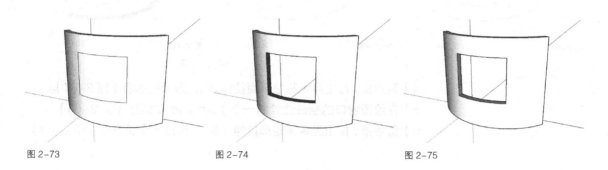

图2-73   图2-74   图2-75

注意：这种利用模型交错完成模型的切割是SketchUp中一个非常有用的功能，对它的灵活使用将非常有助于模型的创建。

（2）窗面和窗框

对于一般的弧形墙上的窗户来说，尽管墙是弧形的，但窗户仍然是直的或是折线形的。在这个实例中，窗户将是由两折的玻璃组成。

1）用直线工具 ✐ 连接窗洞下边的两条曲线的中点（图2-76）。注意，此时的两条曲线已完全是由一些线段连接而成，因此捕捉到的点实际上是其中两条线段的端点。

2）连接窗洞左下角边线的中点和刚刚画的中线的中点，再连接窗洞右下角边线的中点和刚刚画的中线的中点，生成折线窗户的下边线。删除那条中线（图2-77）。

3）选择折线窗户的两条下边线，激活移动工具 ✥ 加Ctrl键向上垂直复制至窗洞的上边（图2-78）。

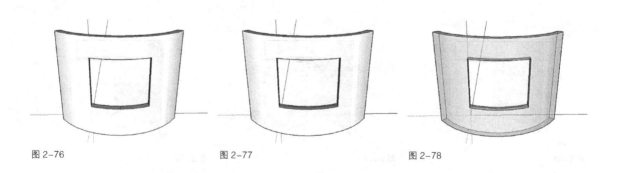

图2-76   图2-77   图2-78

4）连接上下折线，包括中间的折线点，生成两扇窗面。如果该窗面的方向是反的，将它们翻转过来（图2-79）。

5）激活偏移工具 ⬭ 将两扇窗面分别向内偏移复制0.05m，生成两个窗框基本面（图2-80）。

6）由于此时窗洞侧面和窗户并不垂直，不能使用推/拉工具生成窗框，因此需要使用移动复制的方法。选择两个窗框基本面，用移动工具加 Ctrl 键沿窗洞方向在向外 0.03m 处复制（图 2-81）。

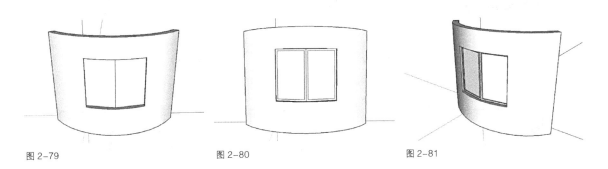

图 2-79   图 2-80   图 2-81

7）用直线工具连接窗框基本面和复制面的所有对应端点，生成窗框侧边（图 2-82）。

8）旋转视图至墙的另外一侧，用同样的方法生成该侧的窗框。如果有反方向的面，将它们翻转过来（图 2-83）。

9）赋予窗户玻璃材质，窗面和窗框创建完成（图 2-84）。

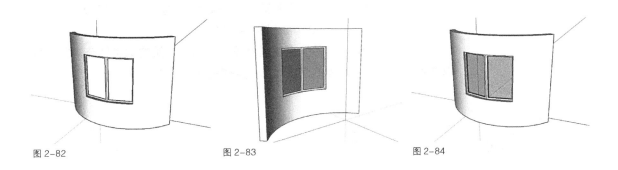

图 2-82   图 2-83   图 2-84

（3）窗套

在创建窗套之前，我们先将已经完成的弧形墙体和窗户组成群组，以防止在下面的绘图过程中对其产生误操作。

1）选择弧形墙体、窗面和窗框，点击鼠标右键，选择创建群组（Make Group）（图 2-85）。此时出现一个线框，线框内的物体已经被组合在了一起（图 2-86）。

注意：在 SketchUp 中，单击鼠标左键表示选择单个物体；双击表面表示选择该表面和构成该表面的所有边线；双击边线表示选择该边线和该边线参与构成的所有表面；三击表示选择所有与该物体相连接的物体。

2）激活矩形工具沿窗洞口绘制一个 2m×4m 的矩形（图 2-87）。

3）激活推/拉工具将矩形向两侧拉伸，形成一个长方体（图 2-88）。

4）激活偏移工具，将长方体前面向外偏移 0.1m（图 2-89）。

5）激活推/拉工具将偏移出的面拉伸至与长方体平齐（图 2-90）。

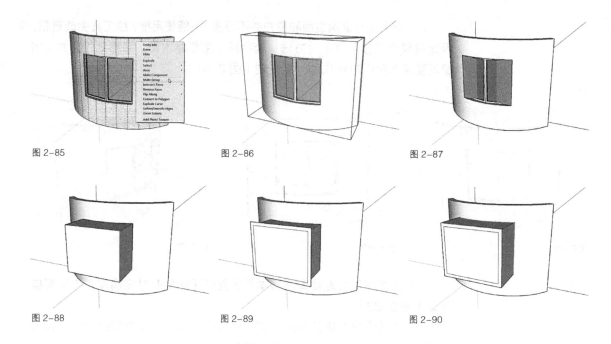

图 2-85　　　　　　　　　图 2-86　　　　　　　　　图 2-87

图 2-88　　　　　　　　　图 2-89　　　　　　　　　图 2-90

6）双击前面创建的墙和窗户的群组以打开群组进行编辑，此时系统以虚线框显示群组范围，并将不属于该群组的所有物体以灰色表示(图 2-91)。

7）选择弧形墙的外侧弧面，点击鼠标右键，在关联菜单中选择 Intersect Faces->With Model（图 2-92)。

8）在表示群组范围的虚线框外单击，退出群组的编辑状态，此时可以看到弧形墙和长方体的交接处已经有线生成了（图 2-93)。

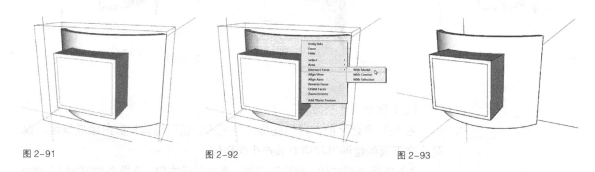

图 2-91　　　　　　　　　图 2-92　　　　　　　　　图 2-93

9）在长方体上三击鼠标将其全部选择，按 Del 键将其删除。可以看到在弧形墙窗洞周围已经有了表示窗套位置的边线（图 2-94)。由于这些边线都是在群组编辑状态下产生的，也都属于群组内物体，因此刚才选择长方体时不会选择到它们。

10）再次双击群组进入群组编辑状态，选择窗套面。由于推 / 拉工具无法推拉曲面，仍然使用移动复制的方法，将窗套面在向外距离 0.1m 处复制（图 2-95)。

11）用直线工具连接窗套面和复制面的所有对应端点，生成窗套侧边（图 2-96)。

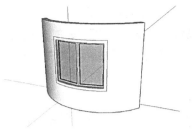

图 2-94

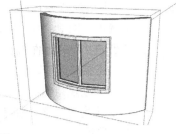

图 2-95

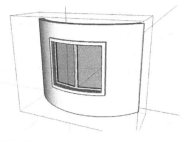

图 2-96

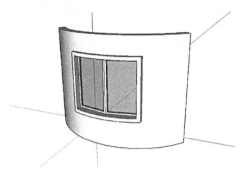

图 2-97

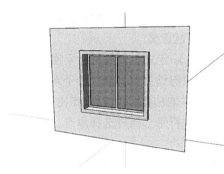

图 2-98

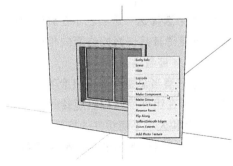

图 2-99

12）用删除工具将窗套内侧与墙体重合的边线删除，退出群组的编辑状态，一个弧形墙上的窗户就创建完成了（图 2-97）。

2.3.4　门窗组件

在前面我们介绍的都是单个窗户的创建法，而一幢建筑上往往有很多窗户，并且这些窗户的形式和尺寸都是大同小异的，假如每个窗户都要这样逐步创建是件很费时费力的事。而通过 SketchUp 中特有的组件功能可以做到一次创建，重复使用，极大地方便了建模的过程。

对于弧形墙上的门窗来说，由于圆弧的半径和组成圆弧的线段的长度与数量都不尽相同，门窗组件被重复使用的几率较小。此处主要讨论直线墙上的门窗组件的创建和使用。

（1）创建组件

1）打开前面练习单线墙上创建门窗的文件，或直接打开下载文件中的 2.3.4_a.skp。激活选择工具 从左向右框选的方式选择窗户的所有面和边线（图 2-98）。

注意：使用选择工具进行框选时，从左向右，SketchUp 显示一个实线橡皮框，表示完全包含在该框中的物体才会被选中，也称"窗口选择"。从右向左，SketchUp 显示一个虚线橡皮框，表示框内的物体和与框相接触的物体都会被选择，也称"交叉选择"。无论是窗口选择还是交叉选择，选中的不仅是我们能在当前视图窗口看到的物体，被遮挡在后面的看不见的物体只要符合框选的规则同样会被选中。所以，采用框选时，要经常注意检查是否有一些不需要的物体也被选择了，检查的方式一般是通过将显示模式改为"X 光透视模式"，察看被遮挡的物体的选择状态。

2）在选中的物体上单击鼠标右键，在弹出的关联菜单中选择制作组件（Make Component）（图 2-99）。

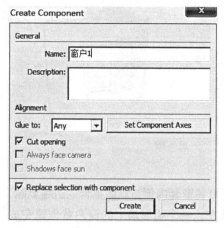

图 2-100

3）出现创建组件对话框。在名称栏输入"窗户1"，其他选项如图2-100中设置，点击"创建"按钮。一个名为"窗户1"的组件就创建成功了。不要关闭文件，下面的练习还要在这基础上进行。

（2）创建组件对话框

下面我们要详细解释一下图2-100所示创建组件对话框中各选项的功能。

● 概要（General）：

名称（Name）：定义组件的名称。所有的组件都必须有一个名称，即使你不输入，系统仍会自动分配一个名称。组件名称具有唯一性，不同组件的名称必须保持不同。

注释（Description）：对组件进行一些更详细的描述。

● 对齐（Alignment）：

粘合到（Glue to）：这是一个下拉式列表，用来定义插入组件时组件可以被放置到什么样的平面上。其选择项包括：没有（None）、任意（Any）、水平（Horizontal）、垂直（Vertical）、斜面（Sloped），分别表示组件没有粘合面、组件可以被放置到任意平面上、组件被限制放置在水平面上、组件被限制放置在垂直面上、组件被限制放置在斜面上。除"没有"选项外，选择其他任何一个选项绘图窗口中都会出现一个代表粘合面的灰色平面。下面的例子可以帮助我们更好地理解粘合面的意义。

设置组件轴线（Set Component Axes）：定义组件的粘合平面。当组件被放置在某平面上时，组件的粘合平面将与该平面共面。除了系统自动指定的粘合平面外，我们还可以自己设置组件的粘合面的位置。点击该按钮，创建组件对话框暂时隐藏，光标变为坐标轴符号。通过选择原点、红轴方向和绿轴方向来设定组件的粘合面坐标系统。

剖切开口（Cut opening）：选择这一选项表示允许插入组件时在其插入面上自动开洞。这一特点在门窗类组件中是非常有用的。当"粘合到"选项为"没有"时，这一选项将变成灰色而无法选择。

总是面向相机（Always face camera）：选择这一选项表示在旋转相机时，允许组件沿粘合面的蓝轴自动旋转以使得其某一面始终面向相机。只有"粘合到"选项为"没有"时，这一选项才被激活。

阴影朝向太阳（Shadows face sun）：只有当总是面向相机选项被选中时，这一选项才被激活。选择这一选项表示在组件面向相机旋转时，其阴影来自组件面向太阳时的位置，阴影的位置和大小不随组件的旋转而改变。这一特点在树木类组件中非常有用。而不选择这一选项表示阴影会随着组件的旋转而不断变化。

● 替换选择（Replace selection with component）：表示是否将创建组件的源物体转换为组件，不选该选项表示原来的物体保持不变。

（3）插入组件

现在我们利用刚才生成的窗户组件完成组件的插入操作。

1）在刚才的文件中，先将场景中所有物体选择并删除，然后利用矩形工具和推/拉工具创建一个 6m×6m×3m 的建筑体块（图 2-101）。

2）选择菜单 Window->Components，打开组件管理器，选择模型中命令按钮，组件管理器将当前模型中所有的组件以缩略图的形式显示出来，目前的模型只有一个组件"窗户 1"（图 2-102）。

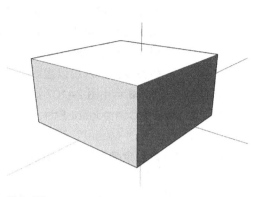

图 2-101

图 2-102

3）点击"窗户 1"组件，将鼠标移回绘图窗口，光标自动变成移动工具标志✣，同时窗户 1 模型也出现在场景中，且光标位置就是组件的插入点位置。此时组件尚未被真正插入到具体位置上，组件将随鼠标的移动而移动（图 2-103）。

4）在建筑体块的某一墙面的合适位置单击鼠标，组件窗户 1 被放置在该位置，同时墙面自动被窗户的边线切割出洞口（图 2-104）。

接下来除了可以继续利用组件对话框插入组件外，还可以通过复制已插入的组件来完成多组件的插入。

5）选择墙体上插入的窗户组件，激活移动工具✤，按一次 Ctrl 键激活复制功能，向右复制一个窗户，复制的窗户同样具有自动切割洞口的特性（图 2-105）。

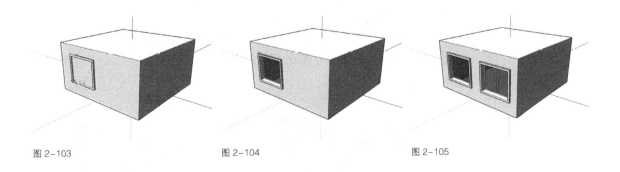

图 2-103

图 2-104

图 2-105

6）继续复制窗户，这次将复制的目标点放到另一个墙面上，可以发现，组件自动旋转以适应放置面的方向，这是因为前面创建组件时我们选择了

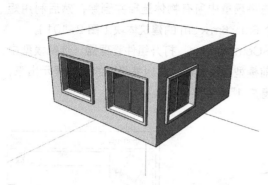

图 2-106

粘合到任意平面（图 2-106）。

（4）编辑组件

组件具有关联性，这一特点使得除了缩放之类只影响某组件本身的编辑外，对任一组件内物体的编辑都将影响到其所有的复制品。

1）在选择工具 ▸ 被激活的状态下双击模型中的任一窗户组件，将自动进入编辑组件状态。也可以在组件上单击鼠标右键，在关联菜单中选择编辑组件（Edit Component）进入编辑状态。与编辑群组相类似，系统以虚线框显示组件范围，并将不属于该组件的所有物体以灰色表示（图 2-107）。

2）选择菜单 View->Component Edit，下面有两个选项命令：隐藏剩余模型（Hide Rest Of Model）和隐藏相似组件（Hide Similar Components）。其中隐藏剩余模型表示在编辑组件状态下，将不属于该组件的所有物体隐藏，便于我们的编辑操作（图 2-108）。这一命令同样适用于编辑群组状态。不同之处在于编辑组件时，尽管隐藏了其他物体，该组件的复制品仍然以灰色显示。如果想连这些复制品也一起隐藏的话，就要再选择隐藏相似组件命令（图 2-109）。再次分别点击隐藏剩余模型和隐藏相似组件，保留组件外物体的显示。

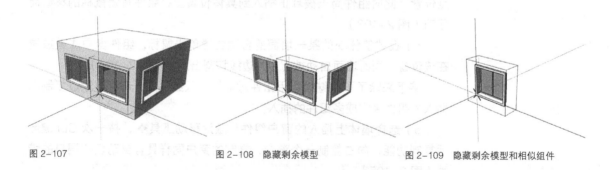

图 2-107　　　　　　　　　　　图 2-108　隐藏剩余模型　　　　　　　图 2-109　隐藏剩余模型和相似组件

3）用推/拉工具将窗套面向外拉伸 0.4m，可以看到其他窗户组件也都发生了相应的变化（图 2-110）。

4）将窗套的一个侧面向外拉伸 0.3m，此时不但其他组件发生了变化，墙体的开洞也相应发生了变化（图 2-111）。

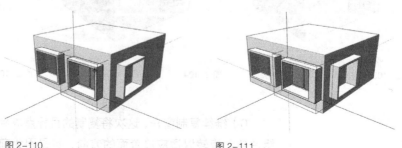

图 2-110　　　　　　　　　　　　　　　　图 2-111

5）在表示组件范围的虚线框外单击，退出组件的编辑状态（图2-112）。

6）选择任一窗户组件，激活缩放工具▣，缩放控制夹点出现在被选择组件的周围（图2-113）。

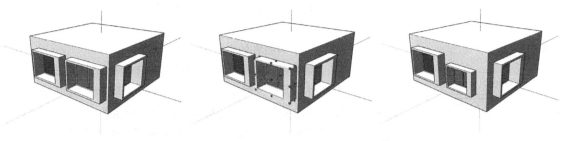

图2-112 　　　　　　　　　　图2-113 　　　　　　　　　　图2-114

7）选择角部的缩放夹点，缩小该组件，该组件对墙体的开洞随之变化，然而可以看到其他组件没有任何变化（图2-114）。

注意：对于缩放工具，它具有以下工作特点：

● 执行缩放命令之前必须先选择物体。

● 缩放夹点可分为三类：对角夹点、边线夹点和表面夹点。

● 对角夹点缩放：物体沿对角线方向缩放，默认为等比例缩放，缩放的比例显示在数值控制框内。

● 边线夹点缩放：物体同时在沿对应边线的两个方向缩放，默认为非等比例缩放，缩放的比例以逗号分开的两个数字显示在数值控制框内。

● 表面夹点缩放：物体沿对应面的方向缩放，默认为非等比例缩放，缩放的比例显示在数值控制框内。

● 等比例缩放与非等比例缩放：控制是否等比例缩放，只要在拖动鼠标缩放时按住键盘上的Shift键，即可切换至与其默认相反的缩放状态。

● 缩放中心：在默认状态下，缩放都是以与选定控制夹点的对角点为基点进行的。一旦按下键盘上的Ctrl键，待缩放物体的几何中心控制点就显示出来，并且所有的缩放都是基于该中心进行。

● 同时按住Ctrl键和Shift键，可以切换到所选物体的等比例／非等比例的中心缩放。

● 缩放二维物体或图像：二维物体或图像同样可以执行缩放命令。当二维物体或图像与任一坐标平面平行时，缩放控制框同样是二维的矩形框，有八个控制夹点；不平行时，缩放控制框为三维立体框，此时可利用缩放方向的操作来改变坐标轴。

● 缩放方向：缩放的方向都是以场景的坐标轴为基准方向，因此改变坐标轴可以在一些斜面上精确控制缩放操作的方向。

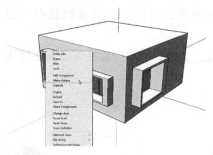

图 2-115

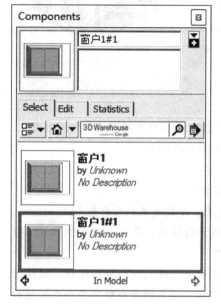

图 2-116

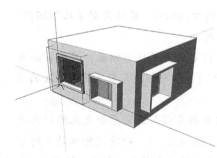

图 2-117

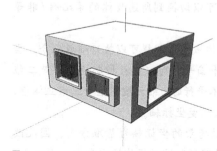

图 2-118

● 精确缩放：在缩放过程中或缩放操作后，在数值控制框内输入数值可以实现精确的缩放比例。不带单位的数值表示缩放的比例，而数值后加上尺寸单位则表示缩放的最终尺寸。如果数值为负值，则表示先将物体镜像，再进行缩放。

● 在缩放过程中按下键盘上的 Esc 键可以取消缩放操作。

（5）对组件的单独处理

尽管缩放命令可以对组件进行单独处理而不影响其他关联组件，但有时候我们需要的不仅仅是改变组件的比例大小，还需要改变其形状。此时我们就要用到组件的单独处理模式，也就是将需要编辑的组件从其他关联组件中分离出来，成为一个新的、独立的组件。

1）继续刚才的练习，选择场景中的任意一个窗户组件，单击鼠标右键打开关联菜单，选择单独处理（Make Unique）（图 2-115）。

2）现在组件管理器中多了一个名为"窗户 1#1"的新组件。这说明我们刚才选择的组件已经不再是"窗户 1"组件，而成为一个新的组件，系统自动在原组件名后加"#"号再加序列号作为新的组件名（图 2-116）。

3）双击刚才选择的组件进入组件编辑状态，并用推/拉工具改变窗套尺寸，注意其他组件并未随之改变（图 2-117）。

4）退出组件编辑状态，可以看到，该组件的变化并未影响到其他组件，因为它们已经分属不同的组件（图 2-118）。同时，组件管理器内"窗户 1#1"的预览图也相应改变了形状。

注意：组件的"单独处理"方式不仅适用于单个组件，也适用于多个组件。当选择同一组件类型的多个组件时，单独处理的结果是这些组件被分离出来，形成新的组件类型，同时这些组件间形成新的关联。

（6）双线墙上的门窗组件

SketchUp 中组件的开洞特性只能针对一面墙，它只在被"粘合"的面上开一个洞口，无法对两面墙同时开洞。因此如果是在双线墙上开洞的窗户，需要先将所有的洞口开好，然后再插入相应的窗户组件。

1）打开前面练习双线墙上创建门窗的文件，或直接打开下载文件中的 2.3.4_b.skp。激活选择工具以"窗口选择"的方式选择窗户的所有面和边线，在选中的物体上单击鼠标右键，在关联菜单中选择制作组件（Make Component）

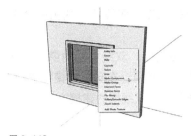

图 2-119

图 2-120

（图 2-119）。

2）出现创建组件对话框。与前面单线墙上的窗户创建组件不同，因为此处的窗户与两个面都有连接，系统无法自动识别粘合面的位置，因此在粘合到（Glue to）选项内缺省出现的是没有（None），剖切开口（Cut opening）选项也是处在不可选择状态，替换选择（Replace selection with component）也处于未选择状态（图 2-120）。

3）为保证下次插入组件时,组件与模型之间的相对位置正确,我们需要重新设置该组件的轴线。在粘合到（Glue to）下拉列表中选择垂直（Vertical），在绘图窗口中出现一个代表粘合面的灰色平面（图 2-121）。

4）点击设置组件轴线（Set Component Axes）按钮，旋转视图至图中所示位置，点击窗户与墙面交接处左下角为坐标原点，右下角方向为红轴方向，左上角为绿轴方向（图 2-122）。

5）将替换选择（Replace selection with component）选项选中，在名称栏输入"窗户 2"，创建组件（图 2-123）。

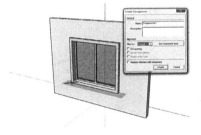

图 2-121

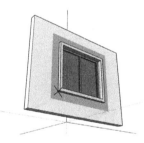

图 2-122

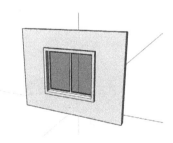

图 2-123

6）拉伸墙体，并利用组件对话框插入"窗户 2"组件，我们可以发现它并未在墙上自动开出洞口（图 2-124）。接下来需要进行手工开洞口的工作。

7）沿窗套内侧与墙体交界处画一个矩形（图 2-125）。在此操作过程中需要转动和缩放视角。

8）将矩形向后推，直到与墙体另外一面重合（图 2-126）。在此操作过程中需要转动视角。

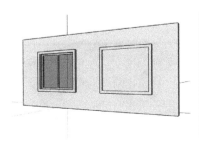

图 2-124

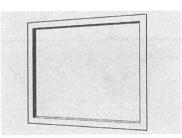

图 2-125

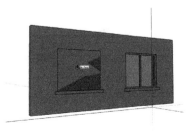

图 2-126

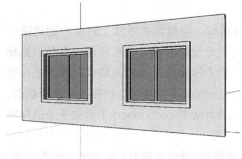

图 2-127

9）经过人工开洞的操作，双线墙上的另一个窗户就做好了（图 2-127）。

在此例子中可以明显看出，双线墙上的窗户组件远不如单线墙上的窗户组件易用。在实际建模操作中，需要慎重考虑采用单线墙还是双线墙的建模方式。

2.4 屋顶的建模

屋顶同样是建筑的重要组成部分，而且与标准层相比，屋顶部分显得更为复杂，在建模时也特别需要注意。

2.4.1 平屋顶

平屋顶又可分为女儿墙式和挑檐式两种。

（1）女儿墙式

1）利用矩形工具和推/拉工具创建一个 L 形建筑体块（图 2-128）。

2）激活偏移工具将顶面向内偏移 0.2m（图 2-129）。

3）激活推/拉工具将顶面外框向上拉伸 0.6m，女儿墙式平屋顶创建完成（图 2-130）。

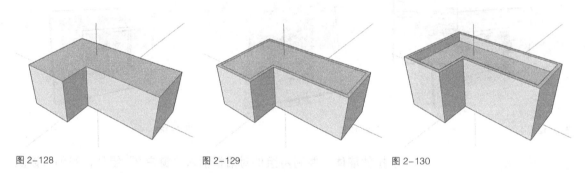

图 2-128   图 2-129   图 2-130

（2）挑檐式

1）先创建一个 L 形建筑体块，并利用偏移工具将顶面向外偏移 1m（图 2-131）。

2）利用推/拉工具将偏移后的面向上拉伸 0.4m（图 2-132）。

3）用直线工具描任意一根内侧边线，封闭顶面（图 2-133）。

图 2-131   图 2-132   图 2-133

4）用删除工具将所有不需要的线删除，其中有些线需要打开"X光显示模式"才能看到（图2-134）。

5）挑檐式平屋顶创建完成（图2-135）。

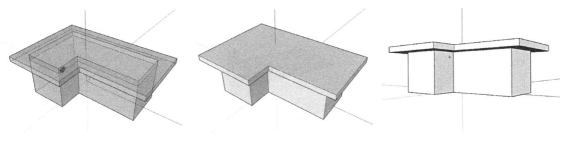

图2-134　　　　　　　　图2-135

2.4.2　简单的坡屋顶

（1）两坡屋顶方法一

1）利用矩形工具和推/拉工具创建一个6m×4m×3m的建筑体块（图2-136）。

2）激活直线工具在体块顶面画一根中脊线（图2-137）。

3）选择该中脊线，用移动工具将其沿蓝轴向上移动1.5m（图2-138）。为确保其移动方向为蓝轴，也可以按一次键盘上的上箭头或下箭头，将方向限定为蓝轴。

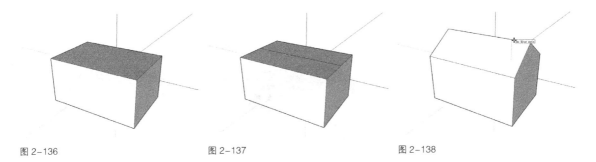

图2-136　　　　　　　　图2-137　　　　　　　　图2-138

4）保存该文件，简单的两坡屋顶建筑创建完成（图2-139）。

（2）两坡屋顶方法二

1）先创建一个6m×4m×3m的建筑体块（图2-140）。

2）利用移动工具向上复制一条短顶边至1.5m处（图2-141）。

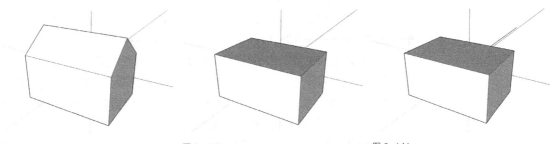

图2-139　　　　　　　　图2-140　　　　　　　　图2-141

3）激活直线工具，绘制山墙面（图2-142）。

4）删除复制的边线（图2-143）。

5）利用推/拉工具拉伸山墙面至建筑另一端（图2-144）。

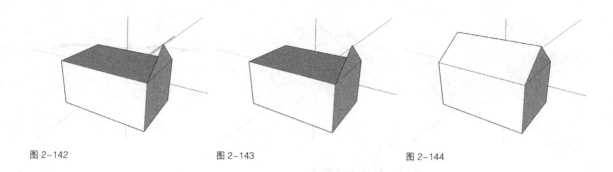

图2-142   图2-143   图2-144

6）删除山墙面上的多余线，简单的两坡屋顶建筑创建完成（图2-145）。

（3）两坡屋顶方法三

1）先创建一个6m×4m×3m的建筑体块（图2-146）。

2）激活量角器工具 ，在光标箭头周围出现一个刻度盘，将光标放在体块的角部，并让刻度盘落在体块的侧面上。在体块角部顶点点击鼠标确定量角器的圆心（图2-147）。

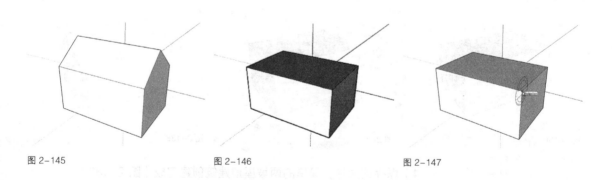

图2-145   图2-146   图2-147

3）点击体块的另一个顶点，确定量角器的起始边（图2-148）。

4）向上移动鼠标，出现一条连接光标箭头和刻度盘圆心的辅助线，并随鼠标的移动而移动（图2-149）。

5）直接在键盘输入"2∶3"，该数值自动出现在数值控制框内，按回车键确定，场景中的辅助线以2∶3的坡度固定下来（图2-150）。

6）激活直线工具，点击体块角部顶点为起始点（图2-151）。

7）将鼠标移动至体块侧边中点处稍停片刻，再沿蓝轴方向向上移动，移动至与辅助线相交时，SketchUp的智能参考系统自动捕捉到与辅助线的交点，点击以确认直线的终点（图2-152）。

8）继续绘制直线完成山墙面（图2-153）。

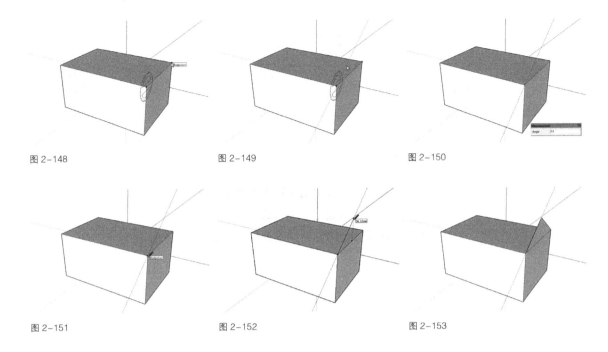

图 2-148　　　　　　　　　　　图 2-149　　　　　　　　　　　图 2-150

图 2-151　　　　　　　　　　　图 2-152　　　　　　　　　　　图 2-153

9）拉伸山墙面至建筑另一端（图 2-154）。

10）删除辅助线和山墙面上的多余线，具有准确坡度的两坡屋顶建筑创建完成（图 2-155）。

（4）四坡屋顶方法一

继续回到我们刚才创建的两坡屋顶建筑。

1）利用直线工具连接山墙面的两个屋檐点（图 2-156）。

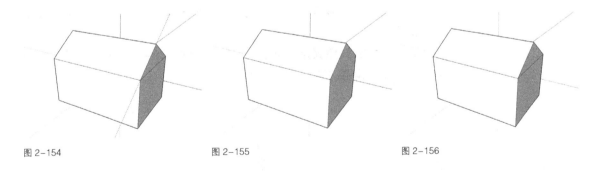

图 2-154　　　　　　　　　　　图 2-155　　　　　　　　　　　图 2-156

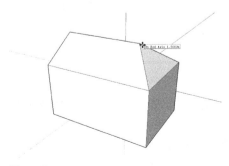

图 2-157

2）激活移动工具，将光标移至坡屋顶的屋脊端部，以该端点为移动对象沿屋脊方向移动，移动距离为 1.5m（图 2-157）。

3）对另一屋脊端点作同样的操作，简单的四坡屋顶建筑创建完成（图 2-158）。

（5）四坡屋顶方法二

1）重复按撤销命令回到两坡屋顶模型（图 2-159）。

2）复制一条屋顶的侧边至 1.5m 处（图 2-160）。

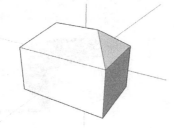

图 2-158

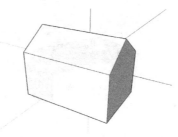

图 2-159

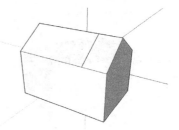

图 2-160

3）用直线工具连接相应端点（图 2-161）。

4）删除多余边线（图 2-162）。

5）对建筑另一侧作同样的操作（图 2-163）。

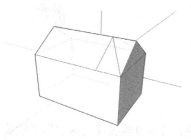

图 2-161

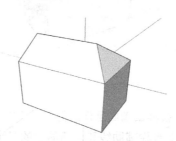

图 2-162

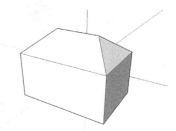

图 2-163

（6）四坡屋顶方法三

1）重复按撤销命令回到两坡屋顶模型，并用直线工具连接山墙面的两个屋檐点（图 2-164）。

2）激活量角器工具，移动鼠标使刻度盘落在建筑前表面上（图 2-165）。

3）按住 Shift 键锁定刻度盘的方向，移动鼠标至屋檐连线的中点并点击鼠标确定量角器的圆心（图 2-166）。

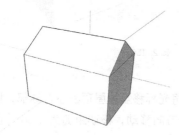

图 2-164

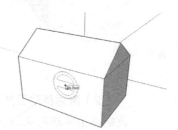

图 2-165

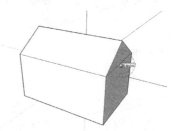

图 2-166

4）以水平方向为量角器的起始边,输入"2∶3"确定辅助线的坡度（图 2-167）。

5）用直线工具连接相应端点（图 2-168）。

6）删除多余边线（图 2-169）。

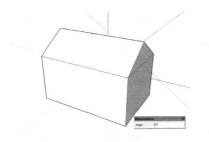

图 2-167

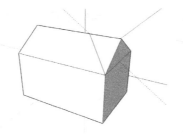

图 2-168

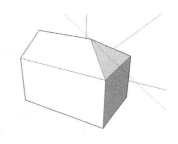

图 2-169

7）对建筑另一侧作同样的操作（图 2-170）。

8）删除辅助线，或选择菜单 Edit->Delete Guides，将场景中的所有辅助线都删除（图 2-171）。

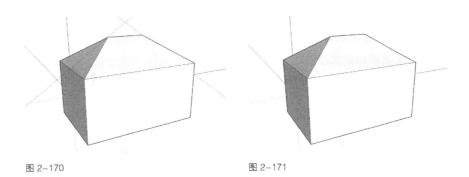

图 2-170

图 2-171

2.4.3　坡屋顶的交接

（1）坡屋顶的交接一

1）重新打开前面创建的两坡屋顶建筑模型（图 2-172）。

2）将两条边线分别向内复制，距离为 1.5m（图 2-173）。

3）将中间的面向外拉伸 3m（图 2-174）。

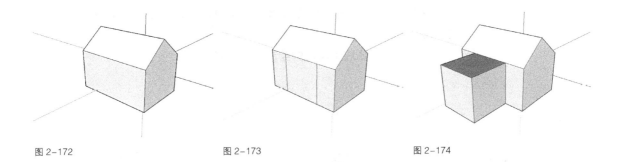

图 2-172

图 2-173

图 2-174

4）从矩形顶端中点处向上绘制一根 1m 长的垂直线（图 2-175）。

5）连接端点生成山墙面（图 2-176）。

6）激活直线工具，以山墙面顶点为起点，沿绿轴移动鼠标，按住 Shift 键锁定鼠标方向，继续移动鼠标至坡屋顶上，利用智能参考系统和锁定功能完成新体块屋脊线与坡面的交点的捕捉,绘制出新体块的屋脊线(图2-177)。

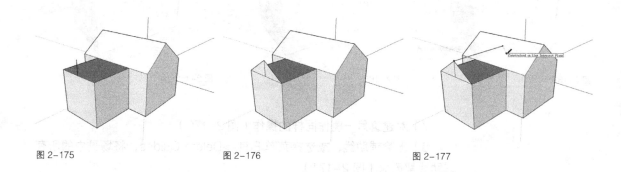

图 2-175　　　　　　　图 2-176　　　　　　　图 2-177

7)连接端点生成坡屋面(图 2-178)。

8)删除多余的线条,坡屋顶交接的模型创建完成(图 2-179)。

(2)坡屋顶的交接二

1)重新打开前面创建的两坡屋顶建筑模型,并将两条边线各向内复制 0.5m(图 2-180)。

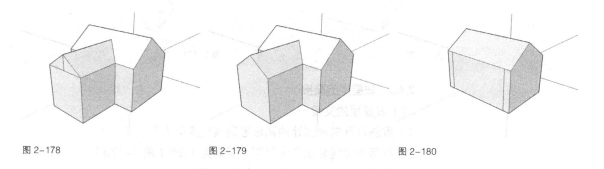

图 2-178　　　　　　　图 2-179　　　　　　　图 2-180

2)将中间的面向外拉伸 3m(图 2-181)。

3)利用量角器工具在新体块上绘制一根 2:3 坡度的辅助线(图 2-182)。

4)完成新体块山墙面的绘制(图 2-183)。

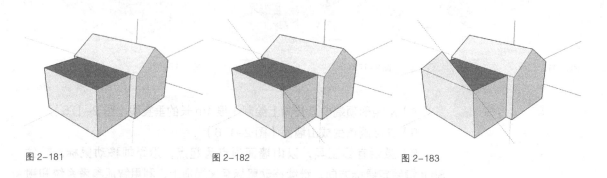

图 2-181　　　　　　　图 2-182　　　　　　　图 2-183

5）利用智能参考系统和锁定功能绘制新的建筑体块的屋脊线（图 2-184）。

6）连接端点生成新体块的坡屋面（图 2-185）。

7）旋转视角至建筑的另外一侧，从屋面交接处利用智能参考系统和锁定功能绘制原有建筑体块的屋面延长线（图 2-186）。

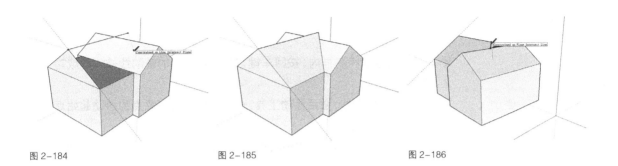

图 2-184   图 2-185   图 2-186

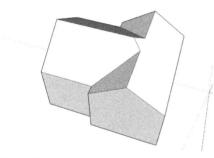

图 2-187

8）两根延长线绘制完后，删除多余的边线和辅助线，坡屋顶模型创建完成（图 2-187）。如果删除边线时导致有些面丢失，可以用直线工具描绘这些面的任意边线以恢复。

2.4.4　复杂的坡屋顶

对于那些进深有变化的建筑体型，要保持坡屋顶的坡度一致，在建模时相对比较麻烦。对于这种复杂的坡屋顶，SketchUp 提供了几种建模方法，下面来分别介绍。

（1）复杂坡屋顶建模方法一

1）创建一个如图所示体块，或打开下载文件中的 2.4.4.skp（图 2-188）。

2）在顶面绘制两条直线将其分为三部分，并分别连接各部分的中心线完成屋脊线的绘制（图 2-189）。

接下来我们需要为该体块创建一个坡度为 30° 的两坡屋顶。我们先将中间段的坡屋顶升至合适的坡度，再调整前后两段的坡度。

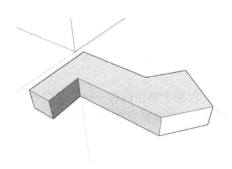

图 2-188

3）激活量角器工具，将光标放在中间段的上边沿，此时刻度盘坐落在该段的侧面上（图 2-190），而我们需要的是与该面垂直的辅助线。按住鼠标不放，拖动鼠标，刻度盘随鼠标的移动而改变方向。让鼠标沿着上边沿移动，刻度盘的方向改为与原侧面垂直（图 2-191）。松开鼠标以确认该方向。

4）移动鼠标选择水平方向为量角的初始边（图 2-192）。

5）向上移动鼠标，然后直接输入"30"，该数值将自

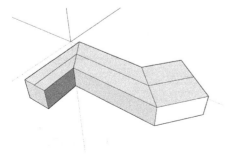

图 2-189

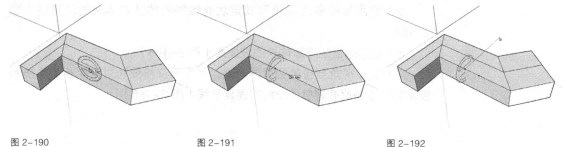

图 2-190　　　　　　　　　　　图 2-191　　　　　　　　　　　图 2-192

动被输入到数值控制框内，按回车键，坡度为 30° 的辅助线被创建成功（图
2-193）。

　　6）选择辅助线，激活移动工具，点击辅助线上任意点为移动起始点（图
2-194）。

　　7）利用智能参考系统捕捉图中所示点为移动终止点（图 2-195）。

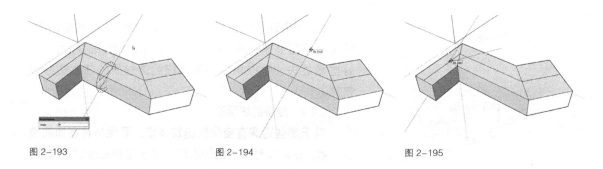

图 2-193　　　　　　　　　　　图 2-194　　　　　　　　　　　图 2-195

　　8）选择三条屋脊线，激活移动工具，以图中所示点为移动起始点（图
2-196）。

　　9）沿蓝轴移动鼠标，智能参考系统自动捕捉到与辅助线的交点，以
该交点为移动终止点（图 2-197）。

　　10）现在得到了一个两坡顶的体块，但由于体块的每一段进深都不相
同，只有中间段的坡度是正确的，其余两段还都需要调整（图 2-198）。

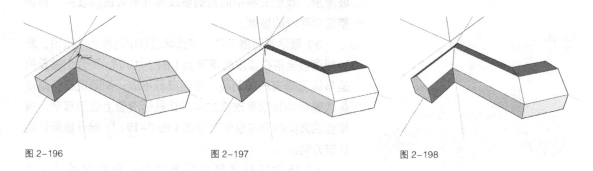

图 2-196　　　　　　　　　　　图 2-197　　　　　　　　　　　图 2-198

　　11）转动视角至图中所示角度，再次激活量角器工具，在体块端头创
建坡度为 30° 的辅助线（图 2-199）。

12）利用智能参考系统绘制正确的山墙面（图2-200）。

13）利用推/拉工具将多余的山墙面至极限位置（图2-201）。

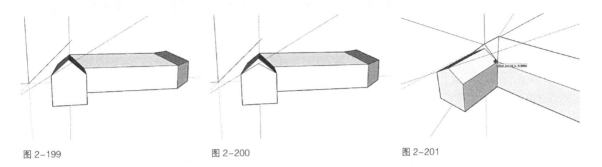

图2-199　　　　　　　图2-200　　　　　　　图2-201

注意：为使下面的步骤描述更加准确，我们给模型的一些点和面增加了编号（图2-202）。

14）删除辅助线。激活移动工具，直接点击A点，将其移动至B点（图2-203）。

15）继续利用移动工具将C点移至D点（图2-204）。

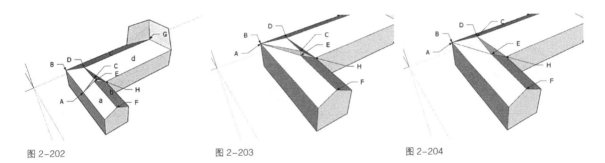

图2-202　　　　　　　图2-203　　　　　　　图2-204

16）利用移动工具点击E点，利用Shift键将其移动方向锁定在EF屋脊线上，然后移动鼠标至d面，智能参考系统自动捕捉到EF线与d面的交点，点击鼠标确定E点的移动（图2-205）。

17）利用移动工具点击D点，利用Shift键将其移动方向锁定在DG屋脊线上，然后移动鼠标至a面，智能参考系统自动捕捉到DG线与a面的交点，点击鼠标确定D点的移动（图2-206）。

18）激活删除工具删除BE线和DH线，现在这一侧两个体块的坡屋顶就完成了（图2-207）。

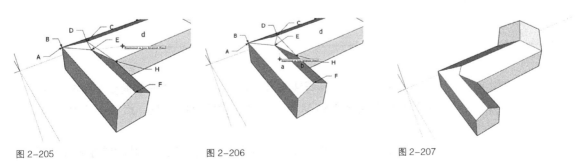

图2-205　　　　　　　图2-206　　　　　　　图2-207

19）转动视角至体块的另一端，同样利用量角器工具在顶点处创建一根坡度为 30° 的辅助线（图 2-208）。

20）绘制正确的坡度线，与原坡顶之间形成狭长的燕尾面（图 2-209）。

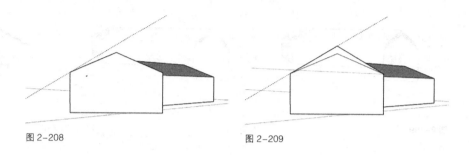

图 2-208   图 2-209

21）拉伸燕尾面至图 2-210 中所示端点。

22）删除山墙面上的原坡度线和辅助线（图 2-211）。

注意：为方便描述，此处再次给模型中的一些点和面编号（图 2-212）。

图 2-212

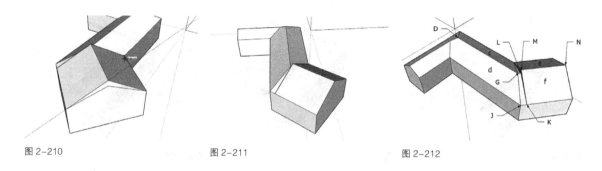

图 2-210   图 2-211   图 2-212

23）激活移动工具，将 K 点移至 J 点（图 2-213）。将 L 点移至 G 点（图 2-214）。

24）将 G 点移至 DG 屋脊线与 e 面的交点（图 2-215）。

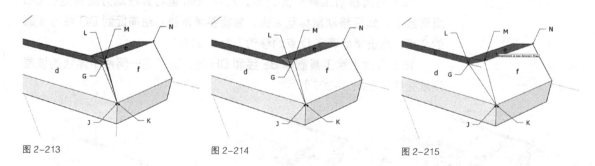

图 2-213   图 2-214   图 2-215

25）由于 MN 屋脊线与坐标轴不平行，无法被智能参考系统锁定，因此不能采取直接移动 M 点的方法。激活直线工具，点击 J 点为起点（图 2-216）。

26）将鼠标放在 d 面上，按住 Shift 键锁定，再移动鼠标至 MN 线上，智能参考系统自动捕捉到 MN 线与 d 面的交点，点击完成直线的绘制（图 2-217）。

27）利用移动工具将 M 点移至新绘制直线的终点（图 2-218）。

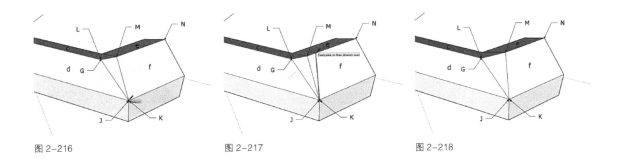

图 2-216　　　　　　　　　　图 2-217　　　　　　　　　　图 2-218

28）利用删除工具删除多余线，复杂的坡屋顶创建完成（图 2-219）。

（2）复杂坡屋顶建模方法二

1）首先创建如方法一中第 10 步的模型（图 2-220），其中只有中间段的坡度是需要的 30°，左右两侧的坡度都需要调整。

2）删除部分边线，得到图中所示结果（图 2-221）。

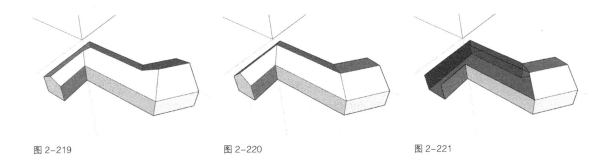

图 2-219　　　　　　　　　　图 2-220　　　　　　　　　　图 2-221

3）绘制直线补齐侧面。利用量角器工具创建坡度为 30° 的辅助线，并绘制正确的坡度线（图 2-222）。

4）拉伸山墙至顶端（图 2-223）。

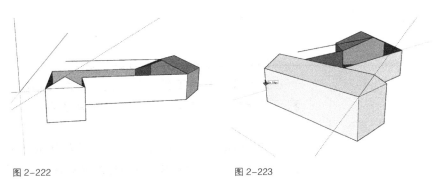

图 2-222　　　　　　　　　　　　　图 2-223

5）激活直线工具绘制两条直线，起点分别是体块间的两个交点，终点则利用智能参考系统捕捉中间体块屋脊线与新拉伸屋面的交点（图2-224）。

6）连接图2-225中所示两个交点，自动产生屋面。

图2-224

图2-225

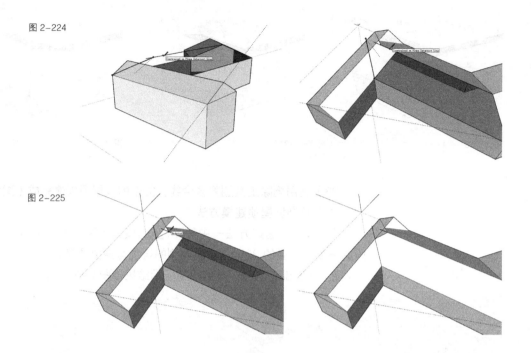

7）删除多余的线，一侧的坡屋顶已经创建完成（图2-226）。

8）转动视角至另外一面，删除一些边线，得到图2-227所示结果。

9）用相同的方法补齐侧边和山墙面（图2-228）。

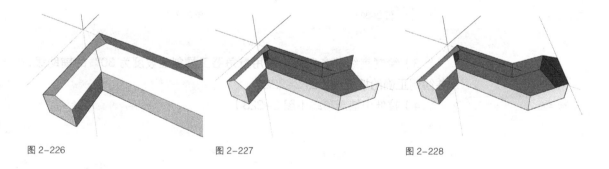

图2-226   图2-227   图2-228

10）拉伸山墙至顶端（图2-229）。

11）激活直线工具绘制直线，起点是体块间的内侧交点，终点则利用智能参考系统捕捉中间体块屋脊线与新拉伸内侧屋面的交点（图2-230）。

12）继续绘制直线，起点是体块间的外侧交点，终点则利用智能参考系统捕捉中间体块屋脊线与新拉伸外侧屋面的交点（图2-231）。

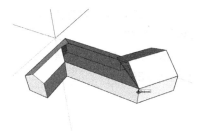

图 2-229

图 2-230

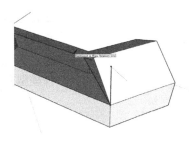

图 2-231

13）沿同样的方向继续绘制直线至与屋脊线相交（图 2-232）。

14）连接图 2-233 所示点创建坡顶交接的边线。

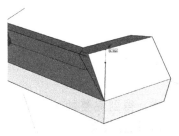

图 2-232

图 2-233

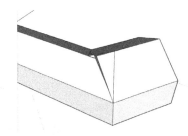

15）删除多余的边线，复杂的坡屋顶创建完成（图 2-234）。

（3）复杂坡屋顶建模方法三

对于此处采用的例子，除了上述两种方法外，巧妙利用路径跟随工具可以更方便快捷地完成坡屋顶模型的创建。

1）重新打开下载文件中的 2.4.4.skp（图 2-235）。

2）在右侧体块端头利用量角器工具创建一根坡度为 30° 的辅助线（图 2-236）。

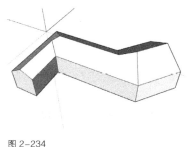

图 2-234

图 2-235

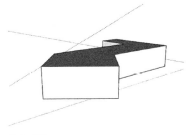

图 2-236

3）利用直线工具创建一个三角形，注意这个三角形要稍大一些，至少其底边长度要超过体块中最大进深的一半（图 2-237）。

注意：路径跟随的对象必须是面，而不是线。

4）激活路径跟随工具，选择三角形，然后按住 Alt 键单击体块顶面，三角形自动按照顶面轮廓进行放样（图2-238）。（或者也可以先用选择工具选择顶面，然后再用路径跟随工具点击三角形完成放样。）

5）选择整个模型，在选择的面上单击鼠标右键，打开关联菜单，选择模型交错Intersect Faces->With Model（图2-239）。

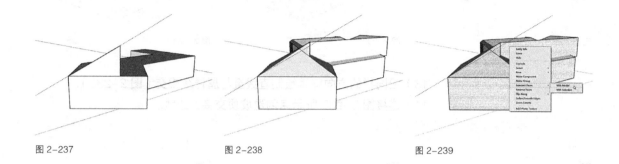

图2-237　　　　　　　　　　图2-238　　　　　　　　　　图2-239

6）在刚才选择的模型中，所有面相互之间的交线自动生成（图2-240）。

7）用删除工具删除多余的线以及辅助线，得到完整的坡屋顶模型，如果有些面也被删除，重画其任意边线可以恢复该面。与前两种方法得到的结果相比，现在的坡屋顶在端头成了四坡顶，而非两坡顶（图2-241）。

8）利用移动工具将端部的四坡顶拉伸成两坡顶，模型创建完成（图2-242）。

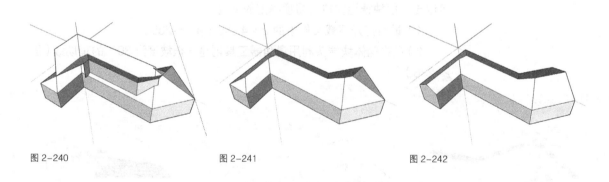

图2-240　　　　　　　　　　图2-241　　　　　　　　　　图2-242

2.4.5　带挑檐的坡屋顶

当需要创建带挑檐的坡屋顶时，针对不同的条件，也有两种建模方法。

（1）带挑檐的坡屋顶建模方法一

本方法适用于坡屋顶已经完成，并且所有坡度保持一致的情况。此处我们直接使用前一节复杂坡屋顶建模中的练习成果。

1）打开前一节练习中完成的复杂坡屋顶模型，或打开下载文件中的2.4.5_a.skp文件（图2-243）。

2）选择所有的六条屋檐边线（图2-244）。

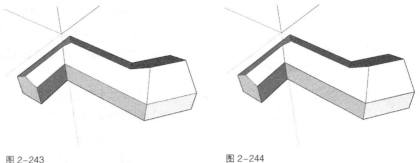

图 2-243   图 2-244

3）利用移动工具将屋檐边线向下复制 0.5m，形成檐口（图 2-245）。

4）利用推 / 拉工具分别拉伸六个檐口，拉伸距离为 1m（图 2-246）。

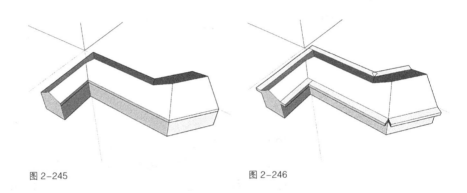

图 2-245   图 2-246

5）补齐图 2-247 所示缺口。

图 2-247

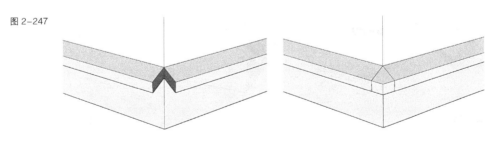

6）在图 2-248 所示交叉部分绘制交线。

图 2-248

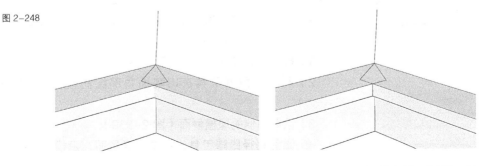

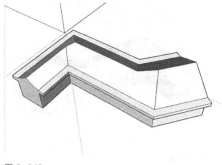

图 2-249

7）删除多余边线，包括顶面和底面。有些处在模型内的多余线，需要打开 X 光显示模式才能删除。如果有些面也被删除，重画其任意边线可以恢复该面（图2-249）。

8）选择六个檐口面（图 2-250）。

9）利用移动工具将檐口面沿蓝轴向下移动，按住Shift 键锁定移动方向，再将鼠标移动至坡屋面上使移动限制到坡屋面所在平面上（图 2-251）。挑檐形成（图2-252）。

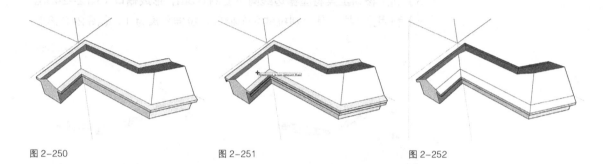

图 2-250　　　　　　　　图 2-251　　　　　　　　图 2-252

10）删除多余的线（图 2-253）。

11）在两个山墙面绘制屋檐边线（图 2-254）。

12）利用推 / 拉工具拉伸山墙面的屋檐，形成悬山（图 2-255）。

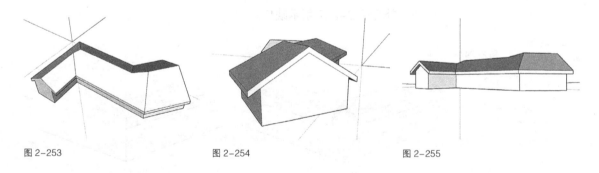

图 2-253　　　　　　　　图 2-254　　　　　　　　图 2-255

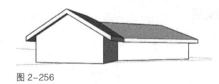

图 2-256

13）带挑檐的坡屋顶创建完成（图 2-256）。

（2）带挑檐的坡屋顶建模方法二

本方法适用于尚未完成坡屋顶的模型，主要利用路径跟随工具的特点。

1）打开下载文件中的 2.4.5_b.skp（图 2-257）。

2）利用量角器工具在山墙面角部绘制坡度为 30° 的辅助线（图2-258）。

3）绘制单侧的屋檐侧面（图 2-259）。

4）激活路径跟随工具，点击屋檐侧面，沿模型顶边移动鼠标，屋檐

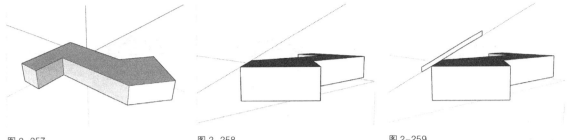

图 2-257　　　　　　　　　　图 2-258　　　　　　　　　　图 2-259

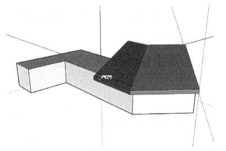

图 2-260

侧面也相应地沿着顶边拉伸出坡屋面（图 2-260 ）。

　　5 ）当鼠标到达另一山墙面的端点时点击鼠标，一侧的坡屋顶创建完成（图 2-261 ）。

　　现在我们创建另一侧的坡屋顶，因为需要镜像屋檐侧面以保证两侧对称，该操作对于与坐标轴不平行的物体来说比较困难，因此我们首先调整一下坐标轴。

　　6 ）在山墙面上单击鼠标右键，打开关联菜单，选择对齐到轴线（ Align Axes ）（ 图 2-262 ），坐标轴自动与该面相匹配（图 2-263 ）。

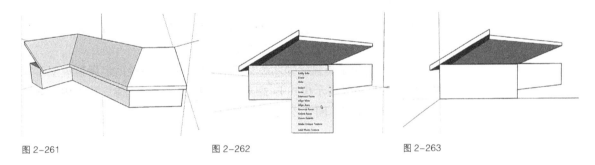

图 2-261　　　　　　　　　图 2-262　　　　　　　　　图 2-263

　　7 ）选择屋檐侧面，并复制一份到空白的地方，注意要离模型远一些（图 2-264 ）。

　　8 ）选择复制出的面和边线（选择集中必须包含边线，否则无法执行镜像操作），在面上单击鼠标右键，打开关联菜单，选择沿轴镜像（ Flip Along ），在打开的下一级菜单中根据坐标轴的情况选择相应的镜像方向。在此处我们选择红色轴方向（ Red Direction ）（ 图 2-265 ）。

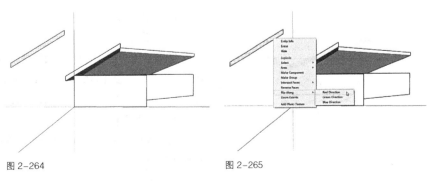

图 2-264　　　　　　　　　　图 2-265

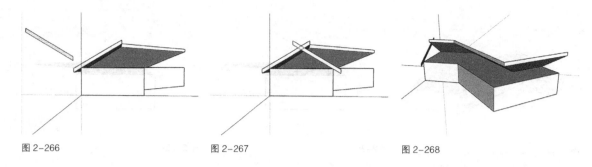

图 2-266   图 2-267   图 2-268

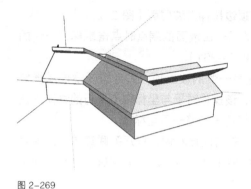

图 2-269

9）得到镜像结果（图 2-266）。也可以利用缩放工具以 –1 为缩放比例得到物体的镜像。

10）移动镜像过的屋檐侧面至相应位置（图 2-267）。

11）还是利用路径跟随工具，不过这次先选择作为路径的三条边线（图 2-268），然后激活路径跟随工具并点击屋檐侧面，这一侧的坡屋顶也创建完成（图 2-269）。

12）调整相机视角，使用交叉选择的方式选择所有坡屋顶（图 2-270）。

13）在选择的物体上单击鼠标右键，打开关联菜单，选择"模型交错"，面的交接线被自动生成（图 2-271）。

14）用删除工具删除辅助线和多余的线，得到完整的坡屋顶模型（其中会需要用到 X 光显示模式）。如果有些需要的面也被删除，可以用重画边线的方式将其恢复（图 2-272）。

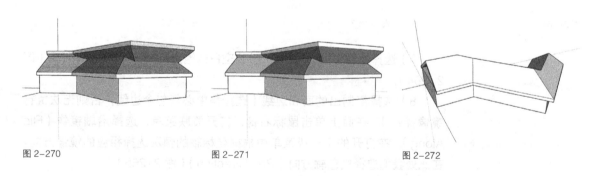

图 2-270   图 2-271   图 2-272

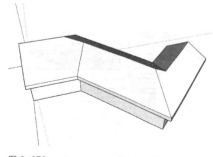

图 2-273

15）补齐山墙面，并分别拉伸山墙面的屋檐，形成悬山（图 2-273）。

16）在任意一根坐标轴线上单击鼠标右键，打开关联菜单，选择重设（Reset）（图 2-274），坐标轴恢复到原始状态。带挑檐的坡屋顶创建完成（图 2-275）。

2.4.6　穹顶

穹顶的建模主要也是借助于路径跟随工具的特性，将相应的屋顶断面沿着圆做路径跟随即可创建出穹顶模型。

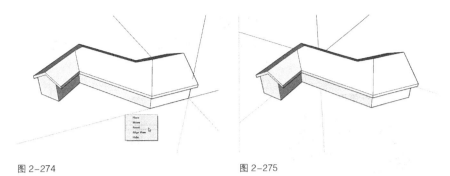

图 2-274   图 2-275

（1）穹顶建模一

1）转动视角，在红蓝轴平面绘制一个直径 6m 的半圆。并用直线连接圆弧端点，形成半圆形面（图 2-276）。

2）利用量尺工具从圆弧的中心沿蓝轴向下绘制一根辅助线（图 2-277）。

3）旋转视角，以辅助线的另一端点为圆心，沿红绿轴平面绘制一个圆，半径不限，然后用选择工具选择刚才创建的圆（图 2-278）。

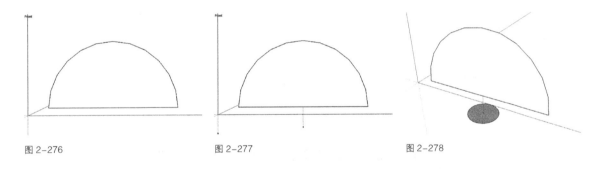

图 2-276   图 2-277   图 2-278

4）激活路径跟随工具 ，点击圆弧面（图 2-279）。

5）圆弧自动围绕圆的中心轴线旋转出一个半球体（图 2-280）。

6）删除半球体的底面、辅助线和圆，穹顶创建完成（图 2-281）。

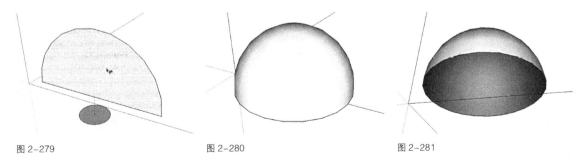

图 2-279   图 2-280   图 2-281

7）选择菜单 View->Hidden Geometry，穹顶上隐藏的边线全部显示出来，可以看出，它实际是由很多块四边形面拼接而成（图 2-282）。我们可以对任何面和边线进行编辑（图 2-283）。

（2）穹顶建模二

1）转动视角，在红蓝轴平面绘制一条直径 6m 的半圆弧（图 2-284）。

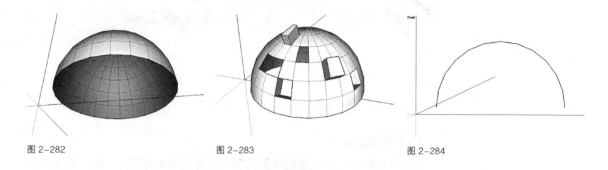

图 2-282   图 2-283   图 2-284

2）利用偏移工具将圆弧向下偏移 0.2m（图 2-285）。

3）从外侧圆弧的端点出发绘制水平线与内侧圆弧相交（图 2-286），形成穹顶断面。并删除内侧圆弧超出的线条（图 2-287）。

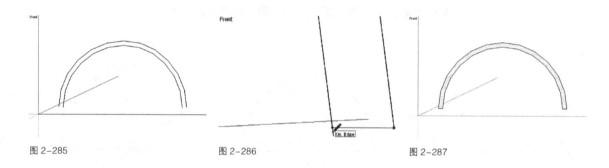

图 2-285   图 2-286   图 2-287

4）利用量尺工具从圆弧的圆心沿蓝轴绘制辅助线（图 2-288）。注意，将鼠标在圆弧上多停留一会再移动到圆心区域，比较容易捕捉到圆心点。

5）旋转视角，在辅助线的另一端沿红绿轴平面绘制一个圆，半径不限（图 2-289）。

6）激活路径跟随工具，点击穹顶断面（图 2-290）。

图 2-288   图 2-289   图 2-290

7）按住 Alt 键，点击圆（图 2-291）。

8）将辅助线和圆都删除，选择穹顶所有面，单击鼠标右键，在关联菜单中选择反转面（Reverse Faces）（图2-292），有厚度的穹顶创建完成（图2-293）。

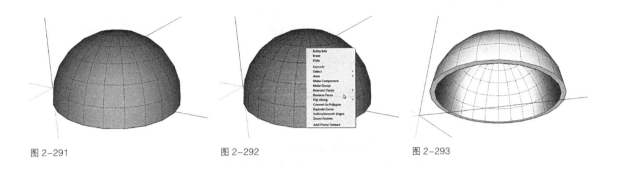

图 2-291　　　　　　　　　图 2-292　　　　　　　　　图 2-293

2.5　台阶、坡道和楼梯的建模

这类建筑要素尽管不是建筑的主体，但对建筑细节的表现依然十分重要。下面将介绍这类建筑要素的建模方法。

2.5.1　台阶

台阶的通常建模方法有两种。

（1）方法一

1）创建一个 3m×3m×0.9m 的长方体（图2-294）。

2）选择长方体顶面的一条边线（图2-295）。

3）激活移动工具，按一次Ctrl键进入复制状态，向长方体顶面一侧复制，在数值控制框中输入复制的间距为0.3m并按回车确定（图2-296）。

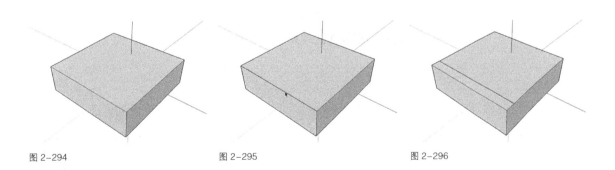

图 2-294　　　　　　　　　图 2-295　　　　　　　　　图 2-296

4）在复制完第一根线之后，直接通过键盘输入"*5"，这表示按照刚才输入的复制间距在同一方向再复制4份，这是一种阵列复制方法（图2-297）。阵列复制的详细说明参见第一章。

5）激活推/拉工具，从最外端的台阶面开始向下推，分别推进0.75、0.6、0.45、0.3m 和0.15m（图2-298）。

6）台阶模型创建完成（图2-299）。

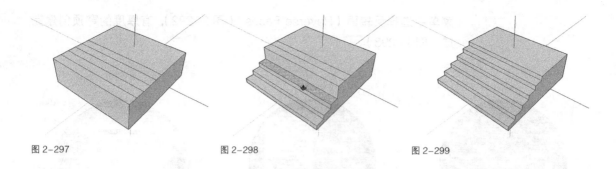

图 2-297　　　　　　　　　　图 2-298　　　　　　　　　　图 2-299

（2）方法二

1）切换至右视图显示状态。

2）绘制如图所示台阶剖面，并确保其封闭成面（图 2-300 ）。

3）激活推 / 拉工具拉伸该剖面，台阶模型创建完成（图 2-301 ）。

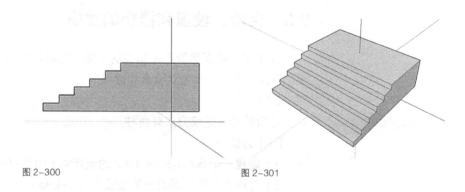

图 2-300　　　　　　　　　　　　　　图 2-301

2.5.2　弧形坡道

SketchUp 提供了一种非常简便的创建弧形坡道的方法。

1）绘制一根弦长为 6m，拱高为 1m 的圆弧（图 2-302 ）。

2）激活偏移工具将该弧线向外偏移 2m（图 2-303 ）。

3）连接两根圆弧的端点形成面，并向上拉伸 0.6m（图 2-304 ）。

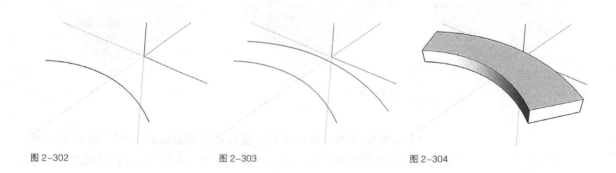

图 2-302　　　　　　　　　　图 2-303　　　　　　　　　　图 2-304

4）选择一根上边线，激活移动工具将其沿蓝轴方向向下移动至与底边重合（图 2-305 ）。

5）弧形坡道模型创建完成（图 2-306 ）。

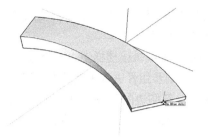
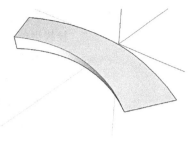

图 2-305   图 2-306

当然，这种方式创建的弧形坡道模型只是近似形，而不是真正的弧形坡道，其垂直面已经发生了轻微的变形，通过打开虚显隐藏物体即可看出。不过在建筑模型的实际应用中，这种近似形足够满足要求了。

2.5.3 普通楼梯

此处的普通楼梯指的是直线双跑楼梯，普通楼梯的通常建模方法也有两种。

（1）方法一

1）创建一个 1.5m×0.3m×0.15m 的长方体，并将其组成名为"step"的组件作为一个单独的楼梯踏步（图 2-307）。

2）选择该组件并复制出第二级踏步（图 2-308）。

3）在数值控制框中输入"*8"完成阵列复制（图 2-309）。

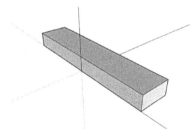
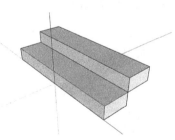
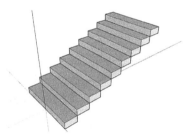

图 2-307   图 2-308   图 2-309

4）选择最顶端的踏步，单击鼠标右键，选择单独处理（图 2-310）。

5）双击该组件进入编辑状态，分别向两个方向拉伸侧边形成楼梯平台（图 2-311）。退出该组件的编辑。

6）选择所有的踏步组件并复制一份（图 2-312）。

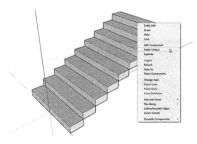
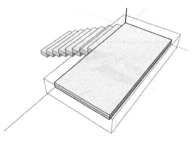
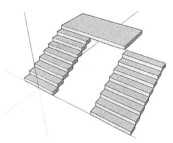

图 2-310   图 2-311   图 2-312

7）将复制的踏步旋转 180°，并移至楼梯平台的侧边，简单的双跑楼梯模型创建完成（图 2-313）。

我们还可以继续编辑该楼梯使之更合理。

8）双击任一踏步组件进入编辑状态（图 2-314）。

9）选择其一条侧边向下移动 0.15m，可以看到所有的踏步组件都随之而改变（图 2-315）。退出踏步组件的编辑。

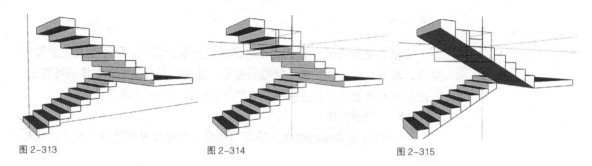

图 2-313　　　　　　　　　　　图 2-314　　　　　　　　　　　图 2-315

10）双击楼梯平台组件进入编辑状态，向下拉伸平台底面 0.15m（图 2-316）。

11）退出楼梯平台组件的编辑，双跑楼梯模型创建完成（图 2-317）。

（2）方法二

1）将绘图窗口切换至右视图显示状态，绘制如图 2-318 所示楼梯段的剖面，并确保其封闭成面。

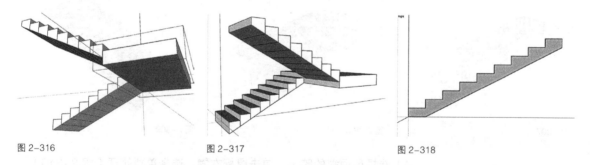

图 2-316　　　　　　　　　　　图 2-317　　　　　　　　　　　图 2-318

2）激活推 / 拉工具拉伸该剖面至 1.5m 处，完成一跑楼梯段的创建（图 2-319）。

3）将梯段顶端侧面按图中方向拉伸 1.2m（图 2-320）。

4）按图中所示画一条直线将梯段侧面与平台分开（图 2-321）。

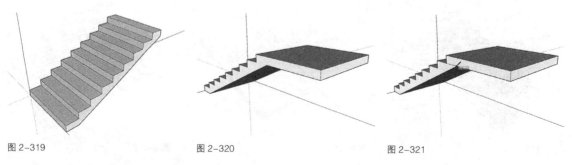

图 2-319　　　　　　　　　　　图 2-320　　　　　　　　　　　图 2-321

5）拉伸平台侧面至 1.6m 处（图 2-322）。

6）选择楼梯的侧面并复制一份（图 2-323）。

7）将复制的楼梯侧面旋转 180°，并移至合适位置（图 2-324）。

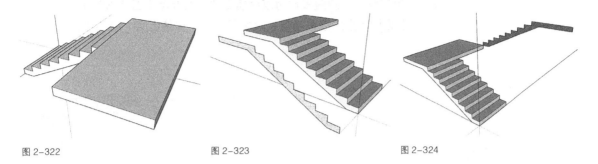

图 2-322　　　　　　　　　　图 2-323　　　　　　　　　　图 2-324

8）按图中所示画一条直线补全梯段侧面，并删除多余线条（图 2-325）。

9）再次拉伸出另一段楼梯段，宽度为 1.5m（图 2-326）。

10）按照同样的方法处理二层平台，删除多余的线，直线双跑楼梯模型创建完成（图 2-327）。

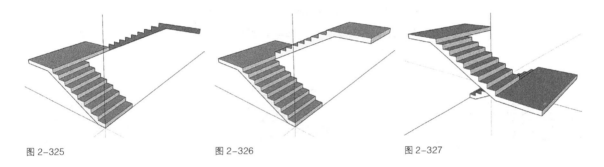

图 2-325　　　　　　　　　　图 2-326　　　　　　　　　　图 2-327

2.5.4　螺旋楼梯

SketchUp 中并未直接提供螺旋线类物体的创建，对于螺旋楼梯，需要综合运用组件、环形阵列等功能方能达成目的。

1）绘制螺旋楼梯的外侧投影圆弧，直径为 3m 的半圆，在其实体信息对话框中显示圆弧的片段数为 12（图 2-328）。

2）我们将创建一个有 8 级踏步的螺旋楼梯，将实体信息对话框中的片断数改为 8（图 2-329）。

3）激活偏移工具，将圆弧向内偏移 1.2m（图 2-330）。

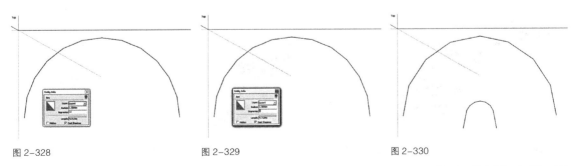

图 2-328　　　　　　　　　　图 2-329　　　　　　　　　　图 2-330

4）从外侧圆弧的一个端点绘制水平线，直到与内侧圆弧相交（图 2-331）。

5）用直线连接内外圆弧的第一根线段的端点，并利用智能参考系统在圆心位置画一条短线段作为以后捕捉圆心的参考（图 2-332）。

6）删除多余的线，场景中只剩下一个楼梯踏步面（图 2-333）。

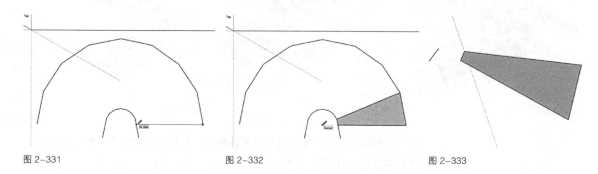

图 2-331　　　　　　　　　　图 2-332　　　　　　　　　　图 2-333

7）选择踏步面，将其组合成组件（图 2-334）。

8）激活旋转工具，按住 Ctrl 键，选择圆心点为旋转中心，分别选择踏步的两个端点为旋转角度，完成踏步的旋转复制（图 2-335）。

9）直接输入"*7"并回车，踏步的环形阵列完成（图 2-336）。

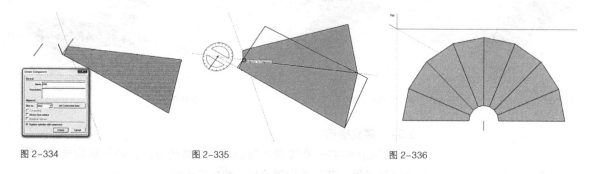

图 2-334　　　　　　　　　　图 2-335　　　　　　　　　　图 2-336

10）将得到的踏步组件逐个向上移动，每个踏步与相邻踏步的高差为 0.15m（图 2-337）。

11）双击任何一个踏步组件进入组件的编辑状态（图 2-338）。

12）利用推/拉工具将踏步面向上拉伸 0.15m，可以看到所有的踏步都由面变成了 0.15m 厚的体（图 2-339）。

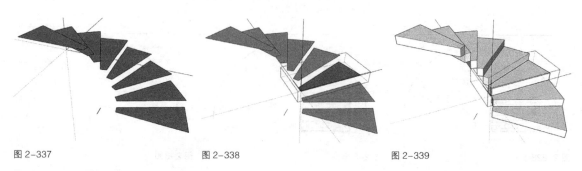

图 2-337　　　　　　　　　　图 2-338　　　　　　　　　　图 2-339

13）选择踏步的一条底边，向下移动 150 毫米，各踏步的底面连成了一体（图 2-340）。

14）退出组件编辑，删除辅助线条。螺旋楼梯创建完成（图 2-341）。

由于现在的每个踏步都是组件，踏步的轮廓线对螺旋楼梯的圆弧效果有一定的影响，可以通过下面的步骤增加楼梯的光滑感。

15）双击任意组件进入编辑，将踏步的边隐藏（图 2-342）。

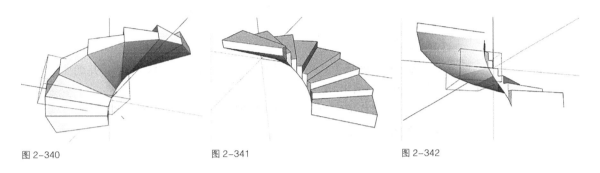

图 2-340

图 2-341

图 2-342

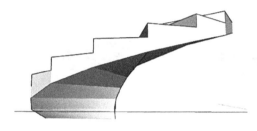

图 2-343

16）退出组件编辑，查看螺旋楼梯的效果（图 2-343）。

2.5.5　楼梯扶手

无论是直线楼梯还是螺旋楼梯，扶手的创建都可以借助于路径跟随工具来完成。

（1）直线双跑楼梯扶手

1）按 2.5.3 的方法二创建直线双跑楼梯，或直接打开下载文件中的 2.5.5_a.skp（图 2-344）。

2）将整个楼梯组合为群组，使其免受下面操作的影响（图 2-345）。

3）利用量尺工具连接踏步端点产生辅助线（图 2-346）。

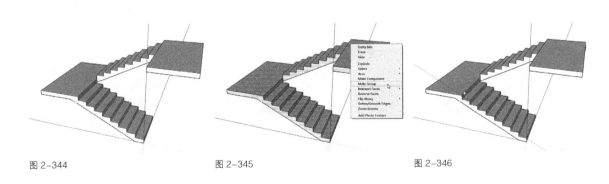

图 2-344

图 2-345

图 2-346

4）将辅助线移动至踏步中点位置（图 2-347）。

5）将辅助线向内移动 0.1m，再向上移动 0.9m（图 2-348）。

6）在楼梯另一侧绘制同样的辅助线并移动到相应位置（图 2-349）。

7）利用直线工具重新描绘楼梯平台外侧轮廓线，并将其向上移动 0.9m

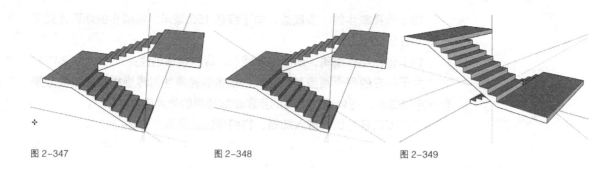

图 2-347　　　　　　　　　　　图 2-348　　　　　　　　　　　图 2-349

（图 2-350）。

8）利用偏移工具将刚才移动的轮廓线向内偏移 0.1m，并删除外侧轮廓线（图 2-351）。

9）在楼梯顶端踏步中点位置绘制一根 0.9m 高的直线，并将直线向内移动 0.1m（图 2-352）。

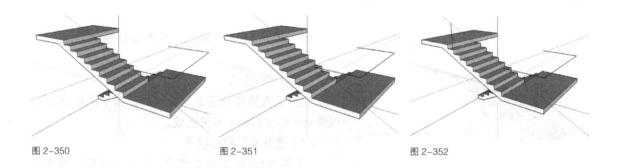

图 2-350　　　　　　　　　　　图 2-351　　　　　　　　　　　图 2-352

10）再通过捕捉踏步端点的方法将直线上移一个踏步（图 2-353）。

11）沿辅助线连接扶手路径（图 2-354）。

12）在楼梯底端踏步中点位置绘制一根 0.9m 高的直线，并将直线向内移动 0.1m（图 2-355）。

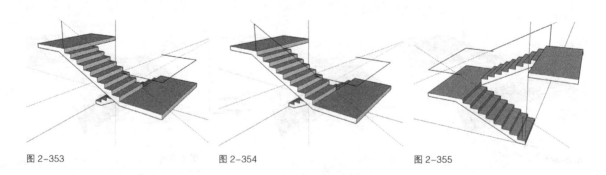

图 2-353　　　　　　　　　　　图 2-354　　　　　　　　　　　图 2-355

13）沿辅助线连接扶手路径（图 2-356）。

14）删除多余的线头和辅助线，完整的扶手路径创建完成（图 2-357）。

15）在路径端头绘制半径为 0.03m 的圆（图 2-358）。

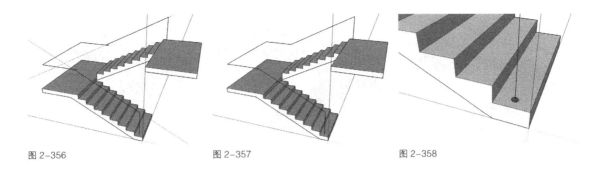

图 2-356

图 2-357

图 2-358

16）选择所有的扶手路径（图 2-359）。

17）激活路径跟随工具，点击圆，扶手创建完成（图 2-360）。

18）在图 2-361 中所示踏步边缘的中点上绘制半径为 0.015m 的圆（图 2-361）。

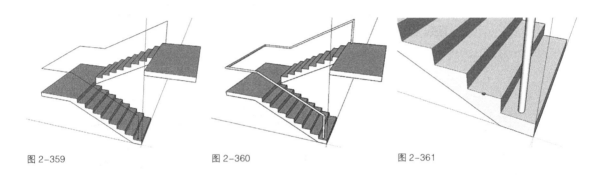

图 2-359

图 2-360

图 2-361

19）将圆向内移动 0.1m（图 2-362）。

20）利用推 / 拉工具将圆向上拉伸 0.9m。并将整个圆柱组合为组件，成为一根垂直栏杆（图 2-363）。

21）选择栏杆组件，激活移动工具，按一次 Ctrl 键，捕捉相邻踏步的两个端点，完成栏杆的一次复制（图 2-364）。

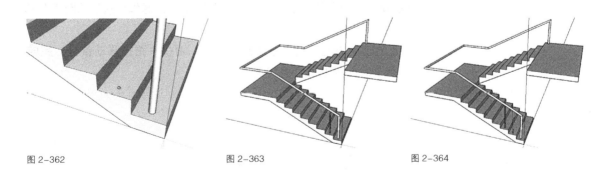

图 2-362

图 2-363

图 2-364

22）直接输入"*7"，完成栏杆的直线阵列（图 2-365）。

23）完成其他栏杆的创建（图 2-366）。

24）用相同的方法完成踏步另一侧的扶手和栏杆。直线双跑楼梯扶手创建完成（图 2-367）。

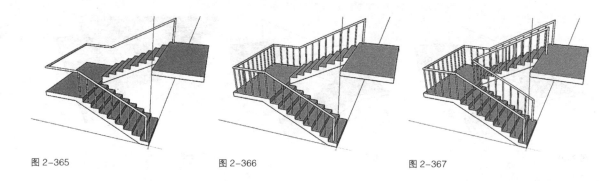

图 2-365　　　　　　　　　　图 2-366　　　　　　　　　　图 2-367

（2）螺旋楼梯扶手

1）按 2.5.4 的方法创建螺旋楼梯，或直接打开下载文件中的 2.5.5_b.skp 文件（图 2-368）。

2）双击任意踏步组件进入组件编辑（图 2-369）。

3）激活直线工具，在踏步角部靠里位置绘制一根沿蓝轴向上 0.9m 的直线（图 2-370）。

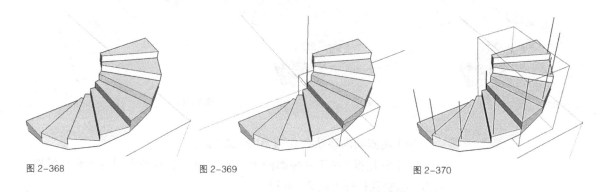

图 2-368　　　　　　　　　　图 2-369　　　　　　　　　　图 2-370

4）从刚才直线的终点到相邻踏步的直线绘制另一根直线，完成扶手的路径（图 2-371）。

5）在直线的起点位置绘制一个半径为 0.02m 的圆作为扶手的断面（图 2-372）。

6）激活路径跟随工具，选择圆为对象，沿扶手路径移动鼠标，完成单个踏步扶手的创建（图 2-373）。

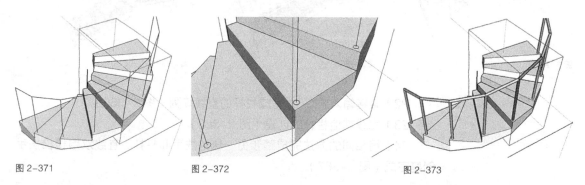

图 2-371　　　　　　　　　　图 2-372　　　　　　　　　　图 2-373

7）退出组件编辑。螺旋楼梯的外侧扶手创建完成（图2-374）。

8）用同样的方法创建内侧扶手（图2-375）。

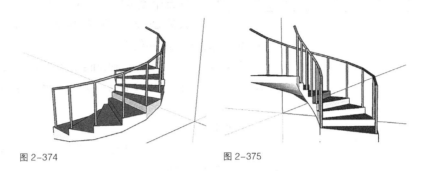

图2-374   图2-375

2.6 地形

尽管 SketchUp 以直线和平面建模为主，但它对三维地形等一些复杂的、不规则的形体的创建也有很好的支持。这些功能主要是通过地形工具（Sandbox Tools）实现的，它所创建和编辑的对象叫做不规则三角网（Triangulated Irregular Network），简称 TIN，这是一种利用许多三角面相互连接形成的不规则的曲面。利用 TIN，SketchUp 不但可以创建起伏的山地模型，还可以创建复杂的有机形体。

2.6.1 地形工具

地形工具实际上是 SketchUp 的一个扩展工具包，主要同来创建和编辑 TIN 形式的地形模型。在使用 Sandbox 工具箱之前，我们必须先将它装载到系统中。

选择菜单 Window->Preferences，显示系统属性对话框。选择左边列表中的 Extensions，在右侧的窗口中选中 Sandbox Tools 选项，点击确定（图2-376）。

图2-376

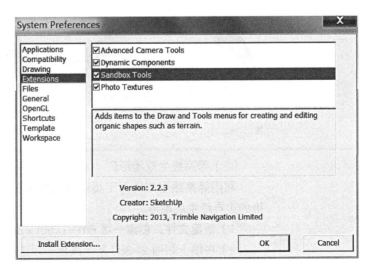

图 2-377

在工具栏上单击鼠标右键，勾选 Sandbox，地形工具栏显示出来，共有七个功能按钮，前两个是创建工具，后五个是编辑工具（图 2-377）。这些功能也可以分别在菜单 Draw 和 Tools 中的 Sandbox 中找到。

2.6.2 利用等高线生成地形

用等高线生成（From Contours）工具 🗿 可以将相邻的等高线封闭生成 TIN 模型。等高线可以是直线、圆弧、圆、曲线或徒手画线，可以是闭合的，也可以是不闭合的。

（1）等高线生成地形一

等高线的来源可以有两种，一种是直接在 SketchUp 中绘制，另一种是导入其他格式的文件。

1）打开下载文件中的 2.6.2.skp（图 2-378）。

2）选择所有的等高线，激活用等高线生成工具 🗿，地形被创建，且该地形被自动组合成群组（图 2-379）。

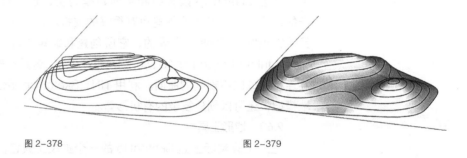

图 2-378   图 2-379

3）删除所有的等高线，只留下创建好的地形（图 2-380）。

4）选择菜单 View->Hidden Geometry，原本光滑的地形表面显示出很多虚线，这些虚线就是 TIN 物体的三角面边线（图 2-381）。

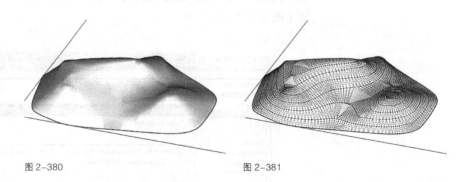

图 2-380   图 2-381

（2）等高线生成地形二

利用等高线生成地形工具还可以在调整场地的细微变化，可以通过场地的边界线生成地形。

1）新建文件，创建一堵 6m × 0.5m × 3m 的墙（图 2-382）。

2）在墙上如图 2-383 所示画出一段连续的曲线。

3）将墙体的底边线向外复制，距离是 4m（图 2-384）。

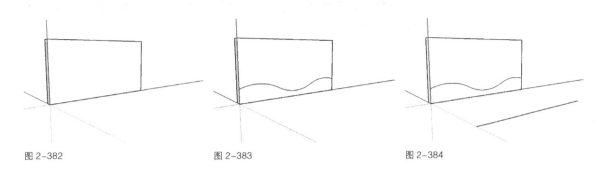

图 2-382　　　　　　　　　图 2-383　　　　　　　　　图 2-384

4）选择墙上的曲线和复制的边线（图 2-385）。

5）激活用等高线生成工具，地形创建完成（图 2-386）。

（3）等高线生成膜结构

利用等高线生成工具直接连接边线形成曲面的特点，我们还可以利用该工具生成膜结构物体，进一步扩展建模的多样性。

1）新建文件，创建一个 4m 见方的立方体，并将其中一条竖直边沿对角线向外拉伸 3m（图 2-387）。

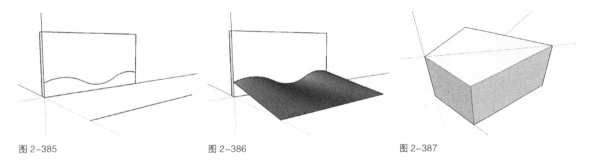

图 2-385　　　　　　　　　图 2-386　　　　　　　　　图 2-387

2）在方体上表面沿四条边绘制四条圆弧,弦高约为 0.8m（图 2-388）。

3）将四个圆弧面向下推直至与底面重合（图 2-389）。

4）在四个垂直的曲面上再次分别绘制四条圆弧，位置如图 2-390 所示。

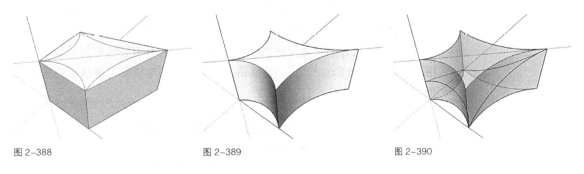

图 2-388　　　　　　　　　图 2-389　　　　　　　　　图 2-390

5）删除不需要的面，只留下最后画的四条圆弧（图 2-391）。

6）以两个翘起的点为端点绘制一条圆弧，中点为沿蓝轴方向，弦高不要过大（图2-392）。

7）选择所有五条圆弧线，并激活用等高线生成工具，形成连接这些圆弧线的曲面（图2-393）。

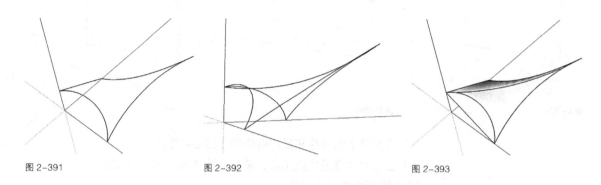

图2-391　　　　　　　　　　图2-392　　　　　　　　　　图2-393

8）选择菜单 View->Hidden Geometry，显示出曲面的真实构成情况（图2-394）。

9）双击曲面进入群组编辑模式，将曲面周边一些不需要的面删除（图2-395）。

10）退出群组编辑，删除之前画的五条圆弧线，取消 Hidden Geometry 选择，张拉膜结构模型完成（图2-396）。

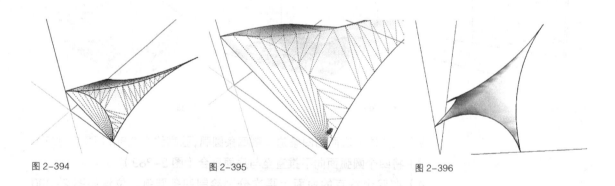

图2-394　　　　　　　　　　图2-395　　　　　　　　　　图2-396

2.6.3　利用栅格生成地形

用栅格生成（From Scrath）工具 ▨ 主要是创建一个平面的栅格网，利用该栅格网并结合其他命令可以创建更为丰富的三维地形。

1）新建文件，激活用栅格生成工具 ▨。此时数值控制框会提示输入栅格的间距"Grid Spacing"，直接输入数字并按回车键即可确认新的栅格间距（图2-397）。

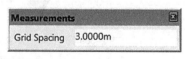

图2-397

2）在绘图窗口中点击确定栅格网的第一个点。移动鼠标，系统自动拉出一条橡皮线（图 2-398）。

3）保持鼠标沿红轴方向移动，并在数值控制框中输入 90 并回车。再次移动鼠标，系统自动拉出一个橡皮网，提示我们下一步的输入（图 2-399）。

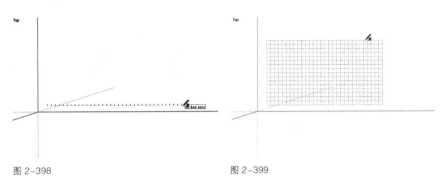

图 2-398   图 2-399

4）再次通过数值控制框输入栅格网的另一条边线长度 90 并回车，栅格网创建完成，并被自动组合成群组（图 2-400）。

5）旋转视角，选择菜单 View–>Hidden Geometry，可以发现，该栅格网实际上也是一个平面的 TIN 模型（图 2-401）。

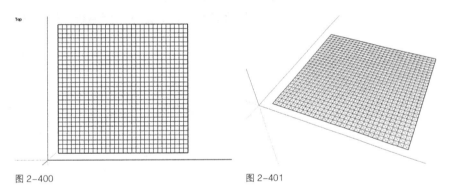

图 2-400   图 2-401

注意：如果输入的栅格网边线长度无法正好被栅格间距整除，则多余的那部分会被自动删除。

2.6.4　地形的挤压变形

挤压（Smoove）工具▨的使用实际上是一个平滑地移动 TIN 模型上的一些点的过程。这也是一个非常有效的编辑地形的工具。

（1）栅格模型挤压

1）双击刚才生成的平面栅格网进入该群组编辑状态或直接炸开该群组。

2）激活挤压工具▨。光标移至栅格网上时，自动变成图中所示，其中红色圆圈代表挤压的影响范围，该范围的半径可以在数值控制框中修改。输入"20"设定挤压的影响范围（图 2-402）。

3）在栅格网的某一交点上单击，此时挤压范围内的所有交点上都出现黄色方框,其大小与挤压中心的距离相关,其中中心交点上的方框最大（图 2-403）。

4）移动鼠标观察地形的改变，也可以直接在数值控制框中输入偏移的距离。此处我们向上拉伸 10m（图 2-404）。

5）再作一次挤压。将挤压范围改为 15m，这次选择栅格网的某一

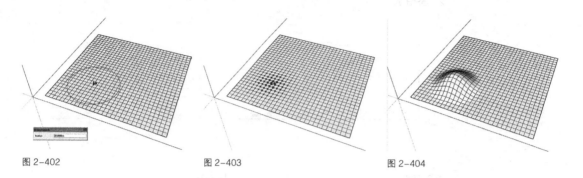

图 2-402   图 2-403   图 2-404

边线作为挤压的中心。此时改变线的两个端点上的黄色方框最大（图 2-405）。

6）向下推进 5m，或在数值控制框中输入"-5"（图 2-406）。

7）用同样的方法分别以三角面和隐藏的边线为对象进行挤压，观察地形的改变（图 2-407）。

尽管已经隐藏了部分边线，但纵横交错的网格线依然显示在地形上，

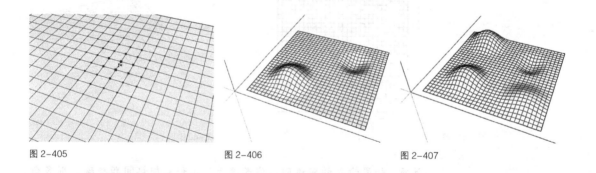

图 2-405   图 2-406   图 2-407

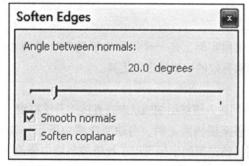

图 2-408

使得地形看起来不够圆滑，因此我们还需要一些其他的设置。

8）选择菜单 Window->Soften Edges，出现边线柔化对话框。由于此时没有选择任何物体，该对话框的所有选项都为灰色，无法使用（图 2-408）。

9）选择刚才创建的三维地形，边线柔化对话框的所有命令都被激活。选中光滑（Smooth normals）和共面（Soften coplanar）两个选项，同时调整允许角度范围（图 2-409），直到三维地形取得较好的光滑效果（图 2-410）。

注意：挤压动作在默认状态下只能沿蓝轴方向上下移动，在进行挤压操作时同时按住 Shift 键则可以沿选择对象的法线方向移动。

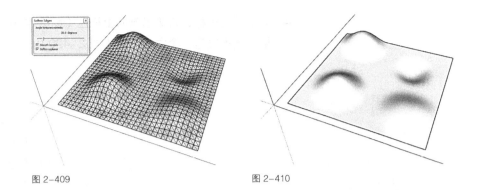

图 2-409   图 2-410

　　挤压功能除了作用于 TIN 模型外，还可作用于多种几何物体，通过下面的练习可以让我们更多了解挤压功能的强大。

　　（2）同心圆挤压

　　1）新建一个 SketchUp 文件，绘制一个半径为 100m 的圆（图 2-411）。

　　2）用偏移工具将圆以 10m 的间距逐次向内偏移，形成一系列同心圆（图 2-412）。

　　3）激活挤压工具，将挤压范围设为 80m，点击圆心（图 2-413）。

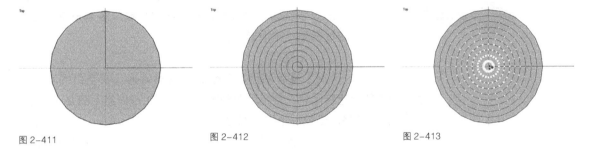

图 2-411   图 2-412   图 2-413

　　4）向上移动鼠标，同心圆变成了类似圆帽的物体（图 2-414）。

　　5）将挤压后的物体进行边线柔化和光滑（图 2-415）。

　　（3）多边形挤压

　　1）新建一个 SketchUp 文件，绘制一个半径为 100m 的六边形（图 2-416）。

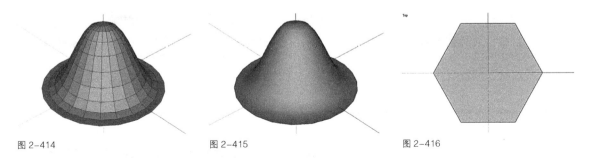

图 2-414   图 2-415   图 2-416

　　2）利用偏移工具将六边形以 15m 的间距逐次向内偏移（图 2-417）。

　　3）激活挤压工具，将挤压范围设为 80m，点击最中心的六边形（图 2-418）。

4）向上移动鼠标，六边形被向上挤压（图2-419）。

5）最终结果类似一个六边形帽（图2-420）。

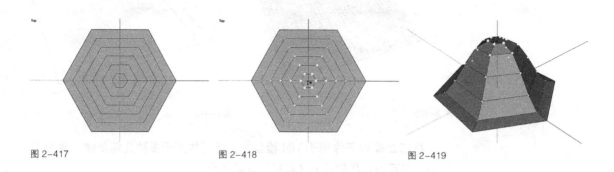

图2-417　　　　　　　图2-418　　　　　　　图2-419

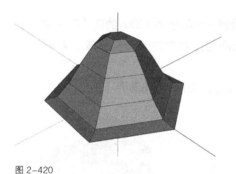

图2-420

2.6.5　贴印和悬置

贴印（Stamp）和悬置（Drape）都是将物体投影到三维地形上的工具。其中"贴印"是按被投影物体的底面改变地形，而"悬置"则是将被投影物体的边线投影到地形上，本身对地形没有改变。因此，"贴印"多用于在三维地形上平整场地以放置建筑，而"悬置"多用于将道路系统投影到三维地形上。

（1）贴印

1）继续利用前面创建的三维地形。在空白的地方新创建一个简单的建筑体块，并将地形和该建筑分别组成群组（图2-421）。

2）将建筑移动到地形上方（图2-422）。

3）激活贴印工具 ，此时数值控制框中显示的是贴印范围的偏移距离，输入2并回车，然后单击建筑群组，在建筑群组底平面周围出现红色线框，线框与建筑的间距就是刚才输入的偏移距离（图2-423）。

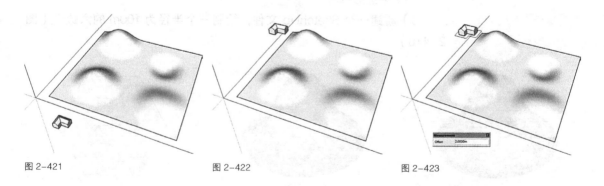

图2-421　　　　　　　图2-422　　　　　　　图2-423

4）移动鼠标到三维地形上单击，在地形上自动出现与建筑底平面一致的平台，并随鼠标的移动而上下拉伸（图2-424）。

5）再次单击鼠标以确定平台位置（图2-425）。

6）将建筑移至平台上（图2-426）。

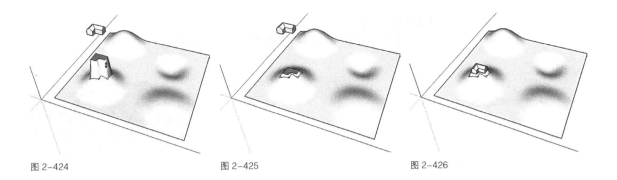

图 2-424　　　　　　　　　　　　图 2-425　　　　　　　　　　　　图 2-426

　　7）编辑地形群组，利用删除工具将三角面的边线全部隐藏，只留下建筑平台的边线（图 2-427）。

　　8）退出群组编辑，查看效果（图 2-428）。

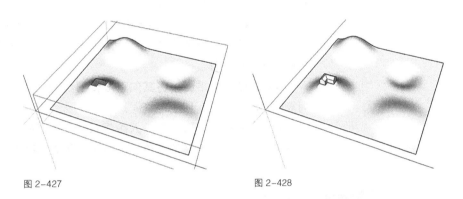

图 2-427　　　　　　　　　　　　　　　　　　图 2-428

　　9）贴印工具不但适用于底平面为二维平面的物体，同样适用于底平面也有三维变化的物体，如图 2-429 中所示。

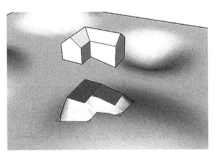
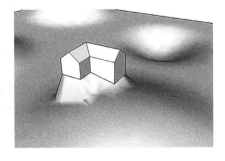

图 2-429

　　（2）悬置

　　在此练习中，我们将进行两次悬置操作，一次是将三维地形投影成二维平面图，方便道路的绘制，第二次是将绘制的道路投影至三维地形上，生成三维道路。

　　1）打开下载文件中的 2.6.5.2.skp（图 2-430）。

　　2）切换到顶视图，创建一个比三维地形范围更大的矩形平面，并将其组成群组（图 2-431）。

3）将该矩形移至地形的正上方（图 2-432）。

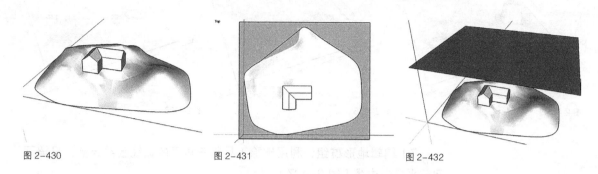

图 2-430   图 2-431   图 2-432

4）激活悬置工具 ，选择三维地形为悬置对象，选择矩形平面为悬置目标。生成地形的二维投影图（图 2-433）。

5）可以看到，投影到矩形平面上的只有地形上未被隐藏的建筑平台，关于地形本身的高低起伏并没有反映。因此我们还需要一些其他方法。先撤销上一步的操作。

6）选择矩形平面，将其向下放置到红绿轴所在平面上，然后向上阵列复制，间距为 1m（图 2-434）。

7）双击三维地形群组进入编辑状态，选择整个三维地形面，在面上单击鼠标右键，打开关联菜单，选择模型交错（图 2-435）。

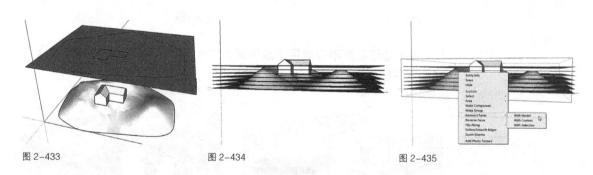

图 2-433   图 2-434   图 2-435

8）退出群组编辑，删除所有阵列复制的矩形平面，除了最初那个落在红绿轴平面上的矩形，现在在地形上可以看到生成了等高线（图 2-436）。

9）再次将该矩形移至地形的正上方（图 2-437）。

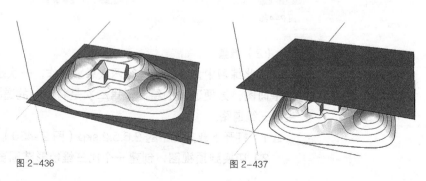

图 2-436   图 2-437

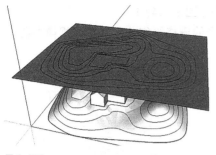

图 2-438

10）激活悬置工具，选择三维地形为悬置对象，选择矩形平面为悬置目标，生成地形的二维投影图（图 2-438）。

11）因为计算精度的问题，最后生成的等高线图有些并没有很好地闭合，造成线条显示粗细不均的现象（图 2-439）。

接下来我们尝试在平面上绘制道路线，并反过来投影到三维地形上。

12）将矩形平面和平面上所有的地形线组合成群组，然后在上面绘制两条道路线（图 2-440）。

13）利用偏移工具完成道路另一侧边线的绘制（图 2-441）。

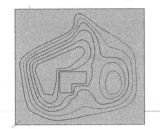

图 2-439

图 2-440

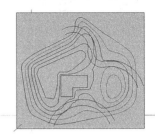

图 2-441

14）隐藏矩形平面和地形二维投影图。选择两条道路线（图 2-442）。

15）激活悬置工具，刚才选择的道路线自动成为悬置对象，直接选择三维地形为悬置目标，生成三维道路线（图 2-443）。

16）删除地形上空的道路线。

17）进入地形群组的编辑状态，利用删除工具加 Ctrl 键将道路上的等高线全部隐藏（图 2-444）。

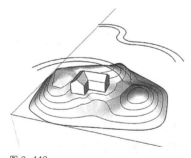

图 2-442

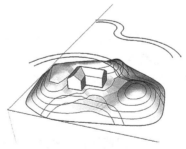

图 2-443

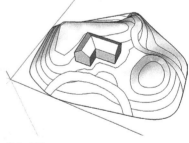

图 2-444

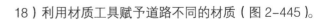

18）利用材质工具赋予道路不同的材质（图 2-445）。

2.6.6　栅格细分

无论是利用等高线还是栅格创建三维地形时，有时我们会发现三角面或栅格的大小不能满足对地形作更精细的编辑，此时我们需要用到栅格细分（Add Detail）的功能。

栅格细分的功能有两种应用方法。

（1）方法一

1）新创建一个栅格平面并炸开该群组（图 2-446）。

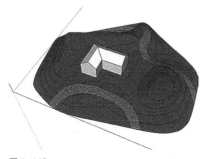

图 2-445

2）选择想要进行细分的部分栅格（图 2-447）。

3）激活栅格细分工具 ■，所选择的栅格被细分，其基本规律是每个平面栅格被分为八个三角面（图 2-448）。

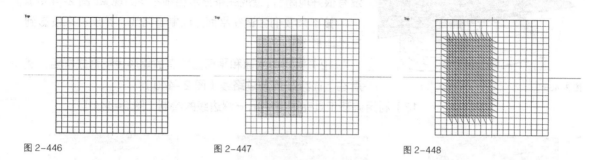

图 2-446   图 2-447   图 2-448

4）分别对细分后的栅格和未细分的栅格执行挤压操作，保持挤压的范围和距离完全相同，并对挤压的结果进行边线柔化操作，观察结果的区别。可以明显看出，经过细分的栅格部分被挤压得形体显得更为圆滑（图 2-449）。

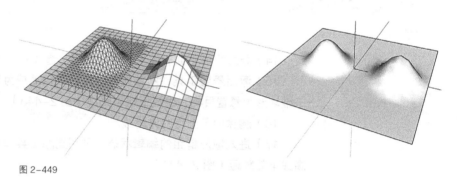

图 2-449

（2）方法二

1）打开下载文件中的 2.6.6.skp 文件，并保持虚显所有隐藏物体，可以发现有些三角面特别大（图 2-450）。

2）激活栅格细分工具 ■，光标变为 ，在特别大的三角面上单击（图 2-451）。

3）该三角面的三个顶点与鼠标点之间出现连线，并随着鼠标的移动而移动，不过这种移动只能沿着蓝轴进行，同时移动的距离显示在数值控制框内（图 2-452）。如果在移动时按住 Shift 键，则移动改为沿三角面的垂直方向。

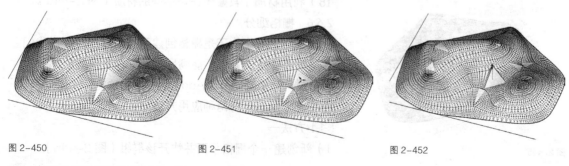

图 2-450   图 2-451   图 2-452

4）按 Esc 键保持鼠标点还是落在原平面上，现在原来的大三角面被细分为三个小三角面。也可以继续点击线的端点使其移动（图 2-453）。

5）继续同样的操作完成更多三角面的细分（图 2-454）。

6）重新柔化物体并隐藏边线，得到一个更为光滑的三维地形（图 2-455）。

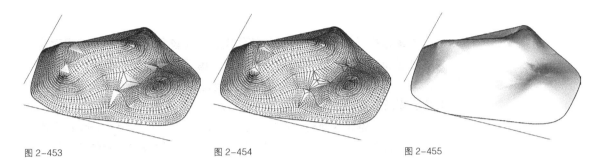

图 2-453　　　　　　　图 2-454　　　　　　　图 2-455

2.6.7　边线凹凸切换

边线凹凸切换（Flip Edge）同样是为了更精确地控制地形，其主要原理是改变四边形的对角线方向。

1）回到刚才创建的三维地形，并保持虚显隐藏的物体（图 2-456）。

2）激活边线凹凸工具 ，在地形的任一四边形的对角线上单击，观察对角线的切换效果（图 2-457）。

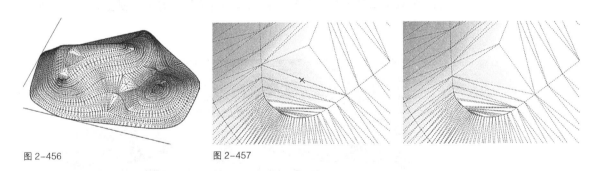

图 2-456　　　　　　　图 2-457

3）继续同样的操作完成更多对角线的切换（图 2-458）。

4）重新隐藏边线，查看地形效果（图 2-459）。

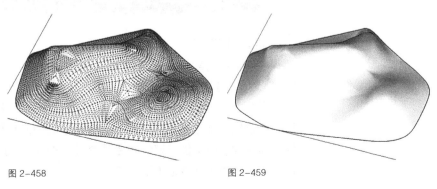

图 2-458　　　　　　　　　　　图 2-459

第 3 章 建筑实例建模

本章选择了几个不同类型建筑的实例，比较全面地介绍了不同建筑建模的过程和技巧。在实例的选择上不仅考虑了建筑类型的差异，还考虑了 SketchUp 建模方法的差异。从单层坡顶建筑到三层的萨伏依别墅展现了建模对象的逐渐复杂。而两个多层建筑则分别展现了两种不同的建模方法：标准层组件方法和整体墙面窗户组件方法。不规则建筑展现了 SketchUp 操作空间中的面的方法。最后的四合院展现了对于中国传统建筑和建筑群体组合的建模方法。

3.1 单层坡顶建筑——克莱弗住宅

本节以路易斯·康设计的克莱弗住宅为例，介绍单层坡顶建筑的建模过程。克莱弗住宅是一个由六个正方形平面的四坡屋顶围绕一个十字平面的交叉双坡屋顶的单层住宅。我们建模的方法则是从下至上，依次建立墙体至屋顶（图 3-1）。

图 3-1

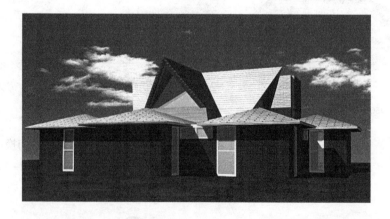

3.1.1 平面导入

在建模前需要做一定的准备工作。主要包括将 AutoCAD 图导入 SketchUp，分组管理，放置辅助线。

首先，准备好下载文件中的 3.1.dwg。由于"十"字形屋顶相对比较复杂，所以在该图中除了平面墙线外，还有屋顶的轮廓辅助线、一系列对角辅助线和高度控制线（位于墙体和屋顶轮廓线右侧），同时采用图层的方法将不同性质的线条区分清楚（图 3-2）。

图 3-2

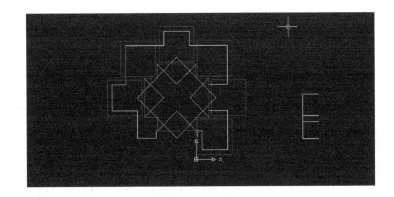

由于我们准备的 AutoCAD 图是按英制单位所画，因此我们先将 SketchUp 的单位设置为英寸。选择菜单"窗口">"场景信息"，在场景信息对话框的左边栏中选择"单位"，按图 3-3 中所示进行设置（参见 5.7.1）。

图 3-3

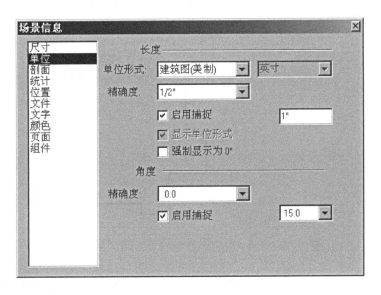

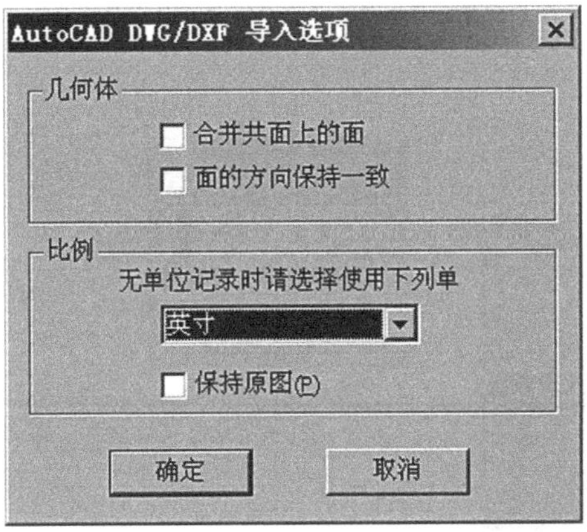

选择菜单"文件">"导入"，在导入文件对话框中将文件类型设为 dwg 文件格式，选择准备好的 AutoCAD 图（图 3-4）。在导入前还需要检查导入的选项设置。由于该图是按英制单位所画，因此点击"选项"按钮进入"AutoCAD DWG/DXF 导入选项"对话框，将单位选择为"英寸"（参见 5.6.1）。

导入 AutoCAD 文件成功后会自动跳出导入结果对话框，总结导入的情况。关闭该窗口，转入 SketchUp，接下来调整视图至如图 3-5 所示。

由于 SketchUp 不允许线条共存，即 SketchUp 中不能有重叠的线，否则重叠部分将会被删除，只保留其中的一条线段。通过分组管理的方法，可以避免这个问题。在此我们把不同图层的物体分别组成群组。

图 3-4

图 3-5

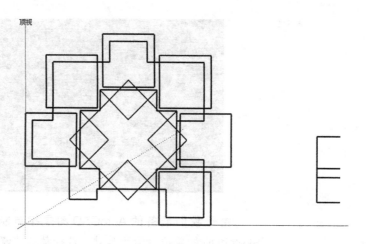

调整各图层的显示状态，只显示墙层（图 3-6）。

图 3-6

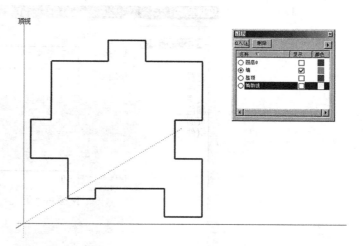

选择所有线条，单击鼠标右键，在关联菜单中选择"创建群组"，完成了墙的群组创建（图 3-7）。

图 3-7

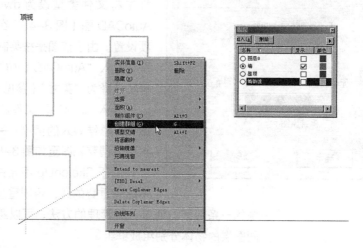

调整图层的显示设置，只显示屋顶图层，框选所有可见线条，创建群组得到如图 3-8 结果。

图 3-8

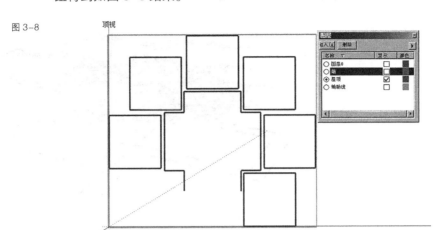

在这里可以看到，十字形屋顶的一条边线因与墙线重合而归为墙层。所以需要双击打开屋顶群组，补画该线条（图 3-9）。

图 3-9

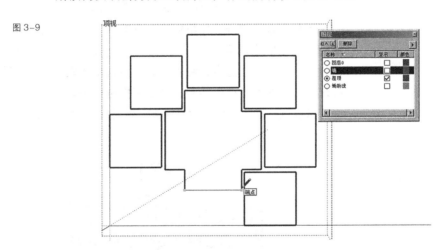

用同样的方法，为辅助线分别建立群组（图 3-10）。

图 3-10

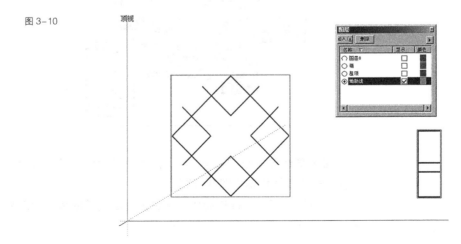

显示所有图层。然后将含有高度信息的辅助线旋转并移动至合适位置。至此准备工作完成（图 3-11）。

图 3-11

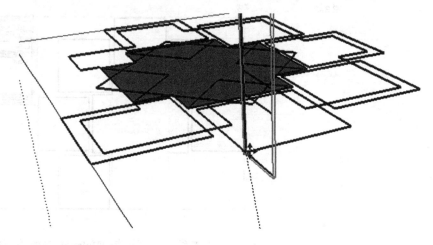

3.1.2 墙体建模

本小节介绍由墙体轮廓线通过偏移和推拉来制作双层墙体。

首先，双击打开墙体群组进入编辑状态，在现有线段上重新描绘可以使闭合的墙线生成面。要注意的是，由于导入 AutoCAD 文件时，有一条墙线部分与屋顶线重合，它被自动分为若干线段，线段的节点在后续的推拉过程中会在面上产生线条，所以在推拉前需要合并共线的线段。最简单的方法是删除这些小线段后再重画一条墙线（图 3-12）。

图 3-12 顶视

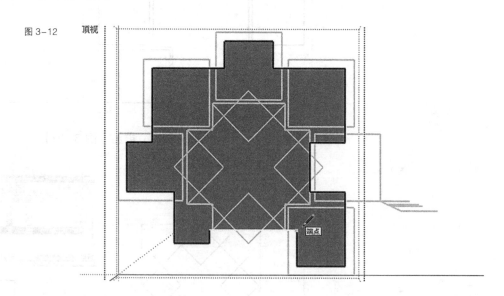

接下来选择墙线围成的面，利用偏移工具，将墙轮廓线向内偏移 4"距离，形成双线墙体（图 3-13）。

利用推拉工具，推拉墙体，通过捕捉高度辅助线上的点来确定墙体高度（图 3-14）。

图 3-13

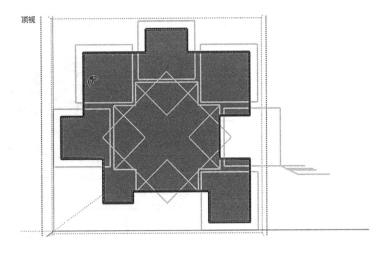

顶视

图 3-14

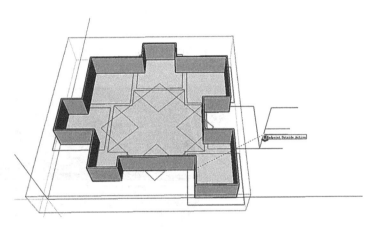

3.1.3 门窗建模

门窗建模的过程包括门窗组件的创建，门窗的依次插入，玻璃面的添加，最后还要制作特殊尺寸的玻璃面。

首先，转动视角至合适位置。在墙体群组外，利用矩形工具画出门的轮廓线。通过键盘输入准确数值"7'1"，2.5'"（图 3-15）。

图 3-15

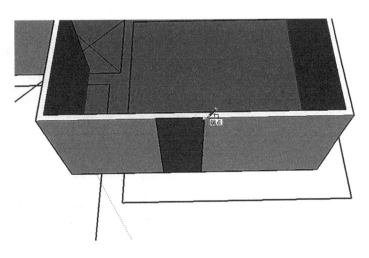

将面推进墙厚距离（图 3-16）。

图 3-16

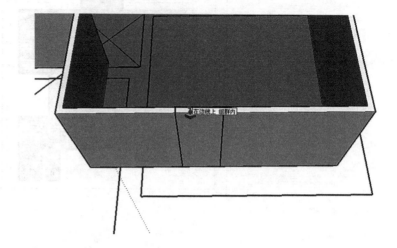

将门上的中点连线（图 3-17）。

图 3-17

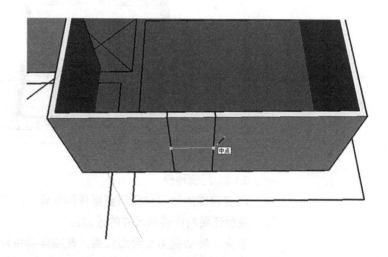

偏移门的轮廓线，形成上半部的门框（图 3-18）。

图 3-18

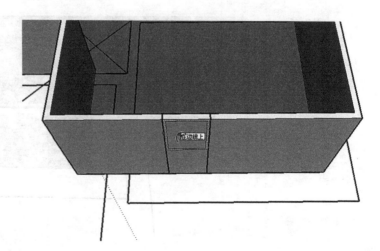

同样生成下半部的门框，清理边线（图 3-19）。

图 3-19

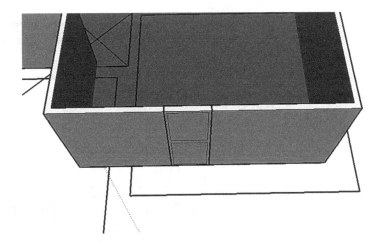

如图 3-20 推拉面，形成洞口。推拉完成得到如下结果。

图 3-20

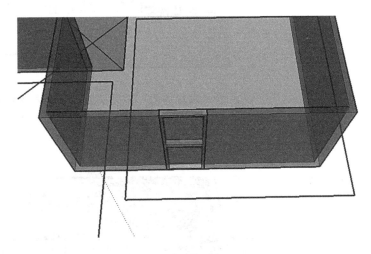

接下来，框选涉及门的所有边线及面，单击鼠标右键，在关联菜单中
选择"制作组件"（图 3-21）。

图 3-21

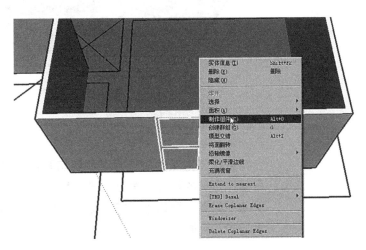

弹出"创建组件"对话框。如图 3-22 设置。

图 3-22

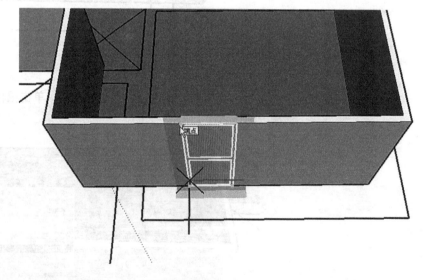

点击"设置平面"按钮，以设定插入该组件时需对齐的粘合面，这样有利于组件的插入。通过确定插入点和红绿轴的方向来设置改粘合面（图 3-23）。

图 3-23

虽然创建组件时选择了"剖切开口"。但是 SketchUp 只在"设置平面"定义的粘合平面上开洞，而不会同时在多个面上自动开口。为解决这一问题，我们进行如下操作。首先，旋转视图如图 3-24 所示，显示门的另一面。

图 3-24

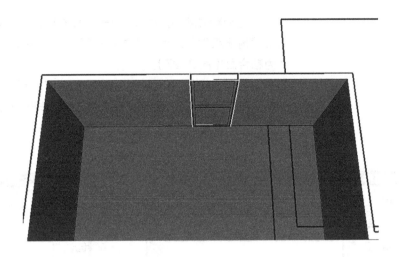

进入组件编辑,选择门框内侧的面,并按 Ctrl+C 以复制该面(图 3-25)。

图 3-25

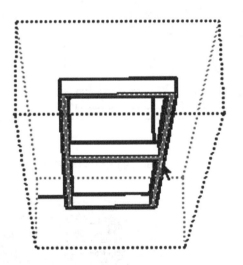

退出组件编辑，在组件外将门框面粘贴至原位（图 3-26)。

图 3-26

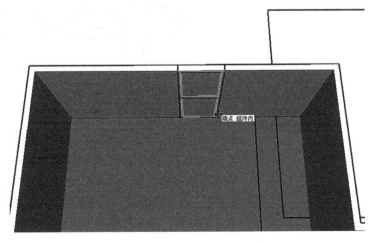

选择新粘贴的门框面，单击鼠标右键，在关联菜单中选择"制作组件"，在"创建组件"对话框中进行如下设置，并单击"设置平面"选择门框面为粘合面（图 3-27）。

再选择组件"门 A-1"和"门 A-2"用前述的方法将它们一起创建为新的组件"门 A"。这样以后将"门 A"炸开的时候，就可以自动在墙的两面开洞了（图 3-28）。

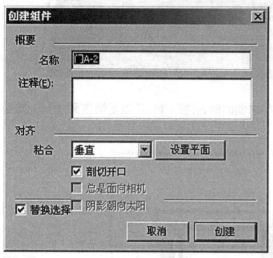

图 3-27

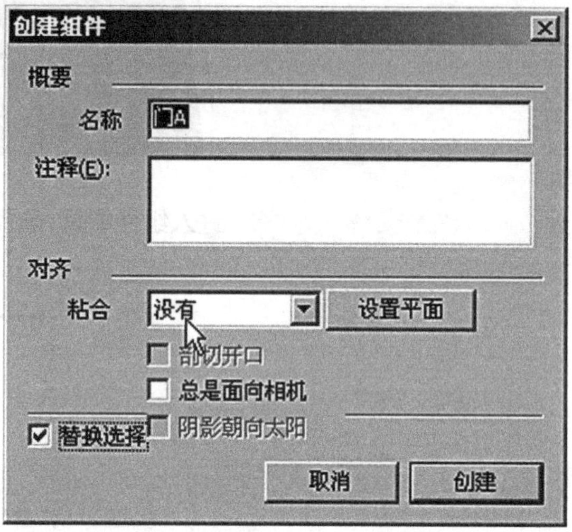

图 3-28

用同样的方法创建其他门窗组件："门 4"和"窗 B"（图 3-29）。

图 3-29

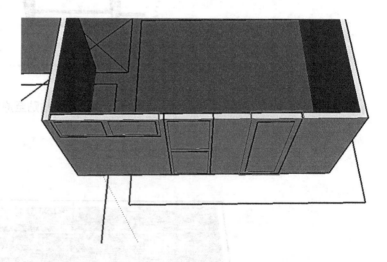

删除所创建的门窗组件。打开组件管理器的"模型中"标签，可以看到新建的这些门窗组件都已被保存在当前的 SketchUp 中（图 3-30）。

编辑墙体群组，点选组件管理器中的"门 A"，在场景中移动鼠标到合适位置并单击，就可以将它插入到墙体中（图 3-31）。

依次将所有门窗组件插入（图 3-32）。

图 3-30

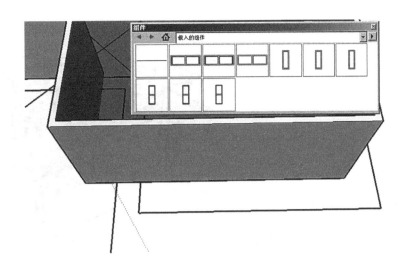

图 3-31

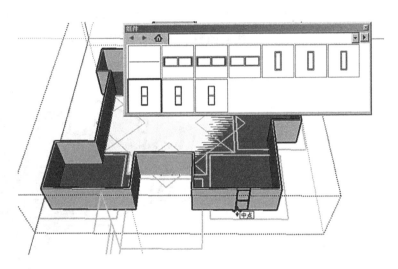

图 3-32

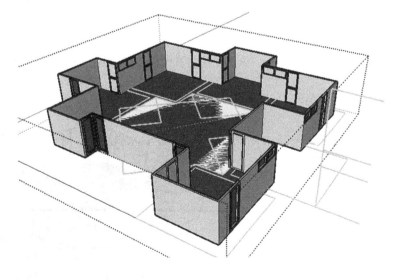

　　在组件管理器中的"门 A"组件上单击鼠标右键，在关联菜单中选择"选择实例"。将模型中的所有"门 A"组件选上（图 3-33）。

图 3-33

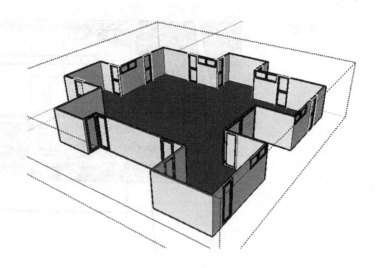

在场景中的任一被选择的组件上单击鼠标右键,在关联菜单中选择"炸开"。得到如图 3-34 所示结果,可以看到窗洞两面都实现了自动剖切开口。

图 3-34

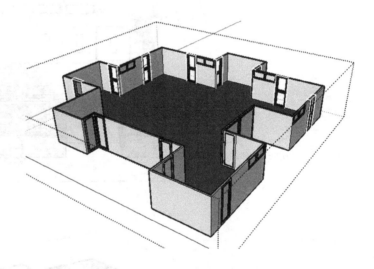

依照此法将其他门窗组件炸开（图 3-35）。

图 3-35

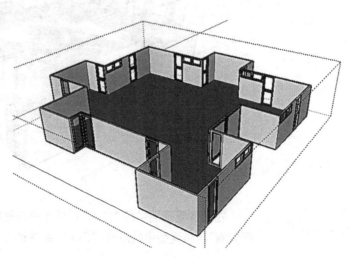

接下来为门窗插入玻璃。首先,在空白位置分别插入"窗B-1"、"门4-1"和"门A-1"组件(图3-36)。

图3-36

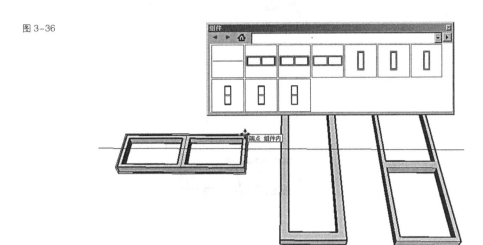

双击"窗B-1"组件,进入"窗B-1"组件编辑。在窗框间的洞口处画一个面(图3-37)。

图3-37

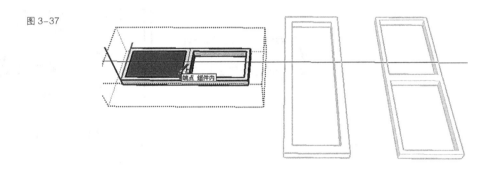

将该面制作成群组,并移动到合适位置(图3-38)。

图3-38

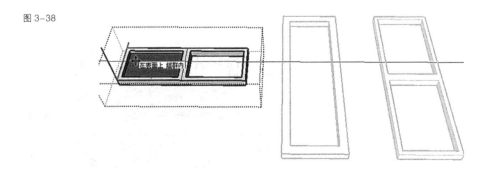

再次双击玻璃群组进入群组编辑,用推/拉工具拉伸面,形成有一定厚度的玻璃(图3-39)。

退出玻璃群组的编辑,复制该玻璃群组到另一个洞口(图3-40)。

图 3-39

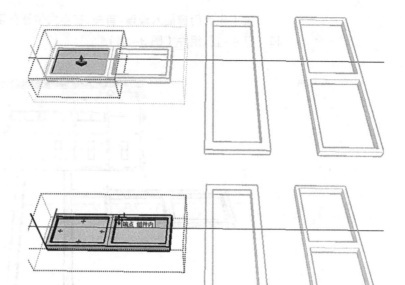

图 3-40

依此法制作其他门窗组件内的玻璃（图 3-41）。

图 3-41

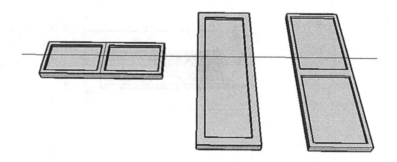

将在空白处插入的门窗删除。由于对组件的修改是关联的，所以所有的门窗组件都增加了玻璃面（图 3-42）。

图 3-42

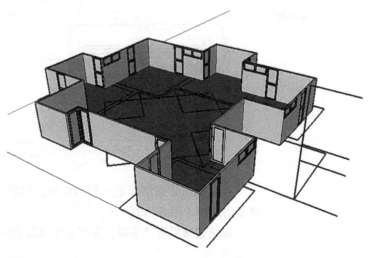

接下去，我们要制作特殊尺寸的玻璃面。首先调整视角位置，如图3-43复制"门4-1"和"门4-2"的组件。

图3-43

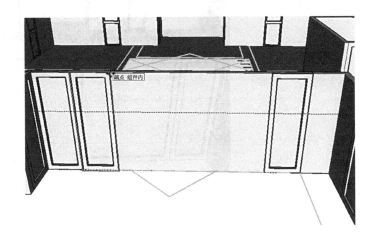

分别在复制的组件上单击鼠标右键，在关联菜单中选择"单独处理"。这样对该组件的编辑不会关联到其他组件。编辑其中一个组件，移动门框边线至适当位置（图3-44）。

图3-44

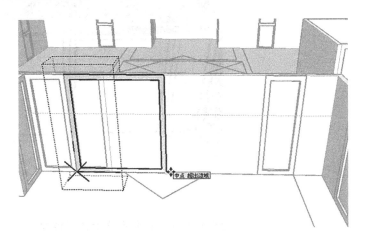

编辑另一个组件，移动边线至适当位置（图3-45）。

图3-45

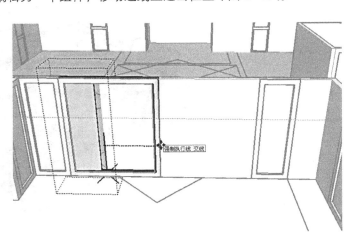

编辑组件内的玻璃群组，移动边线，得到如图 3-46 所示的结果。

图 3-46

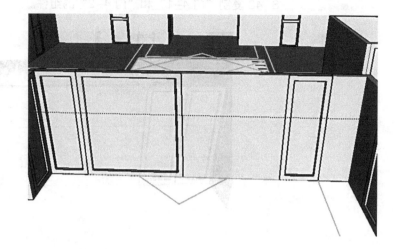

如图 3-47 复制。

图 3-47

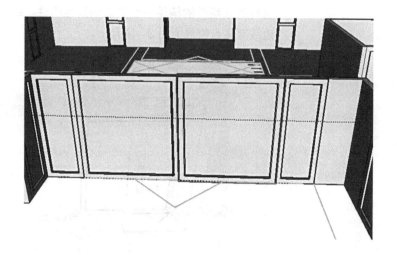

用相同方法制作其他面上的玻璃面，得到如图 3-48 所示的结果。

图 3-48

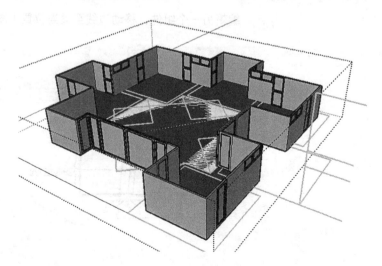

3.1.4 屋顶建模

将屋顶群组上移到合适位置（图 3-49）。

图 3-49

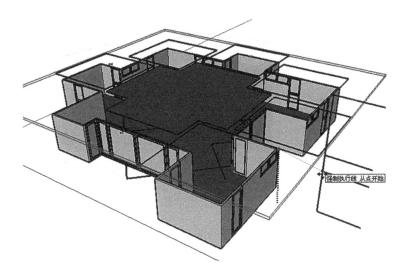

首先制作六个四坡屋顶，它们的尺寸全部相同，所以可以采用组件的方式建立一个然后复制。这里将利用"路径跟随"制作坡屋顶。先将视角旋转放大到合适位置，编辑屋顶群组（图 3-50）。

图 3-50

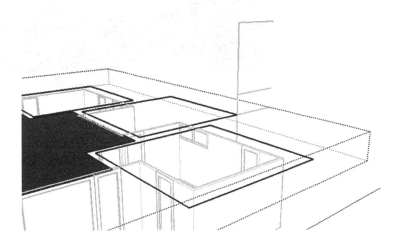

"路径跟随"需要两个条件，一个是用于放样的面，另一个是路径。这里已有路径，即四坡屋顶的正方形底边；还需创建用于放样的面。先连接正方形相对边上的中点（图 3-51）。

在从正方形的中心，即所作连线的中点起，沿蓝轴方向画线段，高度通过智能参考系统参照辅助线来控制（图 3-52）。

如图连线形成三角面（图 3-53）。

将三角形向内偏移一定距离（图 3-54）。

清理边线，并利用 Shift 键锁定移动方向的功能，将三角形内偏移出的线段延长到三角形边线，如图 3-55 所示。

图 3-51

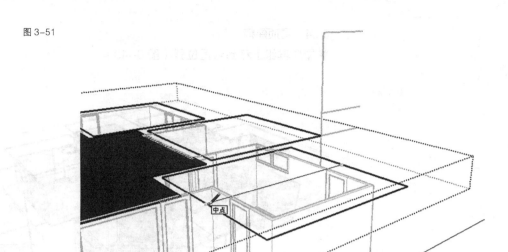

图 3-52

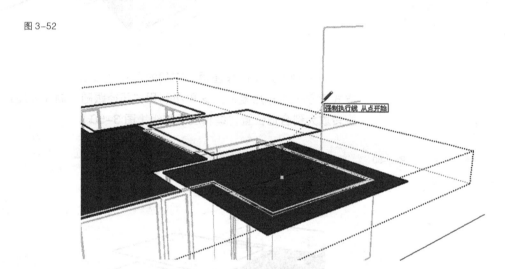

图 3-53

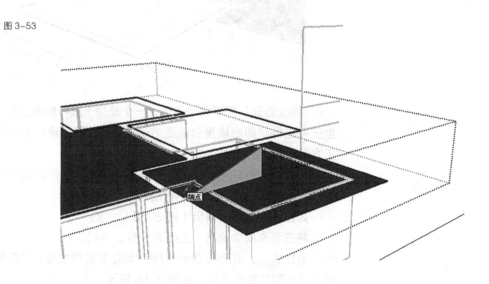

图 3-54

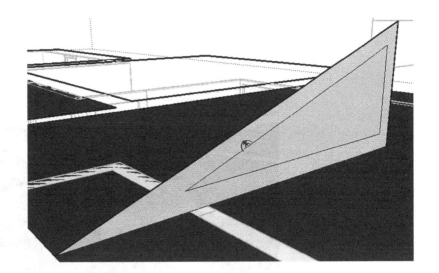

图 3-55

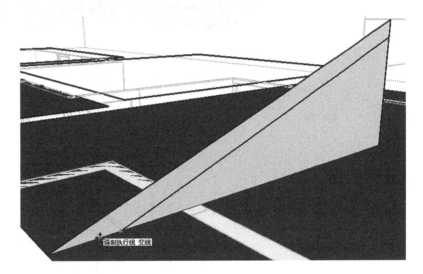

接下去画出用于连接屋顶和墙体的梁（图 3-56）。

图 3-56

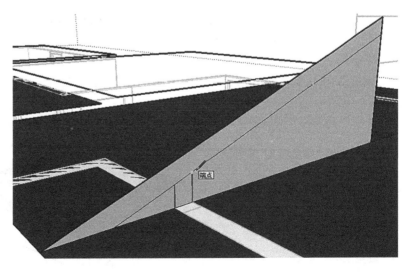

清理边线，得到如图 3-57 示结果。

图 3-57

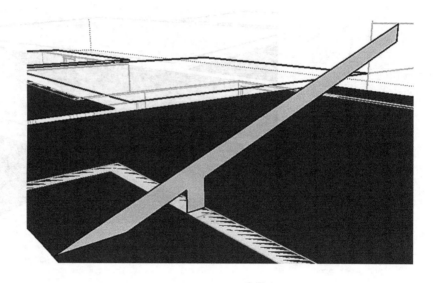

框选用于放样的面和正方体底边，将其组合为"屋顶 A"组件。编辑该组件，并选择正方形底边（图 3-58）。

图 3-58

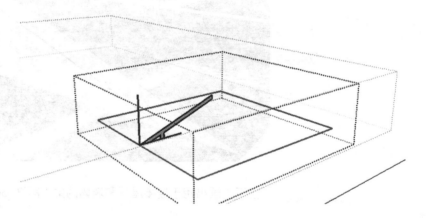

激活"路径跟随"工具，然后点击刚才创建的用于放样的面，得到如图 3-59 结果。

图 3-59

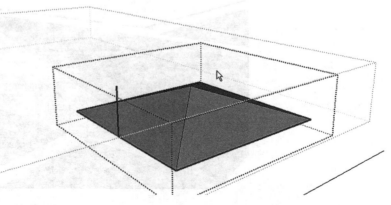

图 3-60

依次插入组件"屋顶 A"。完成四坡屋顶的创建（图 3-60）。

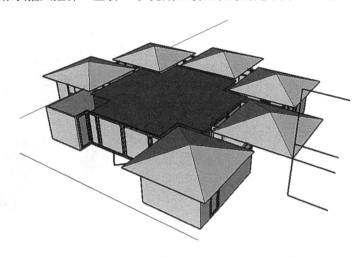

接下来创建十字交叉屋顶的模型，方法也是采用"路径跟随"，但由于屋顶上下部分有区别，需要分别对待。

从十字平面的一边中点开始，沿蓝轴方向画线，高度由辅助线控制（图3-61）。

图 3-61

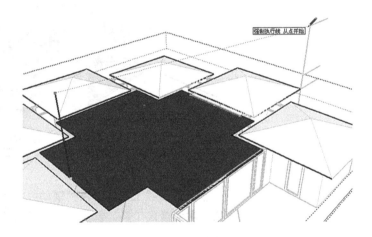

如图 3-62 连线形成面。

图 3-62

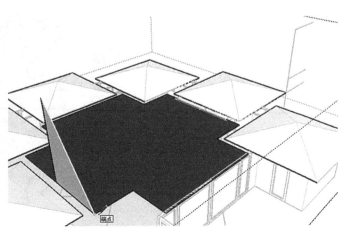

将三角形面偏移一定距离（图 3-63）。

图 3-63

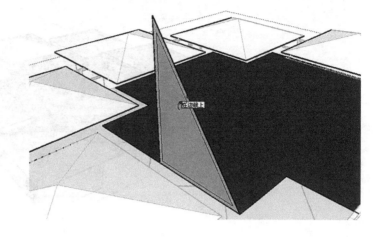

清理边线，延伸端点，得到如图 3-64 结果。

图 3-64

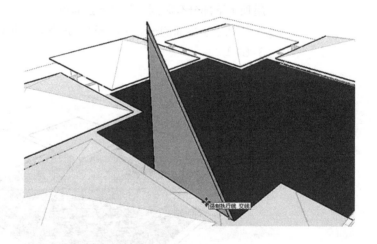

利用辅助测量线工具作一系列辅助线将辅助线群组上屋顶变化的位置确定出来。激活量尺工具，首先沿蓝轴画辅助线，从而将该位置投影到十字屋顶底面（图 3-65）。

图 3-65

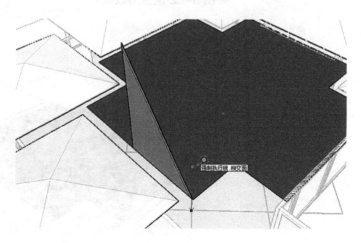

接着，沿红轴画辅助线，将该位置投影到垂直屋顶底面的三角面上（图3-66）。

图 3-66

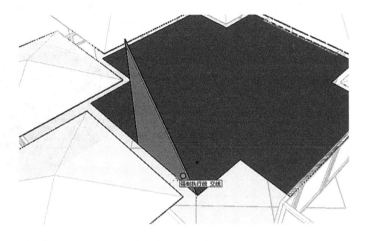

最后，沿蓝轴画辅助线，使其与刚才偏移的线段相交。该位置就是屋顶变化的位置（图 3-67）。

图 3-67

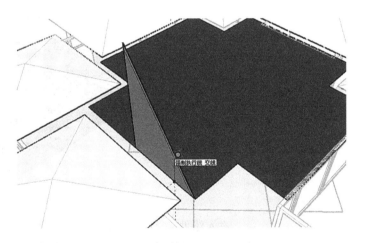

如图 3-68 以辅助线与偏移的线段交点为起点沿绿轴作线，将偏移出的面分割成两份，上下两块面分别作路径跟随。

图 3-68

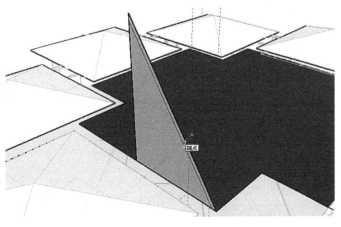

清理边线得到如下结果。屋面的断面被分成了上下两个部分（图 3-69）。

图 3-69

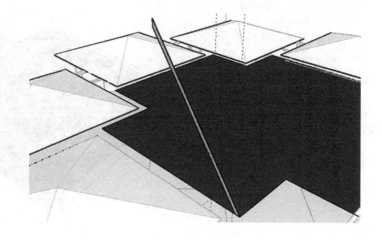

选择所作面及十字平面各边线，创建组件（图 3-70）。

图 3-70

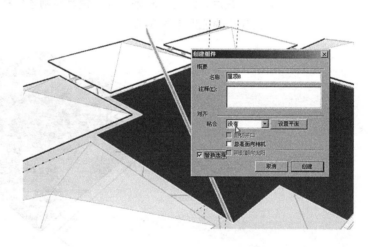

进入组件编辑，首先调整被放样面的位置，由于放样面位于平面的一角，直接进行路径跟随操作会产生错误结果，所以先把放样面用复制的方法移至边线中点处，然后删除原来的面（图 3-71）。

图 3-71

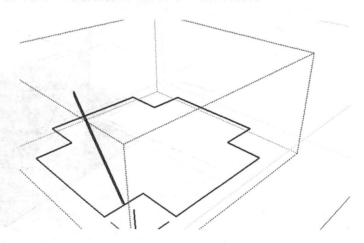

先对屋顶的下半部分作"路径跟随"，以整个十字形平面轮廓为路径（图3-72）。

图 3-72

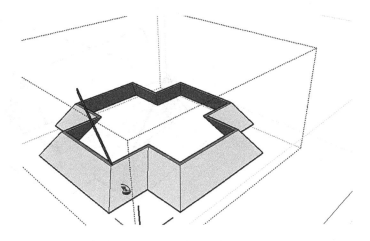

由于上半部分的路径不连续，所以需要分别做"路径跟随"操作。先如图3-73选择两线段为路径。

图 3-73

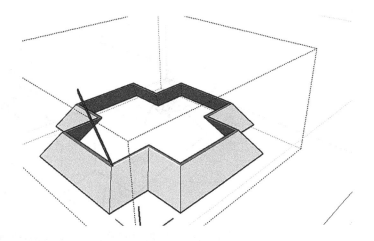

选择"工具"菜单里的"路径跟随"，选择上半段屋顶断面，得到如图3-74所示的结果。

图 3-74

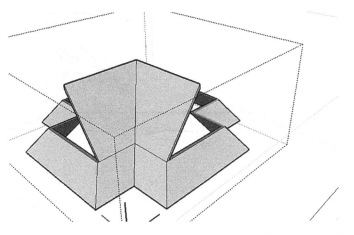

复制刚才所建模型，完成十字屋顶上半部分建模（图 3-75）。

图 3-75

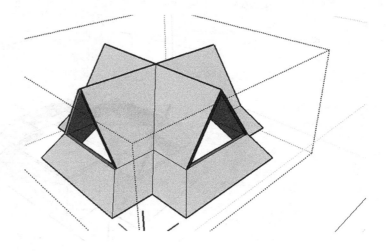

清理边线得到如图 3-76 所示的结果。

图 3-76

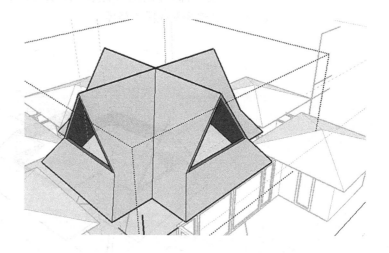

下面作屋角的悬出部分，先沿绿轴移动屋角下端点，至如图 3-77 所示辅助线交点位置。

图 3-77

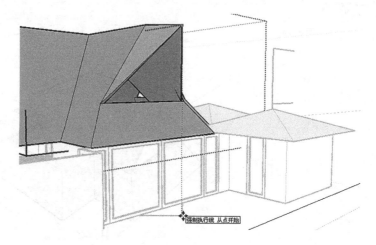

利用 Shift 键沿绿轴移动屋角上端点，移动至使该点落在屋角下端点与屋角根部两点组成的平面上。得到以下结果（图 3-78）。

图 3-78

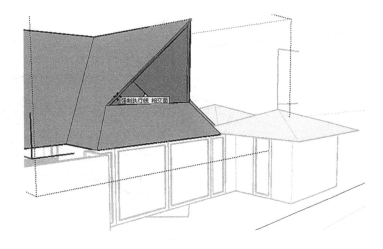

清理边线，并对其他三个屋角做相同操作，结果如图 3-79 所示。

图 3-79

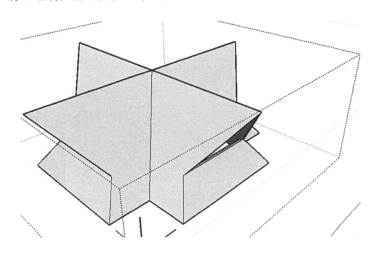

下面做屋顶处的三角形窗。点击工具栏中的"X 光模式"将视图透明化，如图 3-80 用 Shift 锁定在位于屋顶内面两坡交线的垂直线上作线。

图 3-80

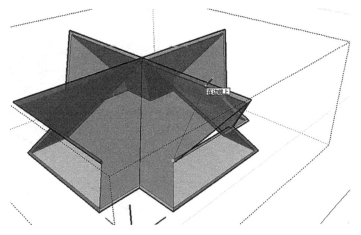

连线作出窗的三角形轮廓面（图 3-81）。

图 3-81

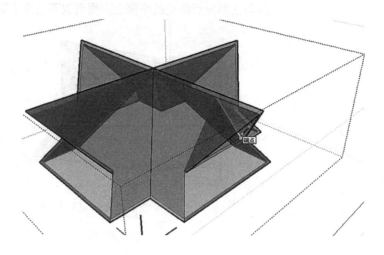

选择三角形面，并制作"屋顶窗"组件，通过偏移、推拉等操作建立窗户模型如图 3-82 所示（具体方法可参见前述关于"门 A"的建模）。

图 3-82

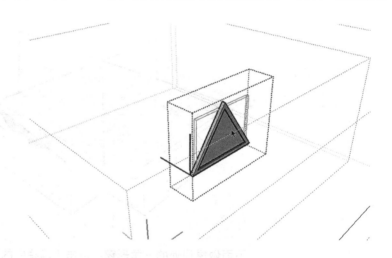

在其他三处位置插入"屋顶窗"组件（图 3-83）。

图 3-83

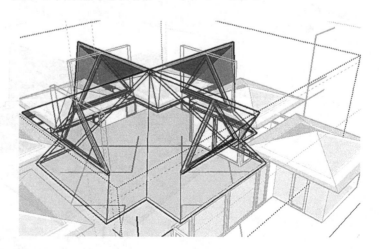

3.1.5 其他

下面开始做烟囱。调整视角，用矩形工具绘制出烟囱平面轮廓，平面尺寸"8'，8'"（图3-84）。

图3-84

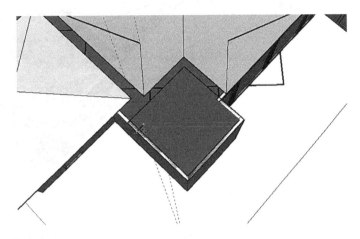

选择烟囱平面轮廓形成的矩形面，并制作群组，编辑该群组，用偏移工具作出壁厚（图3-85）。

图3-85

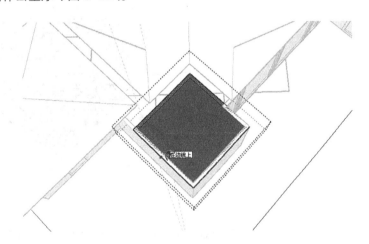

删除中间的面，将环形面拉伸至屋顶高度（图3-86）。

图3-86

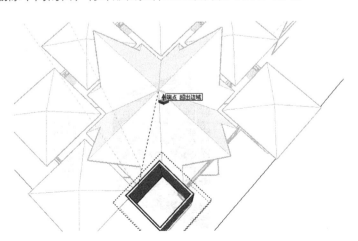

退出群组，在烟囱顶绘制出它的顶面，并向下移动刚才绘制的烟囱顶面至合适位置（图 3-87）。

图 3-87

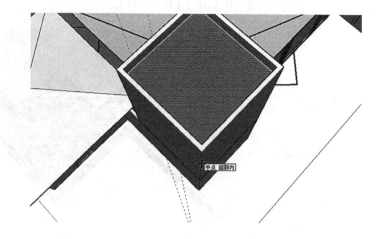

移动顶面一边形成坡面，完成烟囱的创建（图 3-88）。

图 3-88

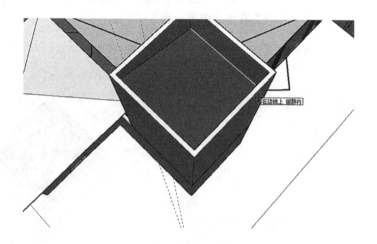

下面做门廊柱子。双击墙体群组进入编辑，在适当位置画出柱子平面（图 3-89）。

图 3-89

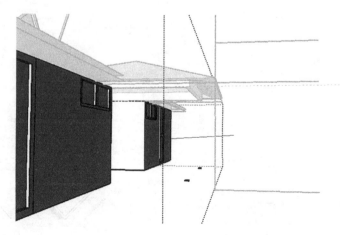

拉伸柱子平面至合适位置即可（图 3-90）。

图 3-90

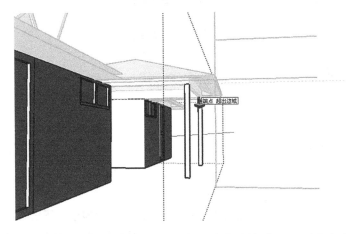

最后，作天沟，方法是沿着屋顶底面轮廓连线成面。删除多余的线进行清理，最后模型如图 3-91 所示。下载文件中也给出了该模型的最终成果 3.1.skp。

图 3-91

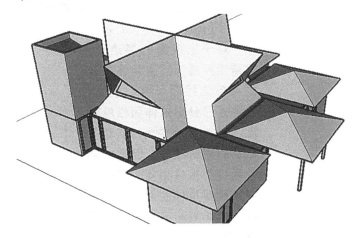

3.2 中低层建筑——萨伏依别墅建模

本节以萨伏依别墅为例，介绍较复杂的中低层建筑的建模。在这里我们采用分层建模的方式。

3.2.1 平面导入

准备好下载文件中的 3.2.dwg，该文件是在 AutoCAD 中绘制的萨伏依别墅的平面图及楼板轮廓，绘制单位为 mm，层高取 3.2m（图 3-92）。

进入 SketchUp，选择菜单"文件"＞"导入"，在导入对话框，选择文件类型为 ACAD 文件格式，在导入选项对话框中将单位设置为毫米，找到 3.2.dwg 文件并打开，该文件被导入 SketchUp。如果在 SketchUp 的场景中看不到这些图，选择菜单"相机"＞"充

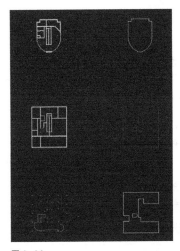

图 3-92

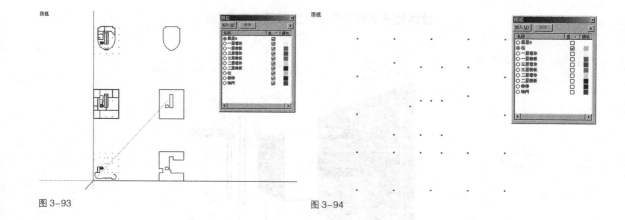

图 3-93

图 3-94

满视窗"，使导入的图形完全显示。正式建模之前还有一些系统设置需要修改，在场景信息对话框中将单位设定为十进制、毫米。将显示样式中的轮廓线选项的勾选去除，便于看清双线墙体。导入结果如图 3-93 所示。

3.2.2　柱网建模

首先在窗口菜单中打开图层管理器，当前图层选柱网层，将其他图层显示栏下的勾选去除，开始柱网的绘制（图 3-94）。

对于未成面的多边形，只需用画线工具重复连接它的某条边线即可得到柱面。将各矩形分别拉伸到相应高度。SketchUp 中无法实现多个面的同时拉伸，但是如果前后拉伸数值相同，则双击后续需要拉伸的面，系统就默认拉伸到和前次相同的高度，而不用每次都输入数值。有个别的柱高度不同，则单独编辑，推拉到正确的高度即可（图 3-95）。

图 3-95

上述步骤完成后，打开其他图层之前，选中所有柱，创建群组，便于以后单独编辑。

3.2.3　墙体建模。

打开一层墙体图层，将其设为当前层，并关闭柱网层（图 3-96）。

首先对双线墙体进行封面操作。封面主要是连接所要封闭的这些多边形图形的对角线，对角线连接的越多，SketchUp 对面的识别就越准确。否则封面过程中常常由于形体较复杂而出现封面超出范围的情况。完成封面后再删除这些辅助连线也不会影响到已经获得的连续的面（图 3-97）。

删除多余的面，只留下墙体的底面，并选择所有墙体组合为群组（图 3-98）。

双击刚创建的一层墙体群组进入编辑状态，拉伸墙体到相应的高度。若有个别墙体高度有差异则用画线工具分割出来单独拉伸到相应高度。这种方法在后面的细节建模中会经常用到（图3-99）。

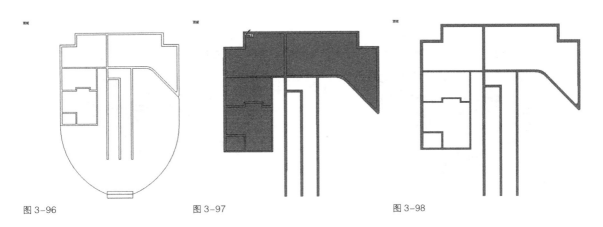

图3-96　　　　　　　　　　图3-97　　　　　　　　　　　　　　图3-98

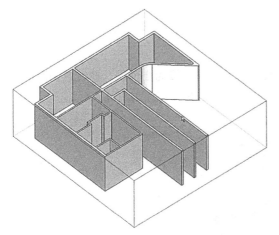

图3-99

3.2.4　开门窗洞口。

用量尺工具绘制水平辅助线，确定窗台高度和窗高。绘制垂直辅助线，确定窗户侧边位置（图3-100）。

用矩形工具画出窗户洞口轮廓，并用推/拉工具推出洞口（图3-101）。

别墅底层一侧的窗洞口为向内倾斜的墙体，无法直接用在侧面推拉的方式完成开洞，而需要从顶面推拉的方式。先绘制辅助线，再画出该窗洞口的顶面轮廓（图3-102）。

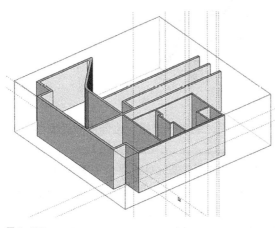

图3-100

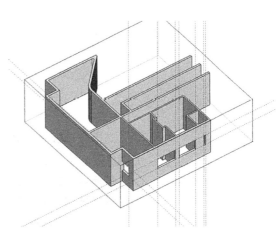

图3-101

再次利用辅助线定出窗台高度。自上向下推拉墙体至辅助线高度，形成窗洞口（图3-103）。

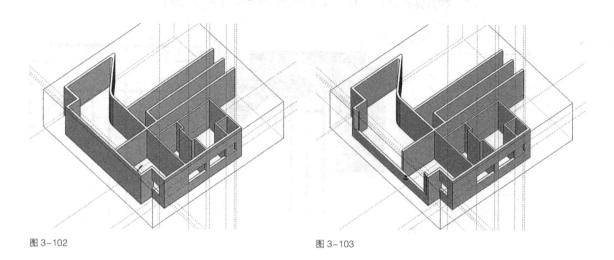

图 3-102   图 3-103

3.2.5　坡道建模

在图层管理器中新建"坡道板"图层并设为当前层。在坡道侧面的墙体上利用辅助线工具绘制出坡道板的侧面轮廓（图3-104）。

图 3-104

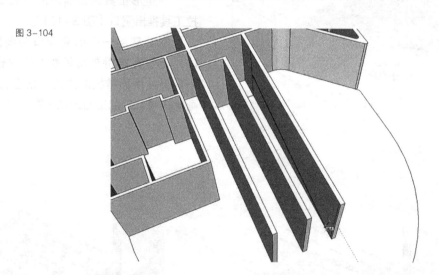

选择坡道板侧面轮廓并创建群组，编辑该群组，拉伸侧面轮廓线到相应宽度形成坡道板（图3-105）。

拉伸坡道板的上部侧面至相应位置形成部分休息平台（图3-106）。

退出坡道板群组的编辑。双击一层墙体群组进入编辑，用画线工具分割出需要单独修改的墙体顶面并推拉至相应位置（图3-107）。

退出墙体群组编辑，并重新编辑坡道板群组，拉伸休息平台的侧面，形成完整休息平台（图3-108）。

图 3-105

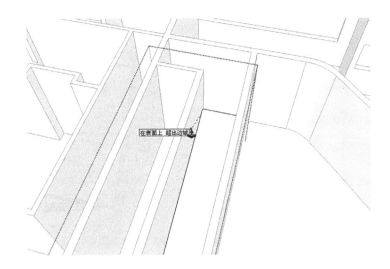

图 3-106

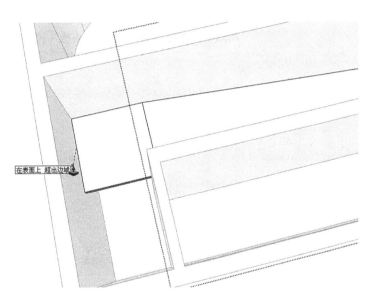

图 3-107

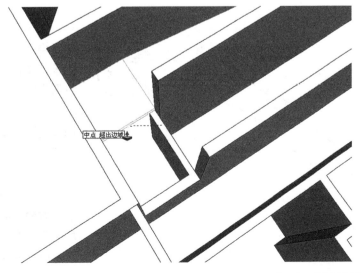

图 3-108

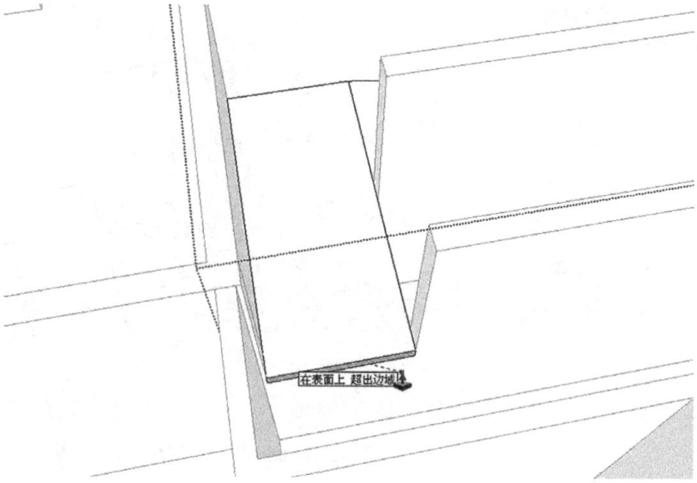

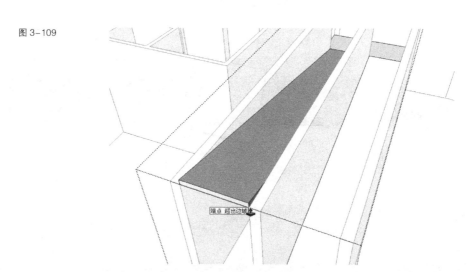

用同样的方法绘制另一半坡道板（图 3-109）。

图 3-109

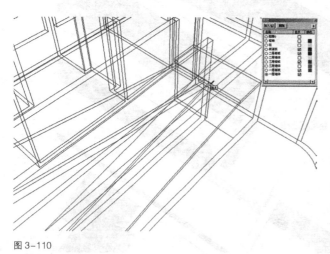

图 3-110

接下来进行坡道中间墙上的开洞。随着建模过程的深入，模型变得复杂，遮挡越来越多，可以使用线框视图方式以利于找到需要的交点。

利用智能参考系统在坡道间墙上绘制洞口侧面轮廓，即绘制坡道板平行线。点选起点，按住 Shift 沿与之平行的坡道板边线移动，然后移回到要画洞口轮廓的坡道间墙上，智能参考系统会自动锁定平行线的方向。绘出洞口轮廓后，使用推拉工具去除不需要的部分。完成整个坡道栏板的建模（图 3-110 ~ 图 3-112）。

图 3-111

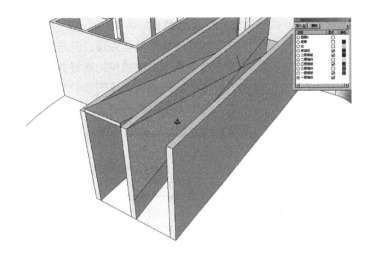

图 3-112

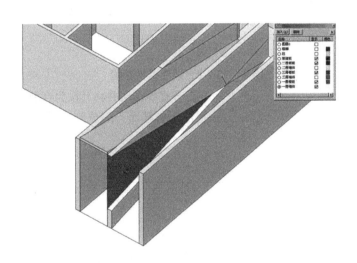

用同样的方法在另一面墙上开洞形成楼板（图 3-113）。

图 3-113

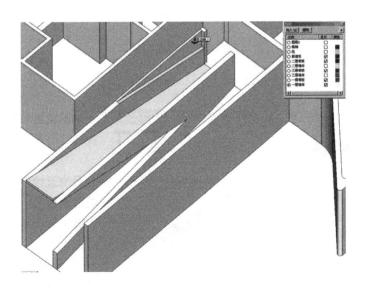

3.2.6 入口建模。

这里对这一构件简化处理，只是建立一个线框。

首先选中整个围护结构轮廓线并复制到顶部位置（图 3-114）。

连线成面制作出入口（图 3-115）。

在 SketchUp 中弧线实际上是多线段拟合而成，连接这些线段端点作为幕墙竖向分割线。删去连线过程中形成的面，留下轮廓（图 3-116）。

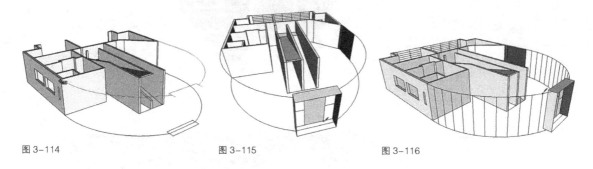

图 3-114   图 3-115   图 3-116

3.2.7 螺旋楼梯建模

首先打开楼梯图层并将其设为当前层，关闭其他图层（图 3-117）。

分别拉伸各踏面，形成踏步板。并将各踏步板移动到相应高度（图 3-118）。

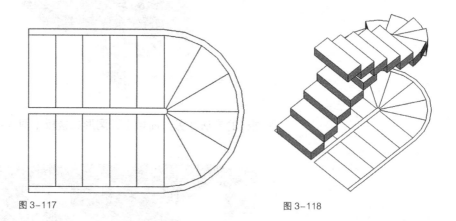

图 3-117   图 3-118

图 3-119

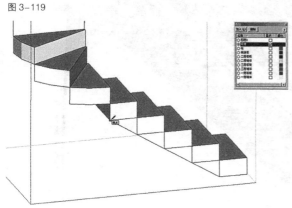

下面补齐踏步板侧面，编辑踏步板得到正确的侧面和底面。直线梯段的侧面和底面很简单，用直线工具绘制出面即可（图 3-119）。

螺旋楼梯侧面轮廓的螺旋线形式实际上也是由直线段拟合而成。所以我们求得的侧面轮廓也是用一系列的直线段来模拟螺旋线。进入圆弧梯段部分后，这里我们的事先设定的圆分段数为 24，则共 180°的六个弧形梯段由 12 段线段构成，每个梯段内外侧均由 2 线段构成。每个弧形踏步板的侧面也是两个面组成的折面。

首先按图 3-120、图 3-121 中所示步骤生成辅助线。

图 3-120

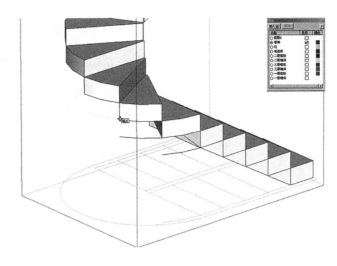

图 3-121

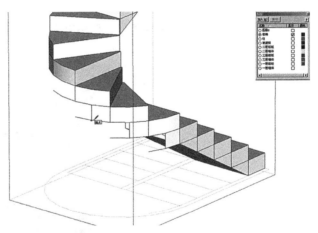

依次连接辅助线的中点和端点形成弧线形踏步外轮廓（图 3-122）。

图 3-122

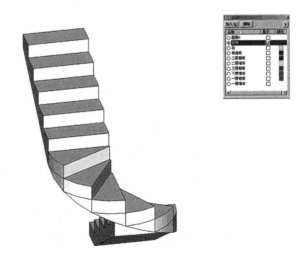

同样的方式绘制踏步板内侧的侧面轮廓（图 3-123 ）。

图 3-123

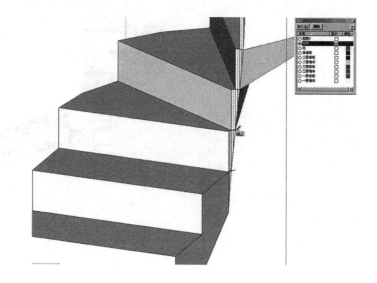

连接底面各端点，形成多个三角面作为底面（图 3-124 ）。

图 3-124

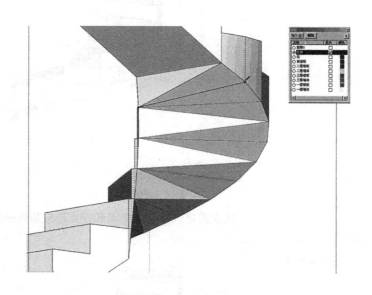

选择绘制好的所有踏步并创建群组。

接下来在螺旋楼梯墙上开洞。首先隐藏踏步群组。用前述方法将楼梯墙进行封面操作并拉伸墙体至 3200mm 高（图 3-125 ）。

接下来绘制洞口轮廓。我们已经完成了踏步底面的轮廓线，绘制洞口轮廓的过程就是利用智能参考系统在墙上绘制一系列与踏步底面轮廓平行的线段的过程。该过程较复杂，需要耐心完成。这一过程由于物体遮挡，我们常常会使用线框视图。

显示踏步群组、旋转视图，便于看清楼梯墙内侧。在楼梯墙上将踏步板的底面轮廓描一遍（图 3-126 ）。

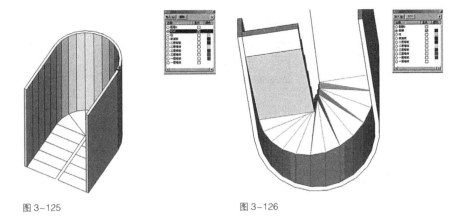

图 3-125   图 3-126

　　将踏步群组隐藏，便于针对楼梯墙进行开洞操作。垂直向上复制踏步板底面轮廓到楼梯墙表面上距地面 1100mm 处，用于绘制扶手面。弧形部分轮廓同样向上复制（图 3-127）。

　　轮廓绘制完成，接下来进行开洞操作。直线墙体部分可以直接用推拉工具开出洞口（图 3-128）。

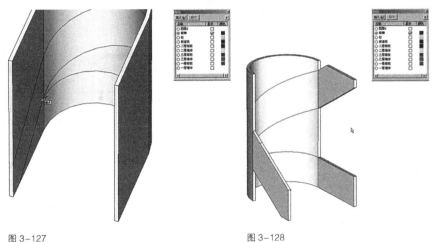

图 3-127   图 3-128

图 3-129

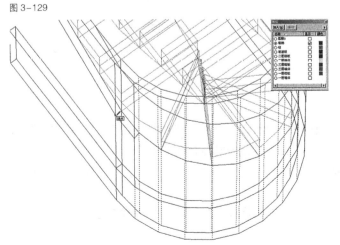

　　弧线部分无法直接推拉，只能先求出内外两侧的轮廓，删除掉不需要的内外侧面形成洞口，然后用三角面封住顶面和底面（图 3-129）。

　　现在已知内侧面轮廓线，借助线框显示模式和辅助线来得到外侧轮廓。在每一个分段线上都由内侧轮廓线与分段线交点作由弧形梯段圆心在相应高度上的投影点放射出的半径线与外侧分段线相交，得到外侧轮廓线点（图 3-130、图 3-131）。

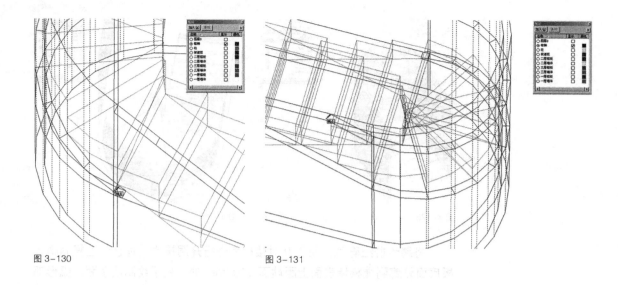

图 3-130　　　　　　　　　　　　　　　图 3-131

　　连接所有求得的外侧轮廓线上的点得到外侧轮廓线，改回实体显示模式（图 3-132）。

　　在弧形面上删除不要的内外侧面，然后用三角面封住顶面和底面，模拟曲面效果（图 3-133）。

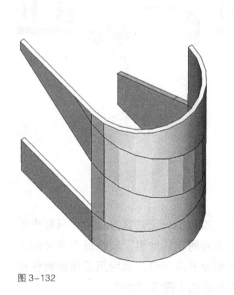

图 3-132　　　　　　　　　　　　　　　　图 3-133

　　用三角面完成顶面底面封面后，选中非轮廓性的线条，右键选择隐藏，使模型显示效果更好。将整个螺旋楼梯组合为群组（图 3-134）。

　　打开其他图层，到这里，我们已经完成了一层的建模（图 3-135）。

3.2.8　二层的建模。

　　首先采用一层建模的方法画出二层的墙体并创建二层墙体群组（图 3-136）。

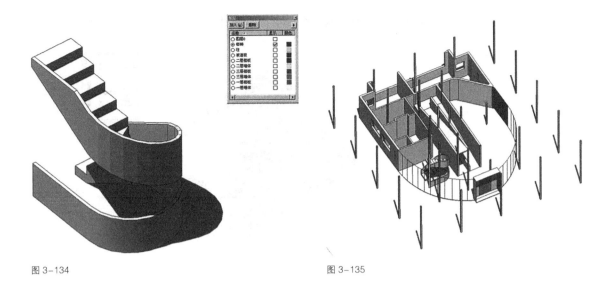

图 3-134

图 3-135

下面制作二层楼板。首先绘制楼板，以及楼板上洞口的轮廓线，拉伸100mm 得到楼板（图 3-137）。

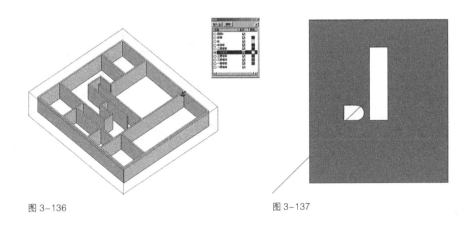

图 3-136

图 3-137

选择参照点，将二层墙体和楼板移动至正确位置（图 3-138）。

图 3-138

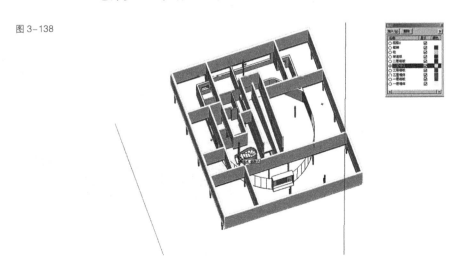

将底层的楼梯和坡道复制并向上移动 3200mm（图 3-139）。

图 3-139

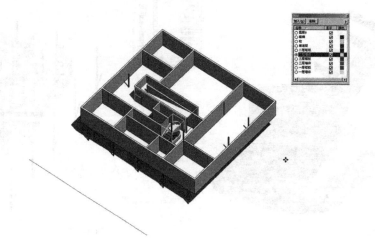

编辑二层墙体群组，用和一层同样的方式来开出门窗洞口，以及改变
个别墙体的高度（图 3-140）。

图 3-140

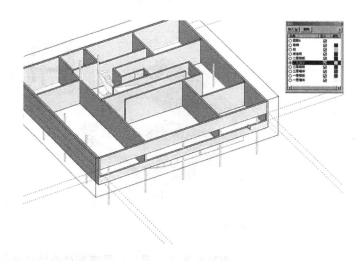

完成二层绘制（图 3-141）。

图 3-141

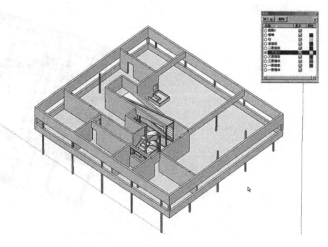

3.2.9 三层的建模

首先创建三层楼板并创建群组（图 3–142）。

图 3–142

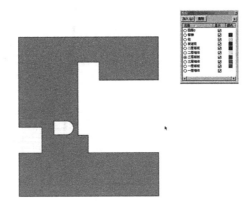

将绘制好的三层楼板移动至正确位置（图 3–143）。

图 3–143

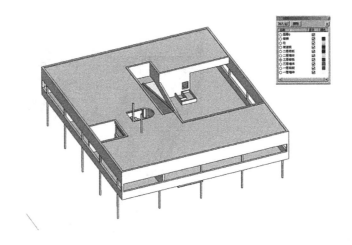

对三层墙体轮廓进行封面操作，并拉伸 3000mm 得到墙体（图 3–144）。

图 3–144

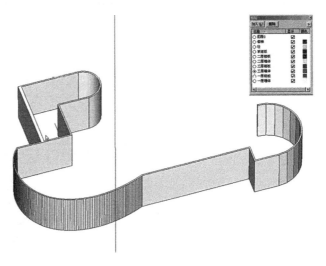

将墙体群组并移动至正确位置（图 3-145）。

图 3-145

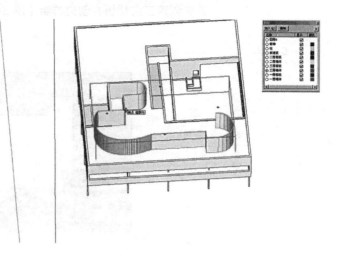

编辑三层墙体，开出门窗洞口（图 3-146）。

图 3-146

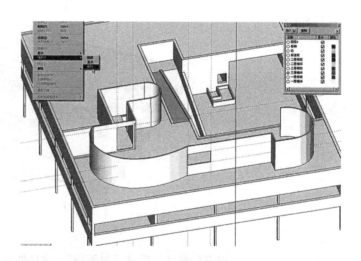

绘制好三层楼梯间顶板并移至相应位置（图 3-147）。

图 3-147

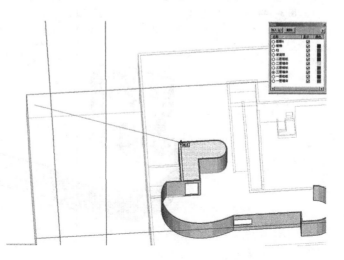

3.2.10 窗玻璃的建模,

在图层管理器中加入"玻璃"图层并设定为当前层。用画线工具在墙体中线处绘制玻璃面(图 3–148)。

图 3–148

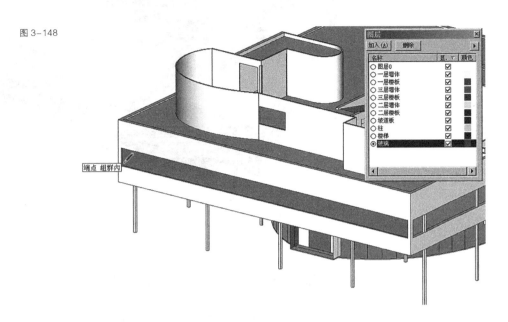

在窗口下拉菜单中选择材质浏览器,在材质库中选择合适的材质,将选定的材质赋予玻璃面(图 3–149)。

图 3–149

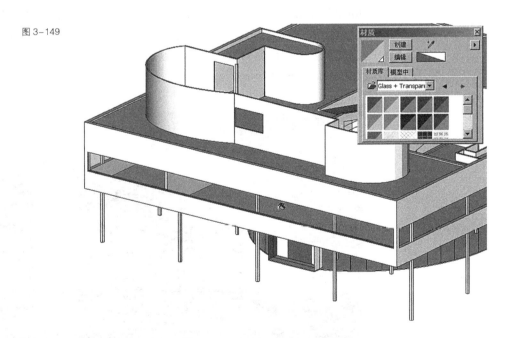

用同样的方法为其他玻璃面赋材质,整个建模工作就完成了。选择合适的透视角度并打开阴影显示,最终效果如图 3–150 所示。下载文件中也给出了该模型的最终成果 3.2.skp。

图 3-150

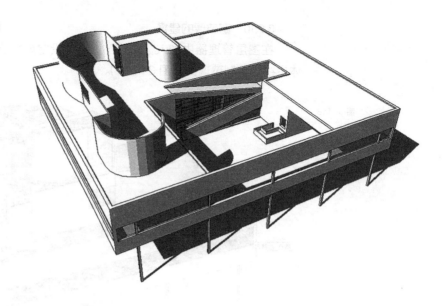

3.3 多层建筑——马赛公寓建模

勒·柯布西耶的马赛公寓是一个在统一的模数下设计的集合住宅，跃层的单元互相咬合形成了三层一组的标准层组，标准层组之间也因内部单元组合的不同形成变化（图 3-151）（图片来源：http：//intro2arch.arch.hku.hk/arch/Corbu/unite.htm）。因此建模时可以利用Sketchup 的群组功能，先创建标准层群组，再阵列形成体量，然后修改局部变化，最后对窗洞进行细致加工并增加其他细部完成整个建模工作（图 3-152）。

图 3-151

图 3-152

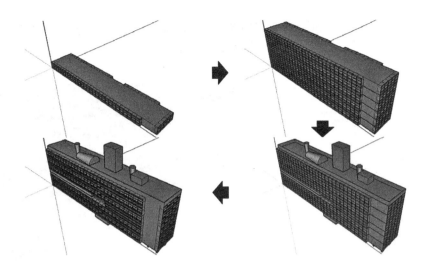

3.3.1 建立楼层群组

首先绘制如图的标准层平面，在本模型的创建中，我们采用英制单位（图 3-153）。

图 3-153

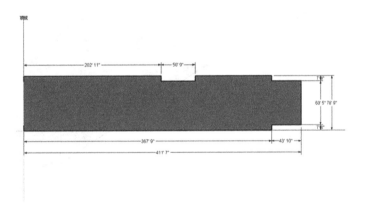

将标准层平面组成群组，编辑该群组，在群组内拉升楼层面形成三层高度的体量，拉升高度为 21'5"（图 3-154）。

图 3-154

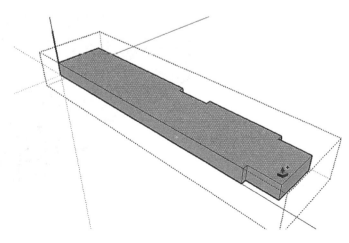

退出楼层群组编辑。放大视图如图 3-155 所示，在垂直面上绘制出一个单元的轮廓（宽度为 12'8"）。

图 3-155

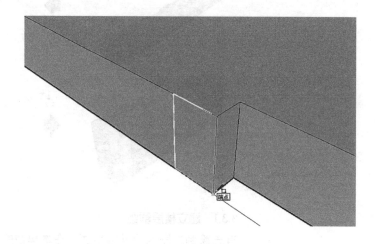

绘制窗洞轮廓线（图 3-156）。

图 3-156

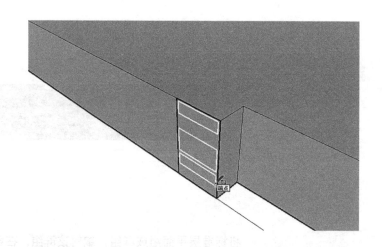

将窗洞分别推进 7'8"（图 3-157）。

图 3-157

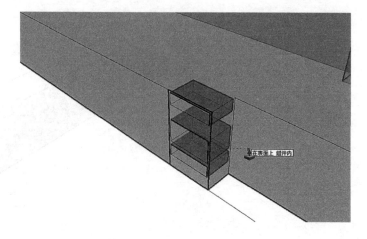

如图 3–158 选择物体，单击右键在关联菜单中选择"制作组件"，弹出"创建组件"对话框。

图 3–158

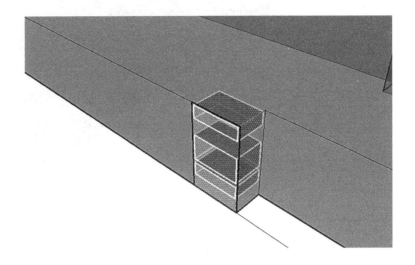

在"创建组件"对话框进行如下设置。将"对齐粘合"设为"垂直"，勾选"剖切开口"与"替换选择"（图 3–159）。

图 3–159

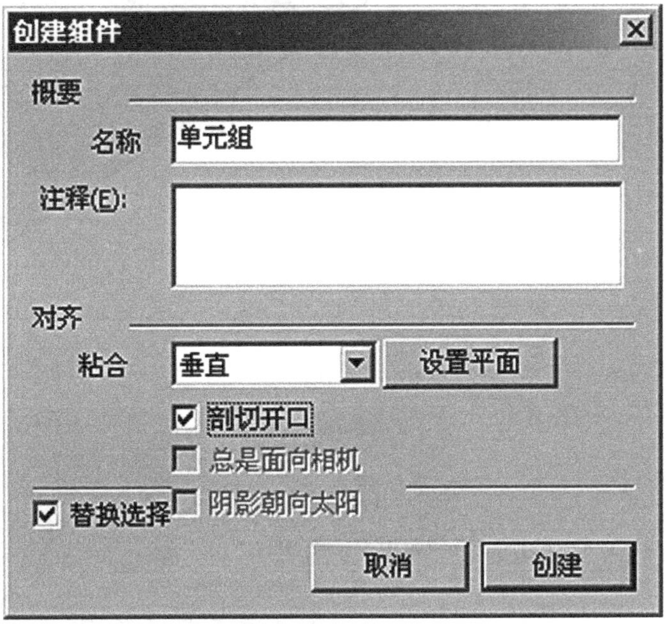

单击"设置平面"按钮，在场景中如图 3–160 选择粘合面。

单击"创建"按钮完成"单元组"组件的创建（图 3–161）。

删除刚才创建的"单元组"组件。在组件管理器的模型中标签下，可以看到刚才创建的"单元组"组件（图 3–162）。

双击场景中的楼层群组进入编辑状态，在组件管理器中点击"单元组"组件，然后在场景中的楼层群组上插入该组件（图 3–163）。

图 3-160

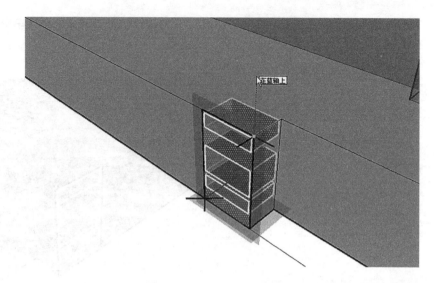

图 3-161

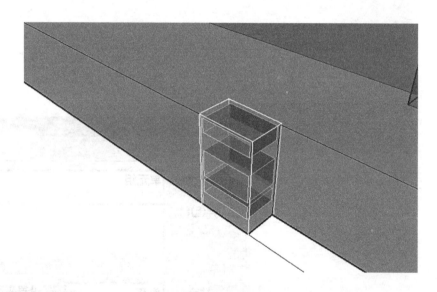

图 3-162

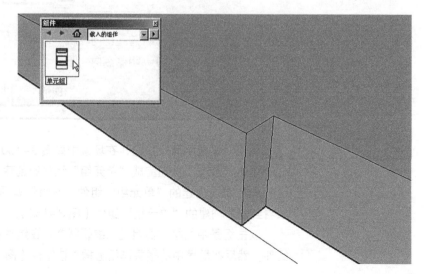

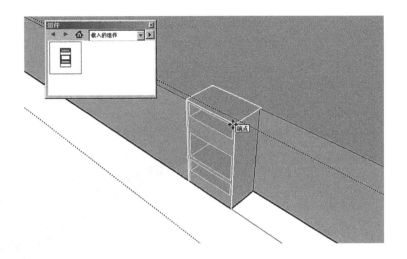

图 3-163

复制"单元组"组件（图 3-164）。

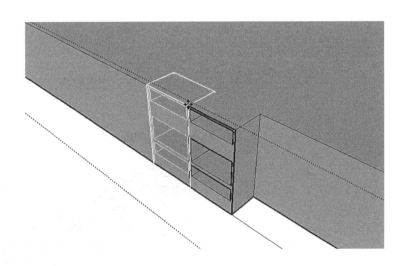

图 3-164

在数值控制框中输入"28*"，阵列"单元组"组件（图 3-165）。

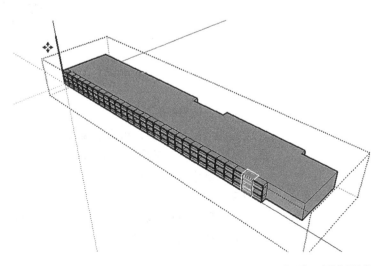

图 3-165

同样，在楼层群组的其他面上插入和拷贝"单元组"，完成后退出群组编辑（图 3-166）。

图 3-166

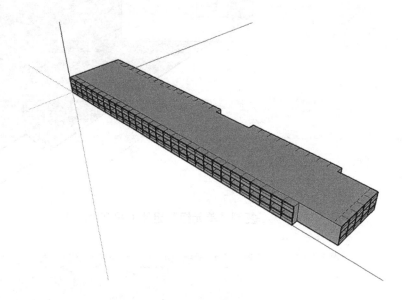

在垂直方向上复制并阵列楼层群组，完成基本的建模过程（图 3-167）。

图 3-167

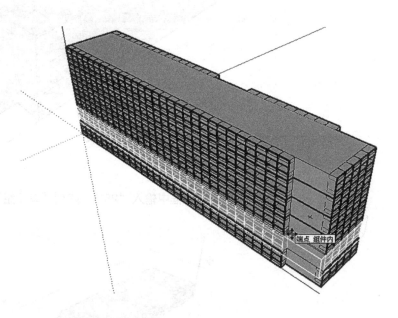

3.3.2　体量修改与补充

如图 3-168 所示，第三个楼层群组（第七、八层）为马赛公寓的商店层，高度为两层，需要对它进行修改。

双击该楼层群组进入编辑，在群组内推拉面，以减少一层高度 7' 2"（图 3-169）。

退出群组编辑，将其上的三个楼层群组向下移动一层（图 3-170）。

最后结果如图 3-171 所示。

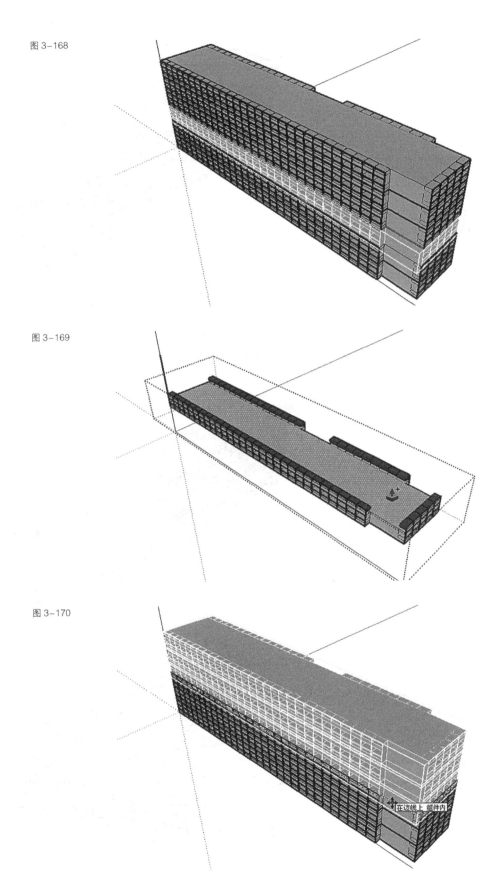

图 3-168

图 3-169

图 3-170

图 3-171

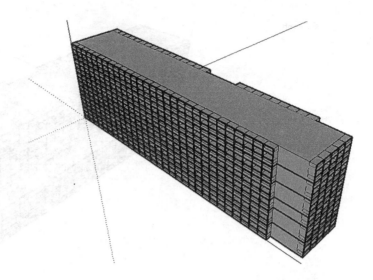

　　接下去增加建筑顶部的女儿墙及一些体量，以及底层的柱子（图
3-172）。给这些物体建模的操作在此不做详细介绍，读者可以参见其他章
节介绍的方法进行建模。

图 3-172

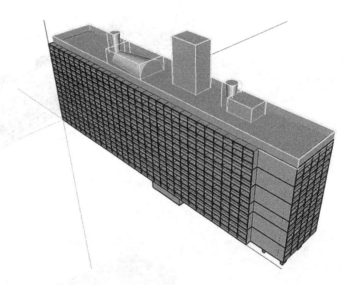

图 3-173

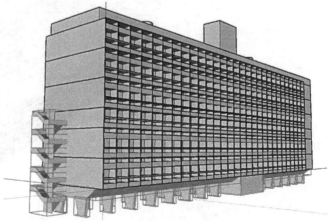

3.3.3 细部修改与补充

马赛公寓虽然有统一的模数，但通过单元的变异以及组合方式的不同，各个楼层群组之间也存在着差异，在立面的窗洞上有所反映。因此需要进行逐一修改。同时，窗洞还需进一步细化。

首先继续修改第三个楼层群组。先将视图放大到局部（图3–174）。

图 3–174

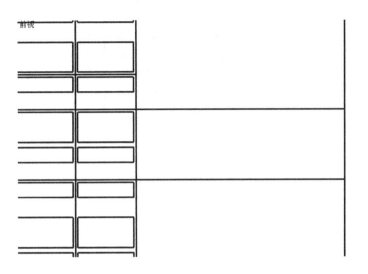

在需要修改的"单元组"组件上单击鼠标右键，在关联菜单中选择"单独处理"。再双击该组件进入编辑（图3–175）。

图 3–175

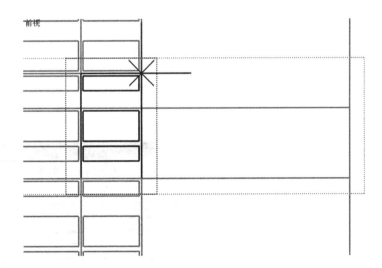

如图3–176所示移除一个窗洞，并调整其他窗洞的大小。

缩小视图以准备替换相同"单元组"组件。用图3–177所示的框选方法选择需要替换的单元组件。

打开组件管理器，右键单击"单元组 #2"（它是刚才的对"单元组"组件进行"单独处理"而自动生成的），在关联菜单中选择"替换选择"（图3–178）。

图 3-176

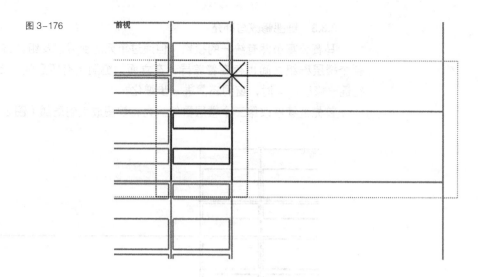

图 3-177

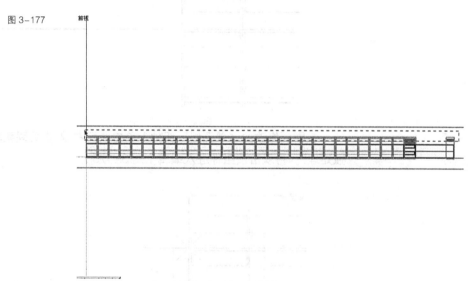

图 3-178

替换结果如图 3-179 所示。

图 3-179

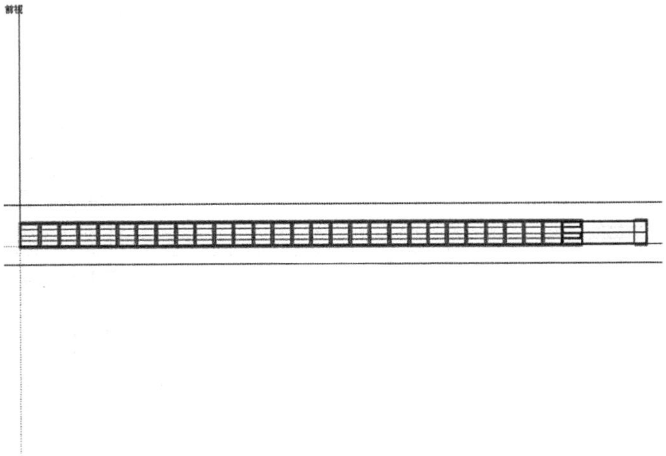

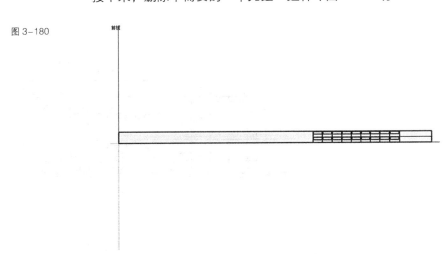

接下来，删除不需要的"单元组"组件（图 3-180）。

图 3-180

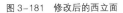

以同样的方法修改其他几处变化，结果如图 3-181 所示。

图 3-181 修改后的西立面

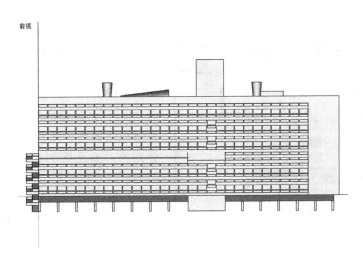

以下是其他各立面修改的前后（图3-182）。

图3-182 修改后的南立面

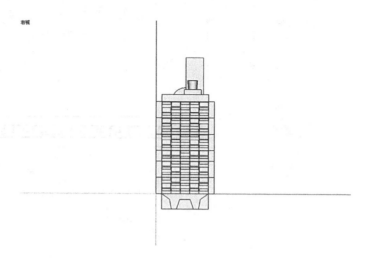

图3-183 修改后的东立面

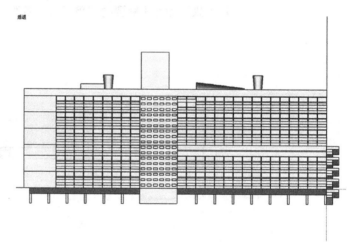

接下去开始对"单元组"细化。由于经过刚才一系列的修改，一个"单元组"组件扩充变成了五种。我们在这里将它们分别另存为单独的SketchUp文件，然后分别进行细化，完成后再导回到原文件（重载），以完成所有单元组的细化步骤。

首先打开组件管理器，右键单击"单元组"组件，选择"另存为"（图3-184）。

出现另存为对话框，为该组件取名"单元组.skp"后"保存"，就把所选组件导出为新的SketchUp文件。重复以上操作，依次将所有单元组组件导出，文件名分别为"单元组 #1.skp"、"单元组 #2.skp"、"单元组 #3.skp"、"单元组 #4.skp"。

先保存我们已经创建的马赛公寓的模型。然后选择菜单"文件" > "打开"，打开刚才保存的"单元组"组件（"单元组.skp"）。

图3-184

图 3-185

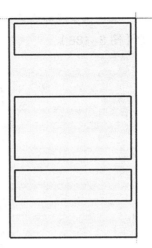

调整视角。复制边线，形成扶手和横梁宽度（图 3-186）。

图 3-186

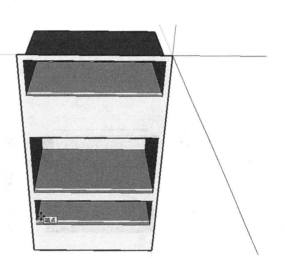

推拉面，形成阳台栏板与横梁（图 3-187）。

图 3-187

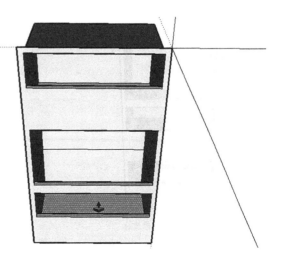

清理多余线并隐藏外墙面上的边线，保存完成对"单元组.skp"的修改（图3-188）。

图 3-188

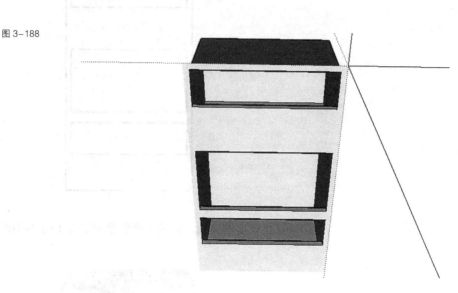

利用此方法，逐一修改其他单元组组件，如图3-189 ~ 图3-192所示。

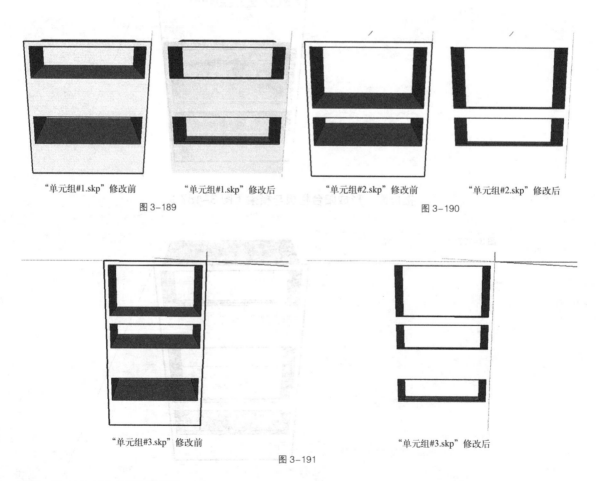

"单元组#1.skp"修改前　　　　　"单元组#1.skp"修改后　　　　　"单元组#2.skp"修改前　　　　　"单元组#2.skp"修改后

图 3-189　　　　　　　　　　　　　　　　　　　　　　　　　　　图 3-190

"单元组#3.skp"修改前　　　　　　　　　　　　　　　"单元组#3.skp"修改后

图 3-191

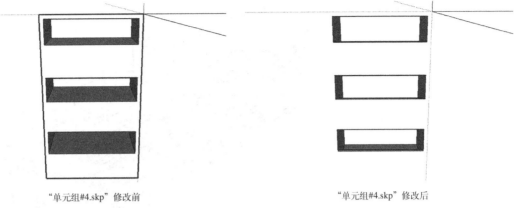

"单元组#4.skp" 修改前   "单元组#4.skp" 修改后

图 3-192

图 3-193

图 3-194

下面重新打开我们刚才保存的马赛公寓模型。在组件管理器中，用右键单击"单元组"组件，在关联菜单中选择"重载"（图 3-193）。

在弹出的"打开"窗口中，选择对应的我们已经修改过的文件"单元组 .skp"，然后单击"打开"按钮，完成重载操作。依次重载各单元组组件，结果如图 3-194 所示。

接下去对楼层群组的边线进行隐藏。双击需要隐藏边线的楼层群组，进入编辑状态。先选择需要隐藏的边线，再右键单击所选边线，在关联菜单中选择"隐藏"。图 3-195 为最终完成的模型。下载文件中也给出了该模型的最终成果 3.3.skp。

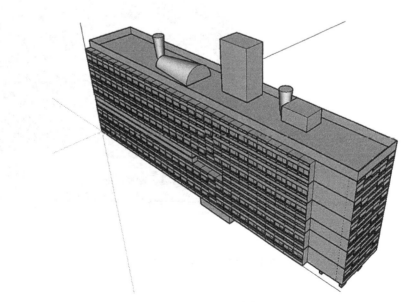

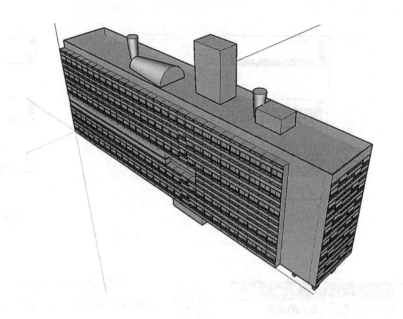

图 3-195

3.4　多层建筑建模二——埃克塞特学院图书馆

　　埃克塞特学院图书馆是路易斯·康的代表作品之一。从立面可以看出埃克塞特学院图书馆的窗户在竖向的大小从上到下是变化的，在水平方向是不变的（图 3-196）（图片来源：http：//www.greatbuildings.com/cgi-bin/gbi.cgi/Exeter_Library.html/cid_1863781.html）。这一节主要介绍的是如何在一个整体墙面上插入不同窗户组件的方法来建立多层建筑的模型。

图 3-196

3.4.1　楼板与柱的建模

　　在本例中提供的 AutoCAD 图——3.4.dwg 中包括平、立、剖面，以毫米为单位。为导入方便，可以在 AutoCAD 中利用 Wblock 命令将平、立、剖面分别存为单独的 dwg 文件，然后在 SketchUp 中分别导入（图 3-197）。

图 3-197

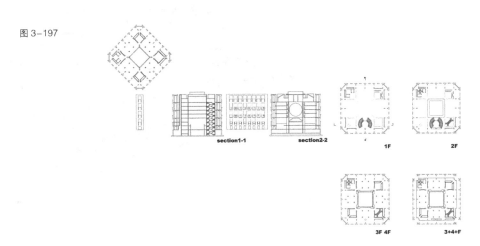

将 SketchUp 的单位设置为毫米，在导入选项中同样将导入单位设置为毫米，首先导入平面图，并将平面图组成群组。另外在显示样式中关掉轮廓线的显示（参见 4.1.1），这样导入的线显示均以细线显示（图 3-198）。

图 3-198

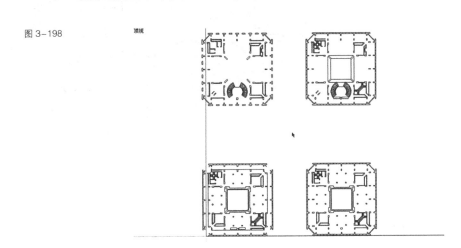

图 3-199

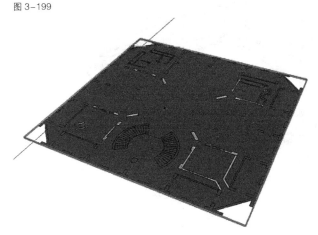

在图层管理器中选择楼板所在层为当前层。用直线工具沿平面画线，生成面后，将它组成群组（图 3-199）。

双击楼面群组进入编辑，将楼面向下推 200mm，形成楼板（图 3-200）。

注意在有的楼板上有洞口，参考导入的平面图。选择洞口所在的楼板，沿洞口画线（图 3-201）。

将洞口位置的面向下推 200mm，形成洞口（图 3-202）。

图 3-200

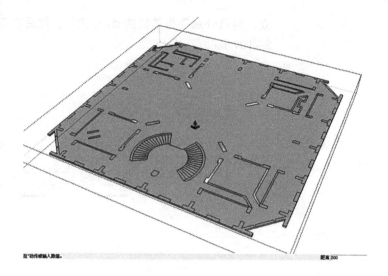

图 3-201

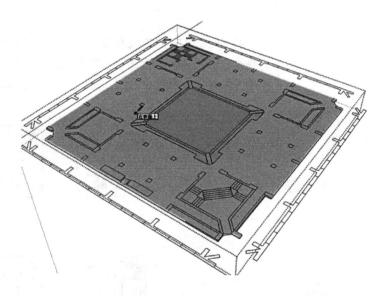

图 3-202

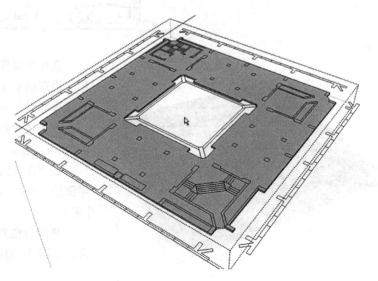

用同样的方法,完成各层楼板群组的建模。完成后效果如图3-203所示。

在图层管理器中选择柱所在的层为当前层。在一层平面上在柱的位置画线,形成柱平面,并将柱的平面拉升23.5m。这里拉升的柱的高度不是每层的层高,而是各层层高之和。将柱子组合为群组。

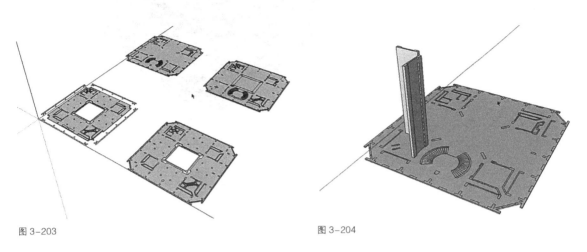

图3-203

图3-204

用同样的方法完成其余的柱子的建模(图3-205)。

激活移动工具,将各层楼板群组按层高放好(图3-206)。

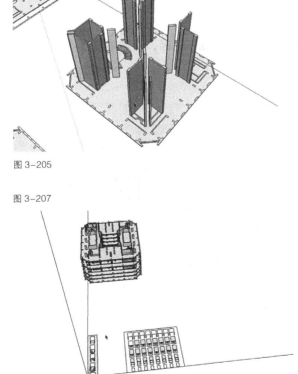

图3-205

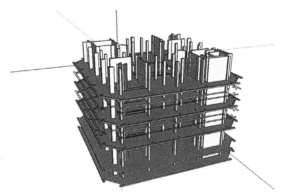

图3-206

图3-207

3.4.2 墙的建模

首先在图层管理器中选择墙所在的图层为当前层,然后导入 AutoCAD 立面图。将两个立面分别组成群组(图3-207)。

利用移动和旋转工具,将导入的两个立面群组分别移到图中所示位置(图3-208)。

沿导入的立面轮廓画线,成面后组成群组。编辑该群组并将面拉伸形成外墙(图3-209)。

图 3-208

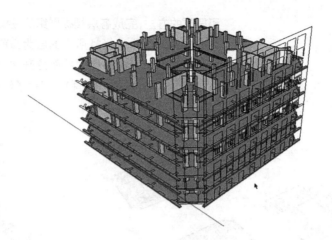

图 3-209

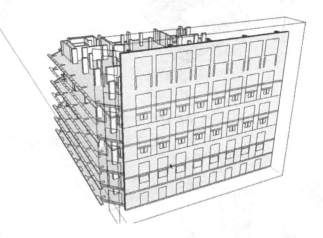

在有窗洞的地方画矩形，并向内推动矩形面，距离与墙厚相等，在墙上形成窗洞（图 3-210）。

图 3-210

3.4.3　绘制窗组件和屋顶

首先将窗所在层设置为当前层。按照导入的立面图上窗户的样式，利用矩形工具和推/拉工具，在立面上制作出第二层的一个窗户，并为玻璃赋予透明材质，最后将整个窗户制作为组件（图3-211）。

图3-211

接下来，阵列复制创建的窗户组件，完成二层窗户的模型（图3-212）。

图3-212

用同样的方法完成其他层的窗户的模型。并将整个墙面和墙上的窗户组合为群组（图3-213）。

图3-213

继续完成 45° 方向上的墙及墙上的窗洞，并将其组合为群组（图 3-214）。

图 3-214

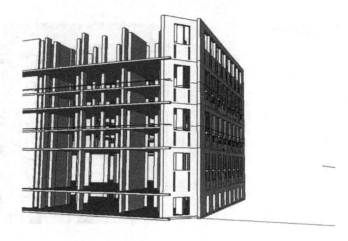

由于这幢建筑的各方向的立面基本相同，只要将建好的墙群组复制到其他几个面就可以了（图 3-215）。

图 3-215

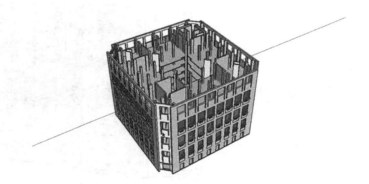

屋顶部分的建模较简单，利用矩形工具、推 / 拉工具，就可完成，在此不再详述。最终建完的模型如图 3-216、图 3-217 所示。下载文件中也给出了该模型的最终成果 3.4.skp。

图 3-216

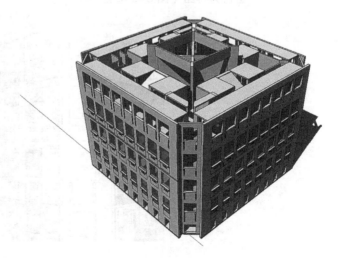

图 3-217

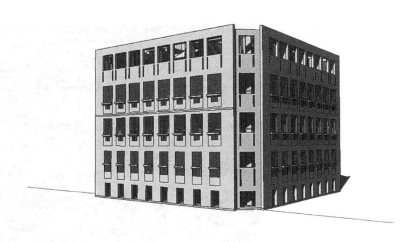

3.5 不规则建筑——礼拜堂的建模

本节以 SANCHO 的 Chapel in Valleaceron 为例练习不规则建筑的建模方法（图 3-218）（图片来源：http：//arqtipo.com/?p=144）。

这个小教堂是一个由完整的长方体，通过各面变形发展而来的建筑。我们也相应地按照此过程建模，先由长方体变形得到体块，再添加门窗墙垛等细节（图 3-219）。

3.5.1 平立面导入

下载文件中已准备好了 AutoCAD 图，这里有两个文件，3.5.1.dwg 包含了建筑的平面和立面（图 3-220），3.5.2.dwg 包含了窗框细部（图 3-221）。其中每一个平面、立面和窗框都被组成了块。

图 3-218

图 3-219

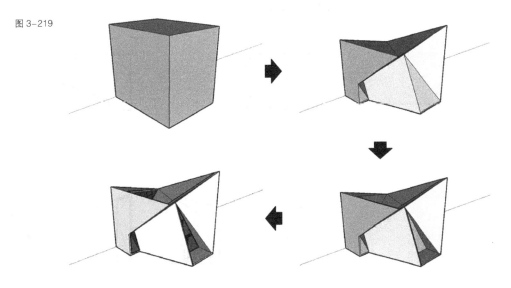

图 3-220

图 3-221

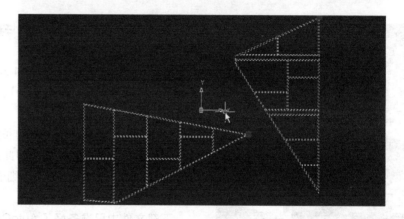

首先将 SketchUp 的单位设置为毫米，然后导入 3.5.1.dwg（窗框细部的 AutoCAD 图在以后的操作中再导入）。在导入选项中同样将导入单位设置为毫米，与 AutoCAD 的图的单位相符。由于之前在 AutoCAD 中已将各平面和立面做成块，所以在 SketchUp 中各平立面直接以群组的形式出现（图 3-222）。

图 3-222

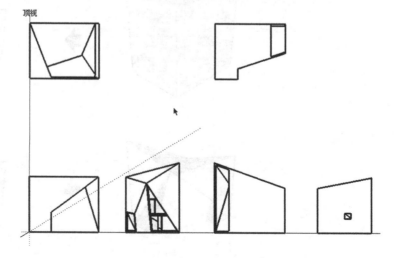

将各平面立面利用旋转和移动工具，放置到一起，放置过程中注意方向（图 3-223）。

图 3-223

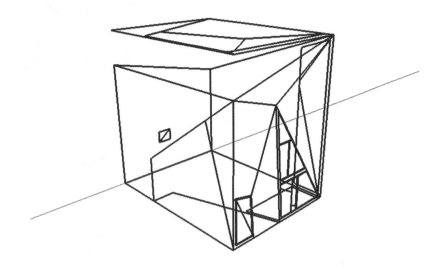

3.5.2 体块建模

这是一个由完整的长方体开始，通过对各面变形发展而来的建筑，我们也依此思路来建模。

首先建立长方体。用矩形工具创建底面。为使后续工作方便，将底面及其各边组合为群组。

图 3-224

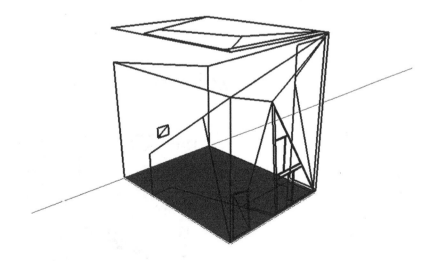

双击群组进入编辑，在群组内拉伸底面，形成长方体，拉伸高度如图 3-225 所示。

体块的主要变形发生在南立面与东立面的交接处以及顶部。首先做第一处的体块变形。继续保持在长方体群组的编辑状态下，先在南立面上按照立面图画线（图 3-226）。

图 3-225

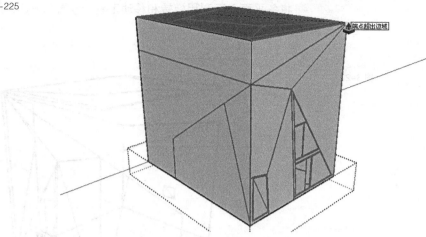

图 3-226

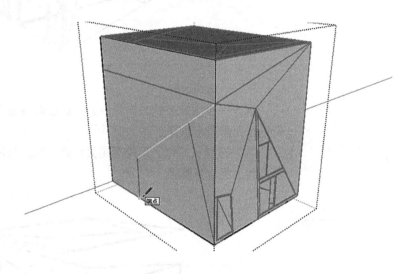

推拉面至东立面如图 3-227 所示位置。

图 3-227

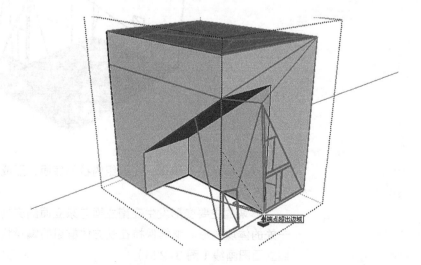

移动如图 3-228 所示边线至平面所示位置。

图 3-228

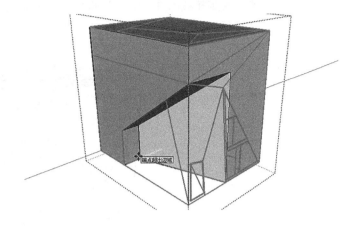

在立面中可以看到，尽管凹入的墙是垂直的，但其边线是倾斜的。为寻找倾斜的位置，从东立面上如图 3-229 引辅助线。这里采用画线工具画辅助线，从而利用画线时按下 Shift 键锁定功能，将辅助线的另一头终止于凹入的墙上。若用测量辅助线工具所作的辅助线则是一条无限延长的线，不易确定辅助线与凹入的墙的交点。

图 3-229

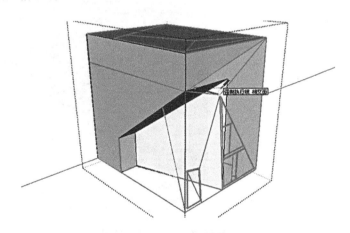

如图 3-230 所示画线将面切割，做出建筑底面的厚度。

图 3-230

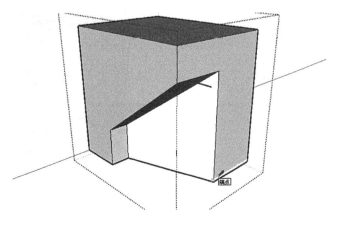

如图 3-231 所示旋转边线，旋转的终止点为刚才所作"辅助线"的终点，在旋转线的过程中，SketchUp 会自动将该边端点与线所在面的其他各点连线，形成多个空间中折叠的面。

图 3-231

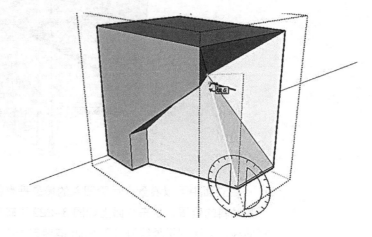

如图 3-232 所示移动顶点至辅助线的端点。

图 3-232

用同样的方法对该墙的另一边线作旋转。首先画辅助线（图 3-233）。

图 3-233

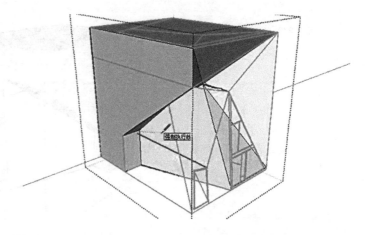

然后画线来切割面（图 3-234）。

图 3-234

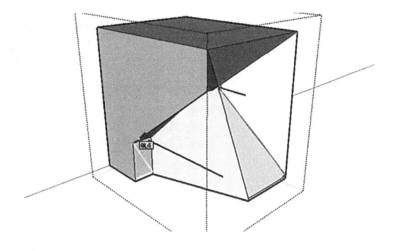

旋转边线（图 3-235）。

图 3-235

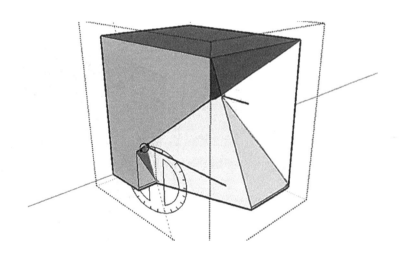

如图 3-236 移动顶点至辅助线的端点。

图 3-236

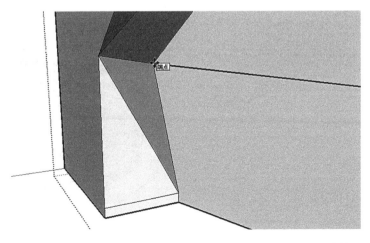

删除"辅助线"（图3-237）。

图 3-237

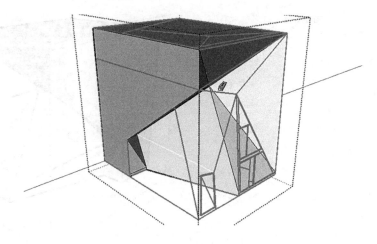

再移动南立面顶线至正确位置。这样就完成了南立面和东立面交接处的体块变形（图3-238）。

图 3-238

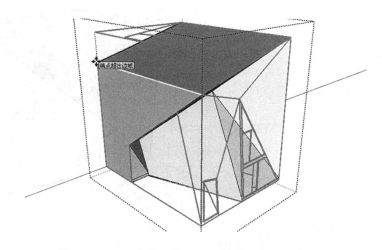

最后移动顶部西北处的顶点至西立面与北立面交接处的位置（图3-239）。

图 3-239

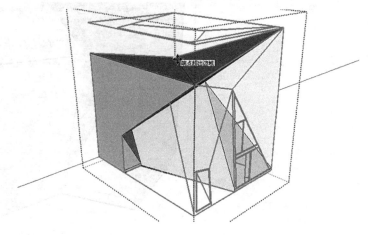

3.5.3 加厚墙体

加厚墙体的方法是把立面墙体的厚度投影到模型上。首先加厚南立面处墙体。如图 3-240 所示利用画线时按下 Shift 键的锁定功能，画出东立面投影到体块模型上的墙厚。

图 3-240

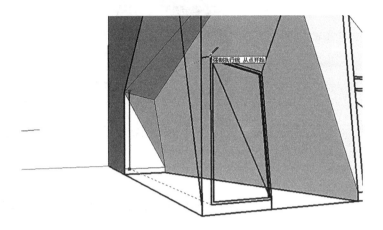

由于墙厚的原因，原来边线的位置需要更新。如图 3-241 所示删除边线。

图 3-241

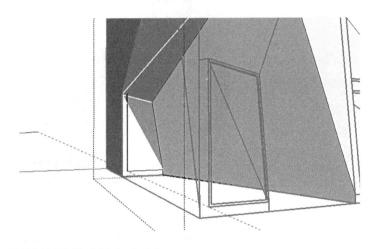

重新绘制边线（图 3-242）。

图 3-242

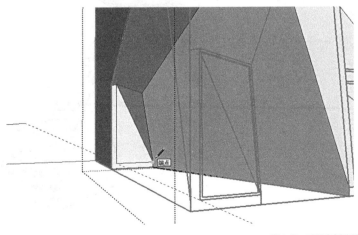

下面为入口处增加墙厚。先删除边线以删除面（图 3-243）。

图 3-243

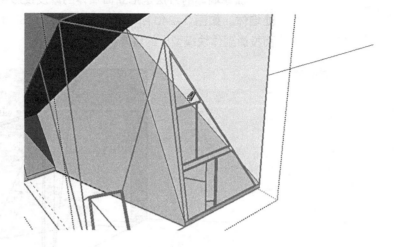

依照平面图和东立面图画线（图 3-244）。

图 3-244

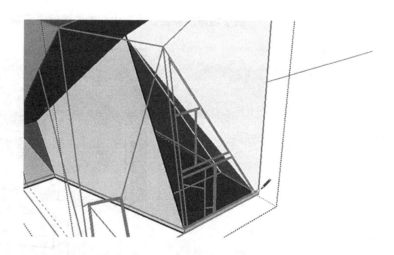

推拉侧墙的面至东立面所示位置形成墙厚（图 3-245）。

图 3-245

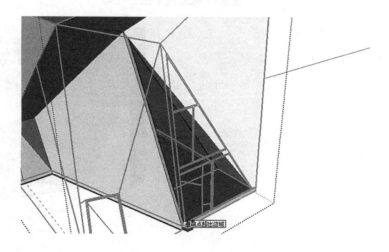

依照平面画线，形成出口处的墙面及地面。这样就完成了东立面墙体的加厚（图3-246）。

图3-246

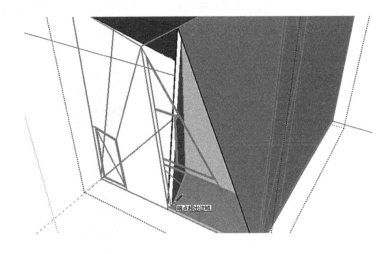

接下来对北立面加工。首先按照北立面画线（图3-247）。

图3-247

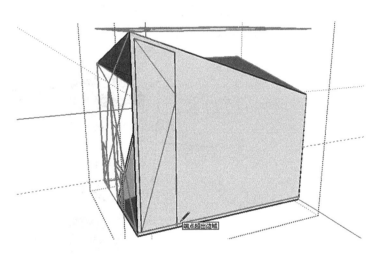

删除面（图3-248）。

图3-248

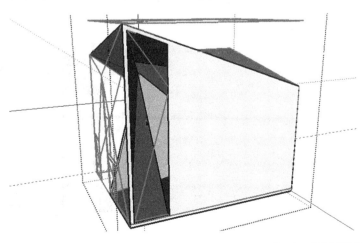

原建筑中的北立面通过内陷形成窗洞，将光线引入室内。内陷处由四块板围合而成，这四块有厚度的板的内面相交于一条线，所以作出这条交线就可以方便的作出四块板的内面。首先寻找交线的下端点。如图 3-249 复制边线求得下侧内面的边线。

图 3-249

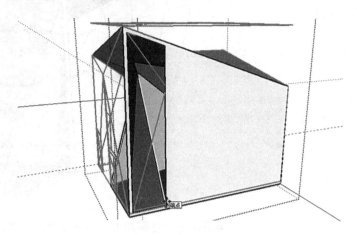

从北立面引投影线，与刚才所做下侧内面的边线相交。交点就是四块内面交线的下端点（图 3-250）。

图 3-250

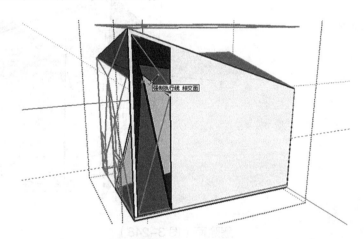

接着寻找交线上端点。如图 3-251 画线作出右内面。

图 3-251

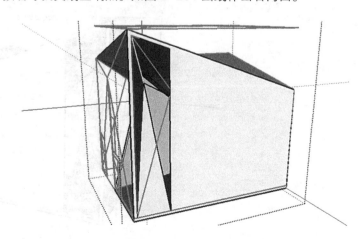

锁定在右内面上画线，线的终点由北立面投影确定，即为交线的上端点（图 3-252）。

图 3-252

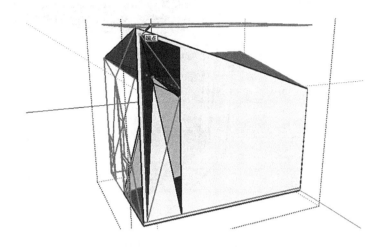

找出交线后，如图 3-253 从交线端点为起点引线，作出其他内面。

图 3-253

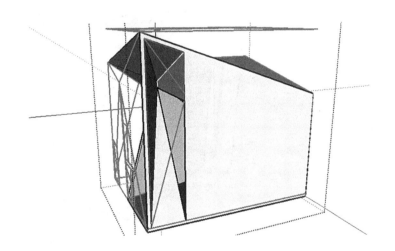

清理边线，这样就完成了北立面的修改（图 3-254）。

图 3-254

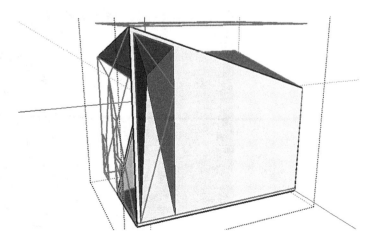

然后作西立面的调整。按照西立面画矩形（图 3-255）。

图 3-255

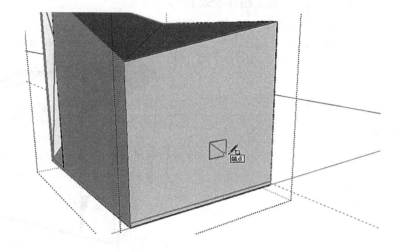

向内推进 200mm（图 3-256）。

图 3-256

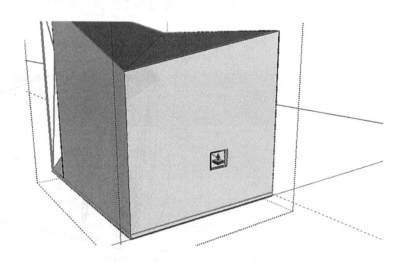

放大视图，并将视图转化到 "X 光模式"（图 3-257）。

图 3-257

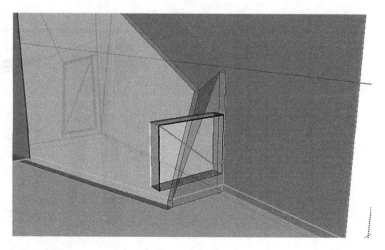

移动如图 3-258、图 3-259 所示边线至西立面所示位置。这样就完成了对西立面的修改。

图 3-258

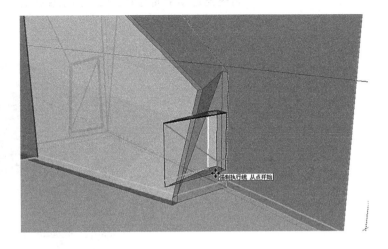

图 3-259

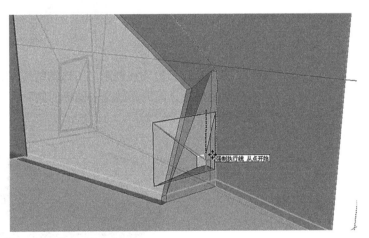

最后作屋顶面的调整。改变视图至如图 3-260 示位置，顶面的四边线的位置已通过立面确定，但内部的变化需要通过屋顶平面求得。首先删除边线。

图 3-260

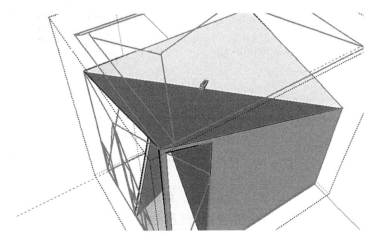

顶部是由六块不同方向的板围合而成。现在大部分的板已有一个表面，即板的方向已确定，需要做的是将板加厚，即作出板的侧面及其余表面。

首先通过顶平面与北立面作出东侧板的侧面。从顶平面引辅助线交于北立面的顶线（图 3-261）。

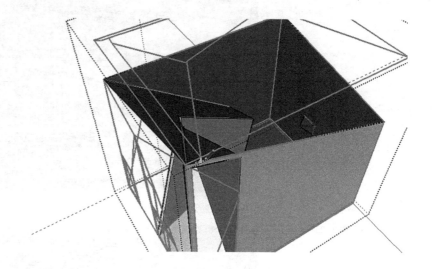

图 3-261

复制东立面的顶线到刚才所作辅助线与北立面的交点，复制出的线与东立面的顶线之间的面就是东侧板的侧面，即这两条线确定了东侧板侧面的方向（图 3-262）。

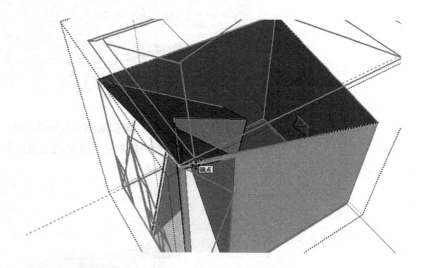

图 3-262

继续从顶平面引辅助线，以确定侧面的其他边线（图 3-263、图3-264）。

连线作面，在后续操作中将利用 Shift 键锁定于该面来求得其余边线（图3-265）。

放大视图，按住 Shift 键锁定在前一步所作面上画线，这样就画出了侧面的所有边线（图 3-266 ~图 3-268）。

图 3-263

图 3-264

图 3-265

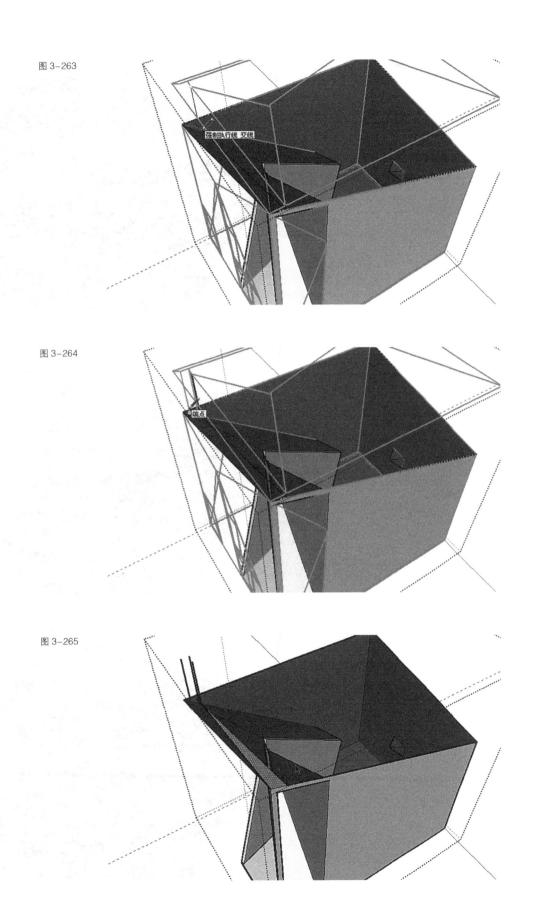

图 3-266

图 3-267

图 3-268

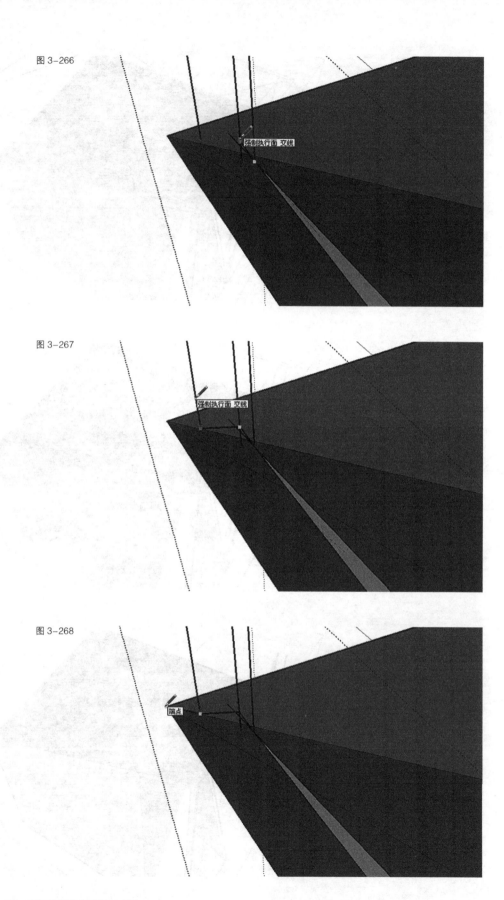

此时面没有自动闭合，需要人为画线生成面（图3-269）。

图3-269

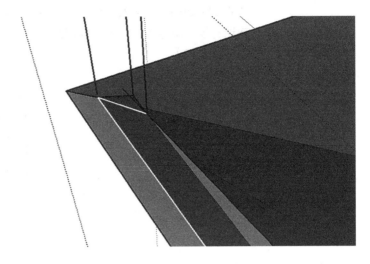

清理共面的线。这样就完成了东侧板的侧面（图3-270）。

图3-270

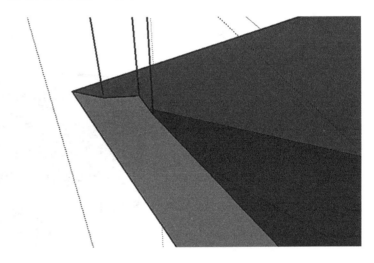

接下去用类似的方法从顶平面和立面引辅助线画出其余板的侧面与表面。完成了对顶面的修改后，最后结果如图3-271所示。

图3-271

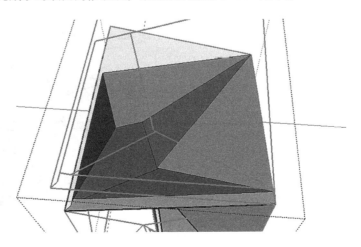

3.5.4　门窗加工

在 SketchUp 中导入窗框细部的 AutoCAD 图——3.5.2.dwg。由于这是在现有场景中导入，导入的全部内容被组合成一个群组，需要先将其炸开（图 3–272）。

图 3–272

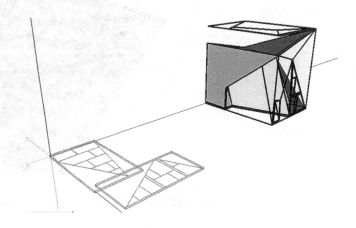

将窗框图群组分别放置到合适位置（图 3–273）。

图 3–273

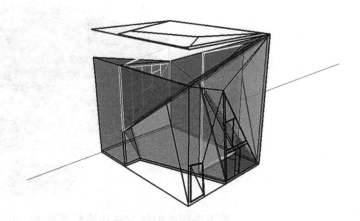

把窗框群组和将要开窗的面组合成新的群组（图 3–274）。

图 3–274

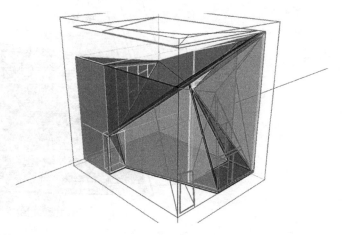

旋转视图，双击群组进入编辑，炸开窗框群组（图3-275）。

图3-275

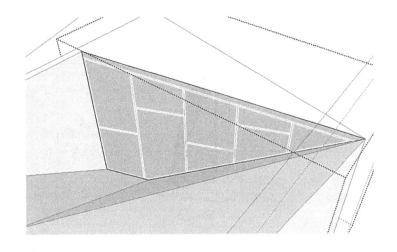

将窗推进50mm，完成这扇窗的建模（图3-276）。

图3-276

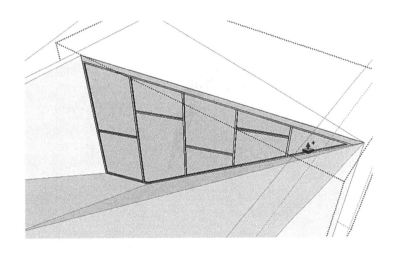

下面调整另一扇窗，变换视角，双击群组进入编辑（图3-277）。

图3-277

利用 Shift 键以东立面为参照逐一画线，形成窗框（图 3-278 ～ 3-281）。

图 3-278

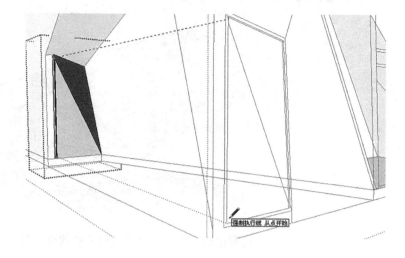

图 3-279

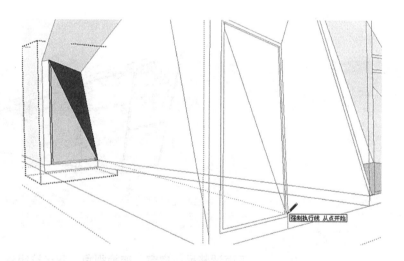

图 3-280

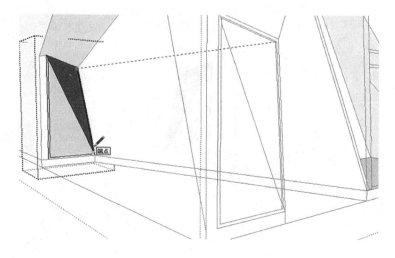

图 3-281

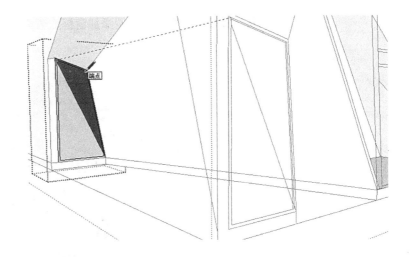

将窗推进 50mm（图 3-282 ）。

图 3-282

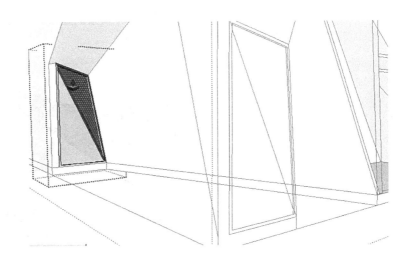

清理交接处，完成这扇窗的建模（图 3-283 ）。

图 3-283

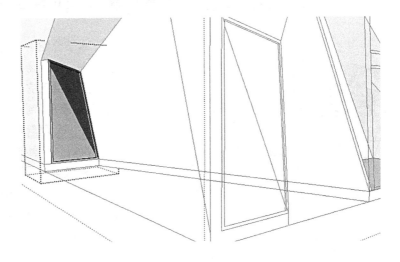

按照此法为其余两处窗洞添加窗框（图3-284）。

图3-284

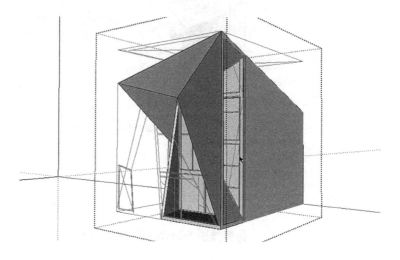

清理模型，就完成了整个模型的建模。下载文件中也给出了该模型的最终成果3.5.skp（图3-285）。

图3-285

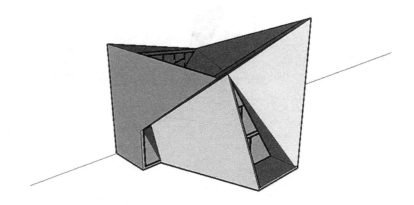

3.6 中国古典建筑群——四合院建模

图3-286

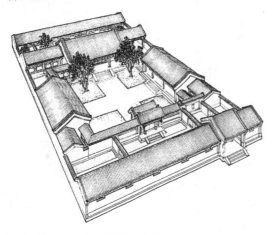

本节介绍中国古典建筑群——四合院的建模方法。所使用四合院的例子是标准的三进院落，主要由正房、耳房、厢房、垂花门、抄手游廊、后罩房、倒座、正门组成（图3-286）（图片来源：马炳坚《北京四合院建筑》）。

3.6.1 平面导入

建模首先要导入下载文件中的 AutoCAD 图——3.6.dwg。与前面例子一样，注意场景的单位设置和导入 AutoCAD 时的单位设置（图3-287）。

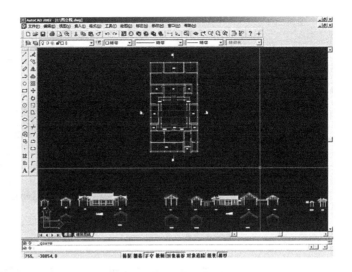

图 3-287

导入后的图层与 AutoCAD 的图层一样。在 SketchUp 图中图层很重要，在后面的建模过程中图层管理会带来较方便的操作，所以在开始的时候就要设定好图层。选择导入后的图，组成群组，便于后面的建模管理（图3-288）。

图 3-288

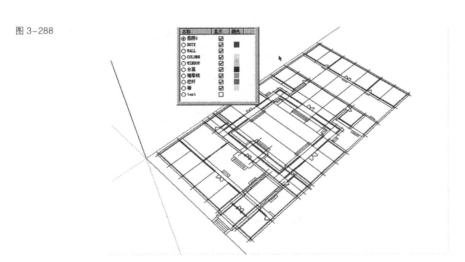

图 3-289

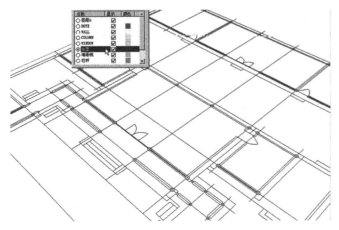

正房是四合院中最重要的房间，位置正中，体量最大。这里只介绍正房的建模，四合院中其他建筑的建模过程都很相似，在此不作介绍。

3.6.2 台基的建模

选择台基图层为当前层（图 3-289）。

用直线工具沿正房的台基部分画线，形成一个面，并组成群组（图 3-290）。

图 3-290

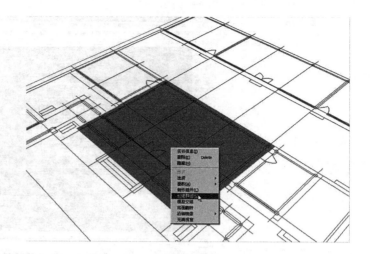

再双击刚才创建群组，进行编辑，用推拉工具将其向下推动 520mm，形成台基（图 3-291）。

图 3-291

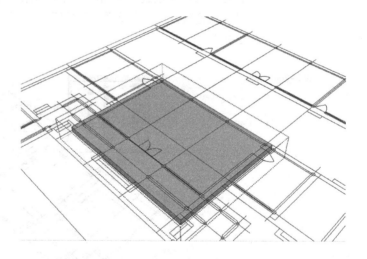

制作踏步，先用前述的方法画一个如图 3-292 的长方体，组成群组。

图 3-292

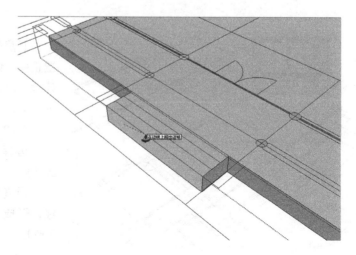

进入群组编辑，沿线图位置绘制踏步线（图3-293）。

图 3-293

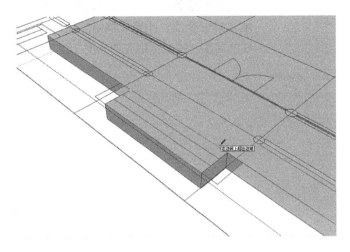

分别选择踏步面，将踏步面推拉到正确的位置，形成踏步。注意：在这个过程中为看清楚所要操作的物体，可以将其余的物体所在的层关掉（图3-294）。

图 3-294

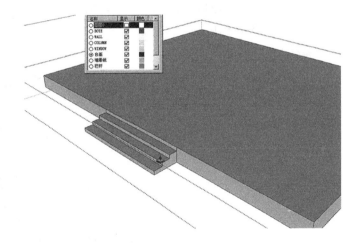

用同样方法建出台阶两侧垂带群组，台基制作完成（图3-295）。

图 3-295

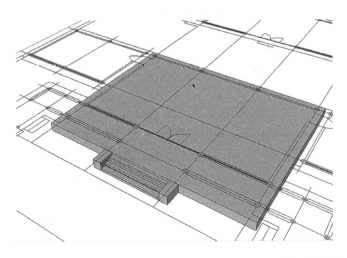

3.6.3 柱的建模

在图层管理器将 COLUMN 层设为当前层，用圆形工具在轴线相交的地方画一个圆，并组成群组。编辑该群组，根据 AutoCAD 图中量出此处柱的高度，拉升至相应的高度（图 3-296）。

图 3-296

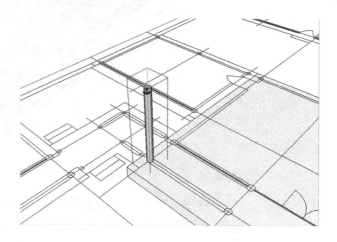

用同样的方法做出其他几根柱，并将完成的三根柱组成群组（图 3-297）。

图 3-297

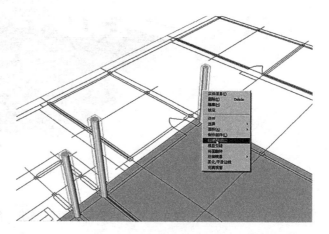

用移动工具对上一步所做柱子群组进行复制（图 3-298）。

图 3-298

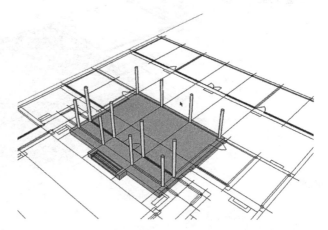

3.6.4 梁的建模

在图层管理器中新建图层，命名为梁，并设为当前层（图3-299）。

图 3-299

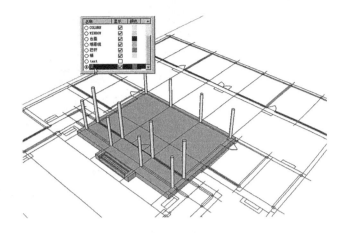

在 AutoCAD 图中量出梁的尺寸，以一根前檐柱的中心为一个矩形的角点，画出矩形，组成群组，编辑群组拉出梁的高度，形成一个小的长方体（图3-300）。

图 3-300

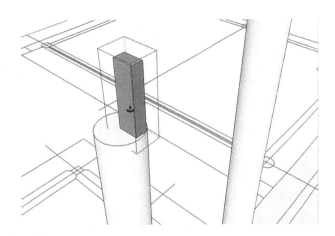

继续拉伸小长方体的侧面形成一根完整的梁（图3-301）。

图 3-301

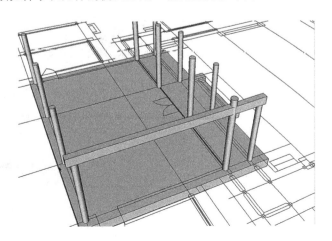

向上复制完成的梁，高度在 AutoCAD 图中获得（图 3-302）。

图 3-302

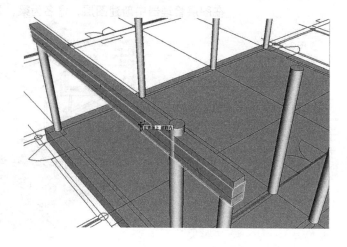

拉伸复制的梁的面，按 AutoCAD 中所给的尺寸调整，完成第二根梁（图 3-303）。

图 3-303

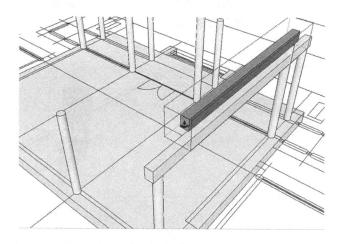

接下来，制作梁上的短柱（瓜柱）。在下面梁的端部画尺寸为 280mm ×280mm 的矩形，并组成群组（图 3-304）。

图 3-304

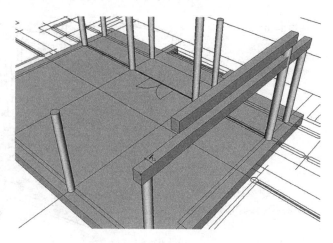

编辑群组，拉出高度为350mm，完成瓜柱的制作（图3-305）。

图3-305

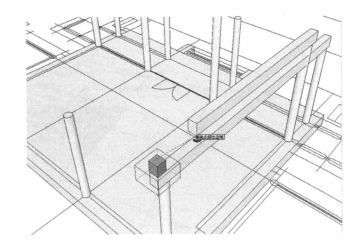

将瓜柱移到所在位置（图3-306）。

图3-306

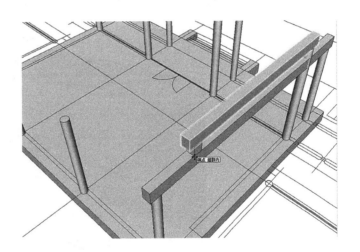

用同样的方法完成其余的梁和瓜柱（图3-307）。

图3-307

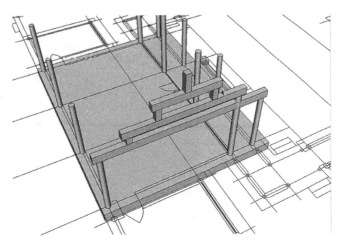

将所完成的梁和瓜柱组成群组，进行复制（图 3-308 ）。

图 3-308

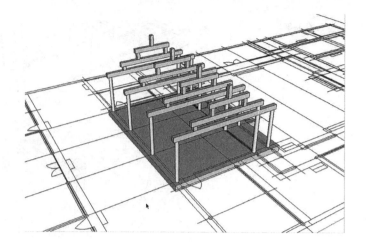

接下来制作联系每榀间的檩，尺寸同样可以由 AutoCAD 图得到。在下层瓜柱上画圆，半径 120mm，将刚绘制的圆组成群组（图 3-309 ）。

图 3-309

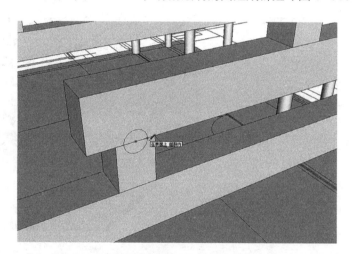

向上移动该群组（图 3-310 ）。

图 3-310

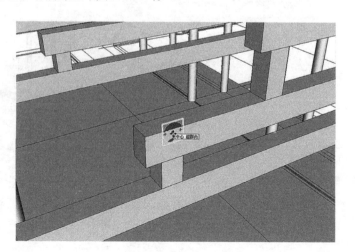

编辑群组，将圆拉伸成一个圆柱，长度为三个开间（图 3-311）。

图 3-311

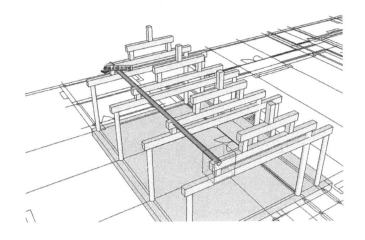

对已经完成的檩进行复制，移动距离在 AutoCAD 图中的剖面图上量取，得到同一高度的另一根檩（图 3-312）。

图 3-312

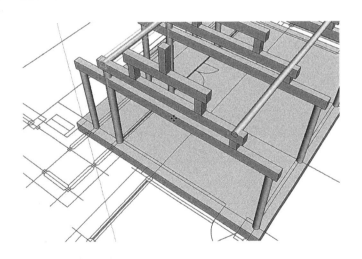

复制完成其他檩的制作（图 3-313）。

图 3-313

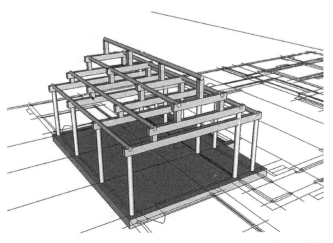

接下来编辑最上面的瓜柱，双击瓜柱，复制边线到与檩垂直的侧边的中点（图 3-314）。

图 3-314

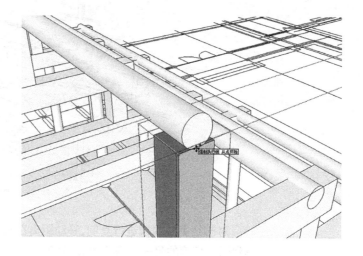

激活移动工具将中间那个线向上移动圆梁的半径长度（图 3-315）。

图 3-315

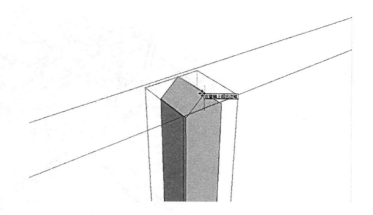

退出群组的编辑，显示如图 3-316 所示。

图 3-316

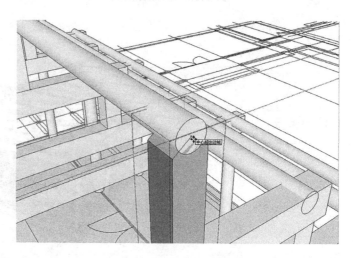

下面建的是梁下的额枋，以及额枋和檩之间的垫板。先制作额枋，在方形梁端头的侧面画矩形，位置和尺寸参考 AutoCAD 图（图 3-317）。

图 3-317

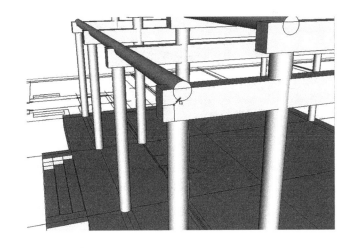

将矩形群组移动到合适位置（图 3-318）。

图 3-318

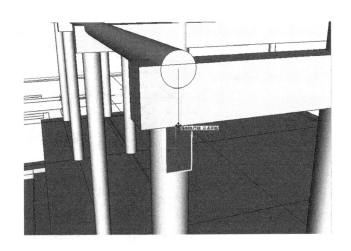

编辑矩形群组，拉伸面长度为三个开间，形成额枋（图 3-319）。

图 3-319

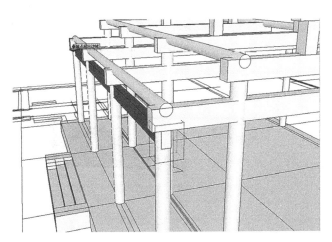

下面制作额枋和梁之间的垫板。向上复制一个额枋群组，并根据 AutoCAD 所给的尺寸进行调整（图3-320）。

图 3-320

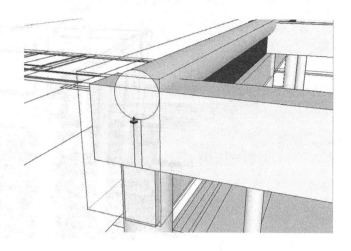

接下来制作其他的额枋和垫板，以檩的圆心为基点复制已制作好的额枋和板（图3-321）。

图 3-321

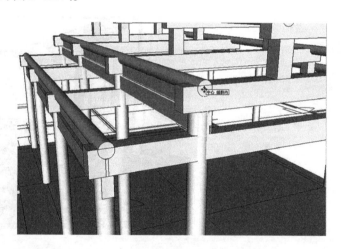

参考 AutoCAD 的尺寸，调整复制的物体（图3-322）。

图 3-322

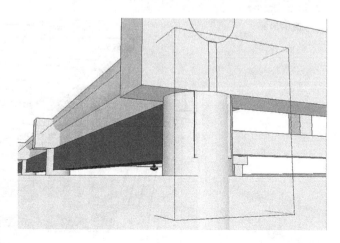

其余檩下的额枋和垫板用同样的方法制作。结果如图 3–323 所示。

图 3–323

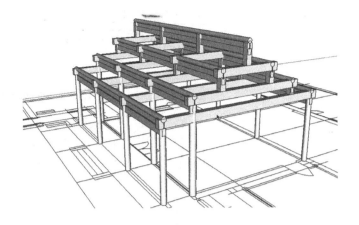

接下来制作位于廊内的穿插枋，位置参考 AutoCAD 图 3–324。

图 3–324

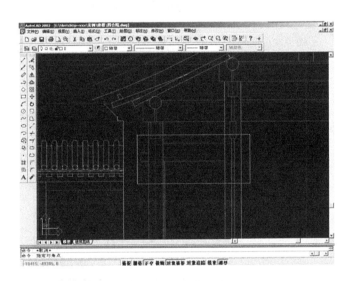

在方梁的梁头画矩形，尺寸 200mm×330mm，并组成群组（图 3–325）。

图 3–325

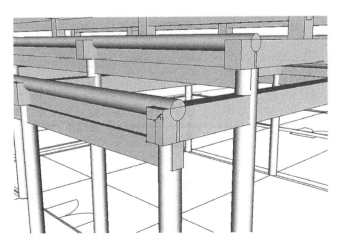

捕捉矩形短边的中点，移动到方梁端头矩形下边的中点（图 3-326）。

图 3-326

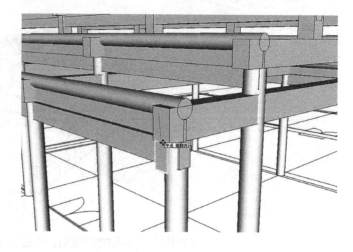

编辑矩形群组，拉伸矩形面到如图 3-327 所示的位置。

图 3-327

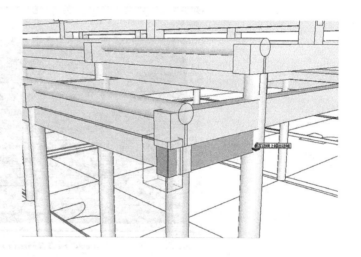

取消编辑，将群组向下移动到适当位置，距离参考 AutoCAD 图（图 3-328）。

图 3-328

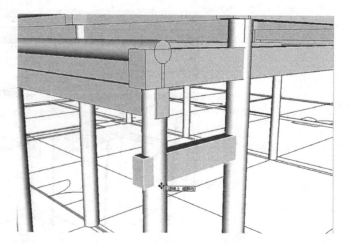

再次编辑该群组，在前端面上画一条水平线将它平分为两半（图 3-329）。

图 3-329

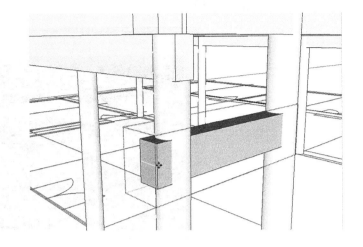

利用推/拉工具，向里推上部面，距离如图 3-330 所示。

图 3-330

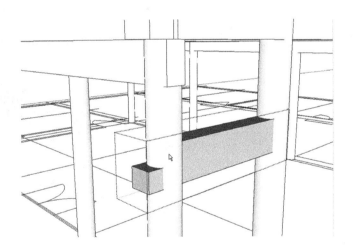

复制穿插枋，完成所有穿插枋的制作（图 3-331）。

图 3-331

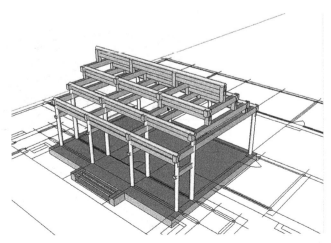

3.6.5　椽的建模

在 AutoCAD 中用 WBLOCK 命令将椽的侧面图另存为一个 DWG 文件（图 3-332）。

图 3-332

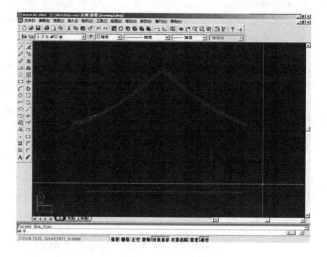

在图层管理器里设椽层为当前层，然后导入上一步的 DWG 图（图 3-333）。

图 3-333

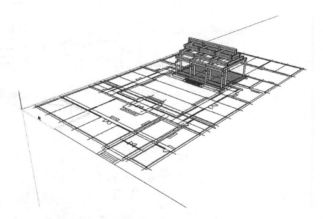

选择导入的图形，激活移动工具，移到建筑台基的一个角点上（图 3-334）。

图 3-334

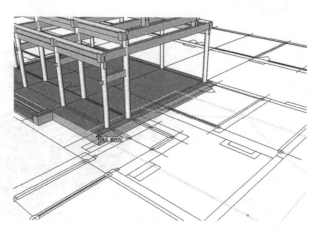

激活旋转工具，沿适当的轴线进行旋转，并向上移动到正确的位置（图 3-335）。

图 3-335

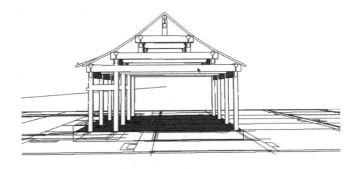

激活直线工具，沿导入图形的边线绘制椽的侧面图，形成面后组成群组（图 3-336）。

图 3-336

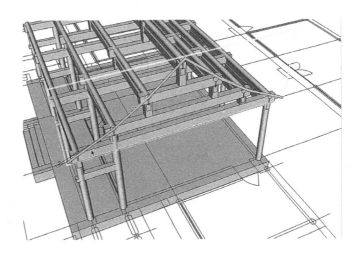

用同样的方法绘制出飞檐椽和大连檐的侧面，并分别组成群组（图 3-337）。

图 3-337

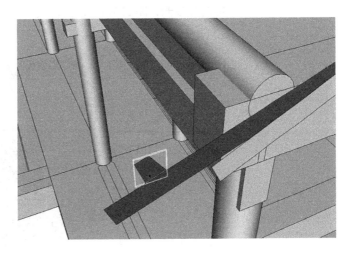

双击椽的侧面，用推 / 拉工具拉伸，长度为 100mm。同样，拉伸大连檐。将两个拉伸后的物体组成群组（图 3-338）。

图 3-338

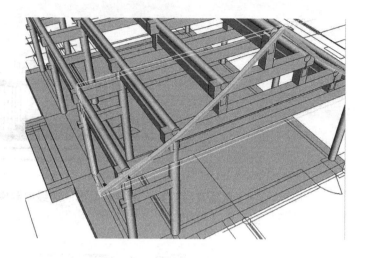

选择群组物体，移动至图 3-339 示位置。

图 3-339

在对其复制，距离 200mm，输入"60*"进行阵列（图 3-340）。

图 3-340

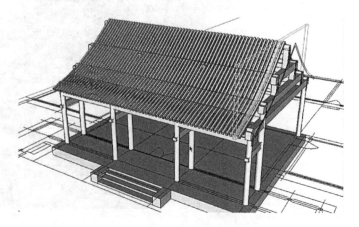

将大连檐侧面群组移动到适当位置（图 3-341）。

图 3-341

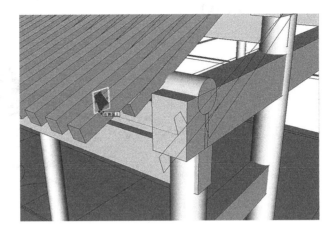

编辑此大连檐群组，拉伸面，长度为三个开间，完成大连檐的制作（图 3-342）。

图 3-342

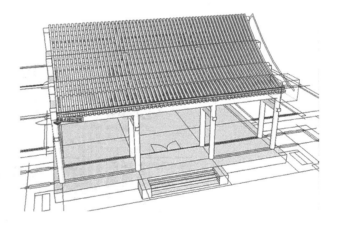

3.6.6　山墙的建模

与建橡的开始类似，将 AutoCAD 图中的正屋部分山墙的 DWG 图用 WBLOCK 命令单独存为一个文件（图 3-343）。

图 3-343

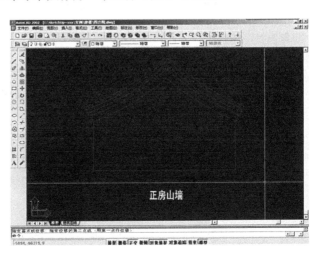

在图层管理器里设 WALL 层为当前层，然后导入上一步的 CAD 图（图 3-344）。

图 3-344

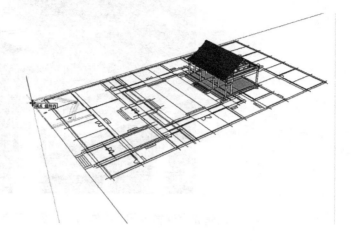

将导入的图形，旋转移动到正确的位置（图 3-345）。

图 3-345

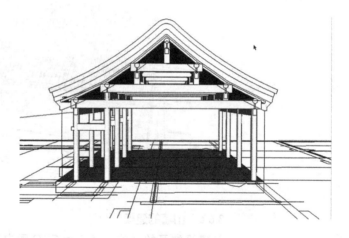

将导入图形组成山墙组件，编辑该组件，利用直线工具生成面（图 3-346）。

图 3-346

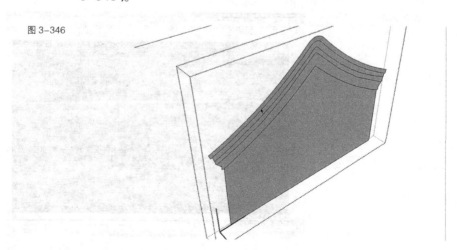

对下部的面进行拉伸，尺寸为 540mm（图 3-347）。

图 3-347

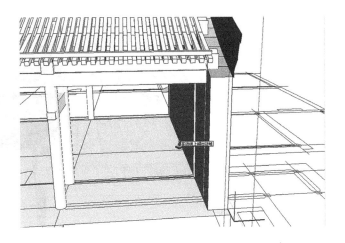

对位于上一步建完体块上方的面向外拉伸，尺寸为 100mm，再对其背面画线封面。因为 SketchUp 对于同面的几个面拉伸时，会出现不能自动封面的情况，因此需要手动封面（图 3-348）。

图 3-348

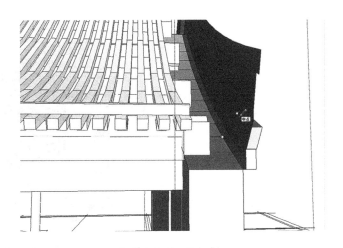

对上一步形成的面继续拉伸，位置如图 3-349 所示。

图 3-349

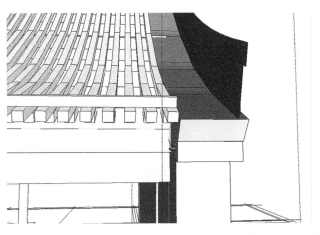

剩下的面用同样的操作方法（图 3-350）。

图 3-350

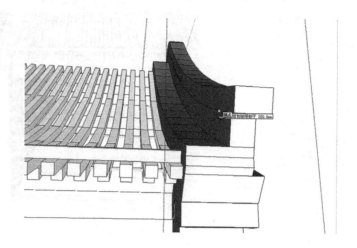

选择完成的山墙，复制出另一个山墙，单击鼠标右键，沿组件的蓝轴镜像（图 3-351）。

图 3-351

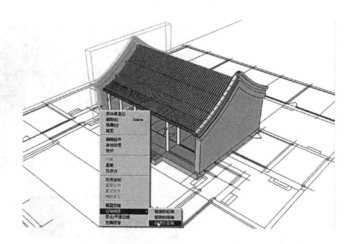

将镜像后的山墙移动到正确的位置（图 3-352）。

图 3-352

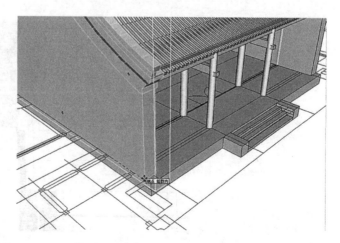

接下来在山墙位于走廊的部分开门洞，在图层管理器里关掉台基的显示，转动视角，编辑山墙组件，在需要开门洞的地方画线（图3-353）。

图 3-353

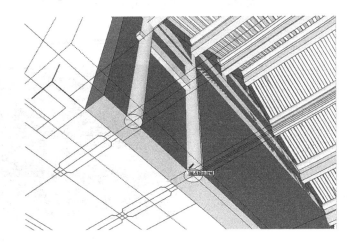

拉伸形成洞口（图3-354）。

图 3-354

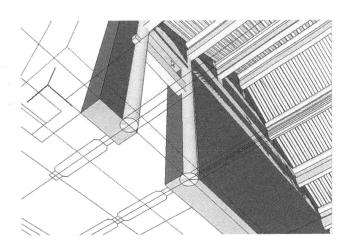

最后在正屋的后面建一堵墙，墙完成的效果如图3-355所示。

图 3-355

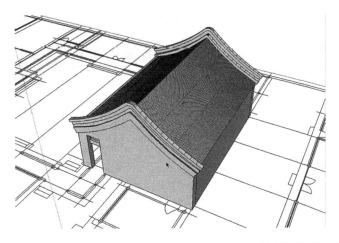

3.6.7 瓦屋面的建模

中国古建的屋面呈现的是曲面，首先将 AutoCAD 图中瓦的曲面曲线单独存为一个 DWG 文件（图 3-356）。

图 3-356

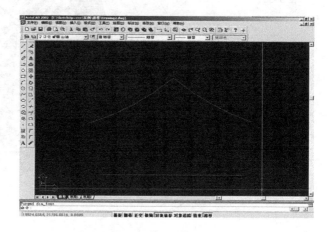

在图层管理器里设瓦层为当前层，然后导入上一步的 DWG 图（图 3-357）。

图 3-357

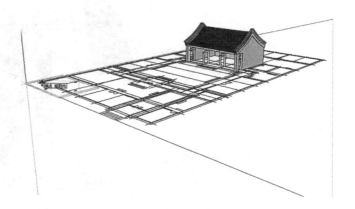

将导入的瓦屋面曲线旋转并移动到正确的位置（图 3-358）。

图 3-358

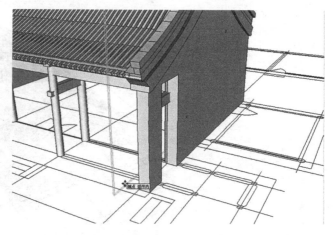

先制作筒瓦，在导入的线的附近，选择一根椽，以其端部的一边的中点为圆心画圆，半径80mm（图3-359）。

图3-359

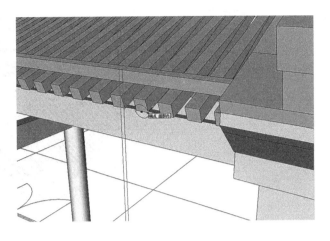

将画好的圆移动到导入的瓦面曲线的一个顶点（图3-360）。

图3-360

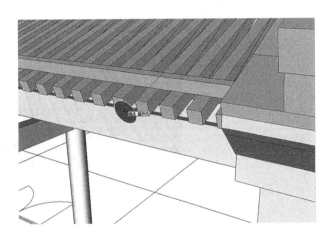

将导入的图炸开，激活路径跟随工具，选择所要跟随的面，沿曲线拉伸至另一个顶点（图3-361）。

图3-361

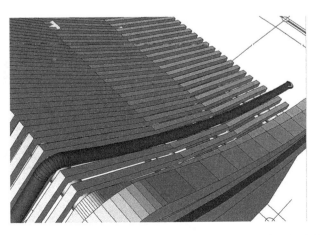

选择所有的面，创建组件，至此，建完一个筒瓦。注意：如果生成的筒瓦显示为反面，需对其进行面的翻转的操作（图3-362）。

图3-362

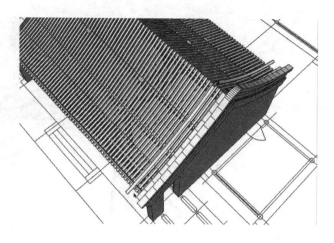

接下来建两个筒瓦之间的垫瓦，其断面实际为弧形，这里为简化模型，我们将其断面简化为矩形。先复制一个建好的筒瓦，距离为160mm（图3-363）。

图3-363

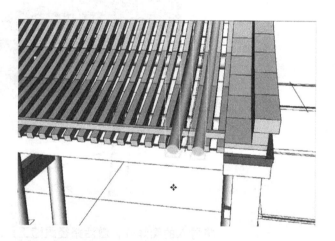

在两个筒瓦之间的适当位置画出垫瓦的断面形状（图3-364）。

图3-364

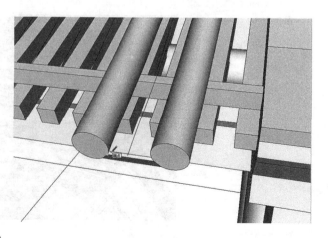

与筒瓦建模的方法一样，利用路径跟随命令，选取要跟随的面，沿所导入的曲线拉伸（图3-365）。

图 3-365

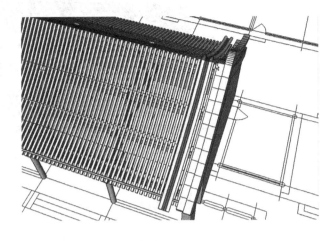

删除导入的曲线，选取上一步建好的垫瓦，翻转面，并组成组件（图3-366）。

图 3-366

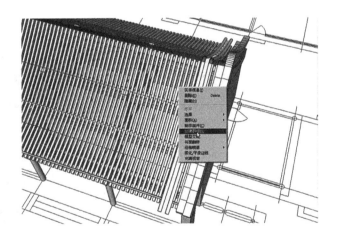

接下来对垫瓦进行复制，选取垫瓦，选择一个基点、复制（图3-367）。

图 3-367

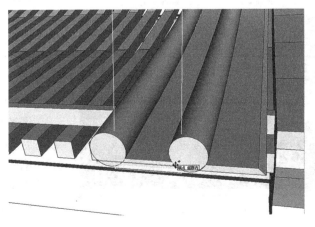

选择建好的筒瓦和垫瓦，移动到适当的位置（图 3-368）。

图 3-368

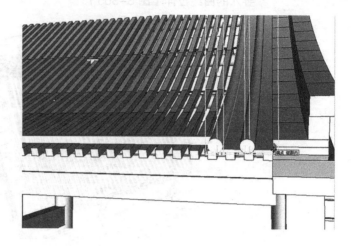

接下来选择左边一组筒瓦和垫瓦，利用移动工具进行复制，然后输入"35*"，完成整个瓦屋面的制作。注意删除阵列后最左边多余的一个筒瓦（图 3-369）。

图 3-369

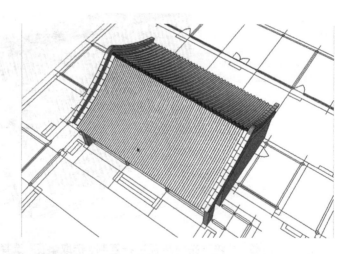

图 3-370

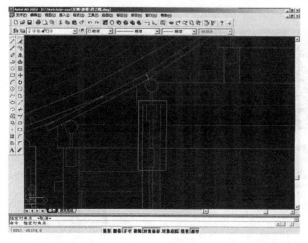

3.6.8 门窗的建模

首先将 WINDOWS 层置为当前层，同时隐藏瓦所在的层，瓦是由大量的曲面、曲线构成，显示状态会影响建模速度。

建门窗之前，先建门窗上的构件，即在 CAD 图中白色线框内的构件（图 3-370）。

调整视角，如图 3-371 所示，选取上额枋上面的板复制到如图 3-371 位置。

编辑复制的物体，根据 AutoCAD 图中尺寸拉伸。用同样的操作步骤，制作出下面一个构件（图 3-372）。

图 3-371

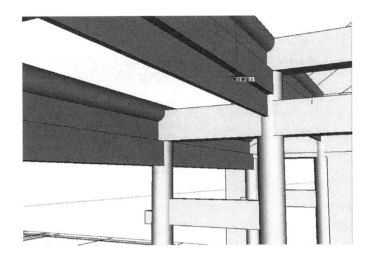

图 3-372

下面建榻板，在正房平面图窗的位置画矩形，组成群组，编辑该群组，向上拉伸 100mm，并向两侧拉伸到柱子的位置（图 3-373）。

图 3-373

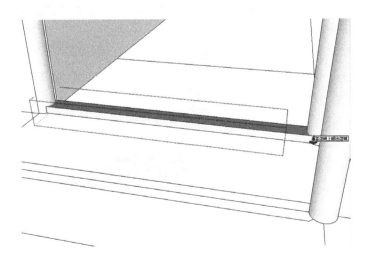

选择建好的榻板，向上移动 1200mm（图 3-374）。

图 3-374

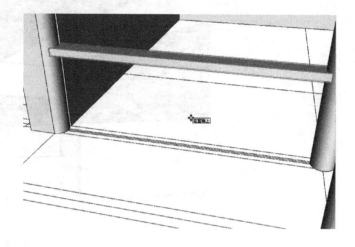

在建好的榻板上，建抱柱，画尺寸为 180mm×50mm 的矩形，组成群组（图 3-375）。

图 3-375

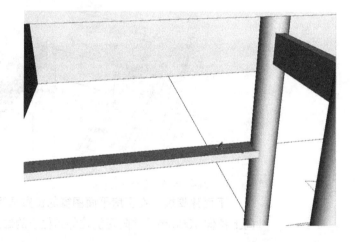

双击上一步的群组，拉伸，并将其位置移动到如图 3-376 所示的位置。

图 3-376

复制刚建好的抱柱，位置如图所示，一个位于中间，另一个位于另一个柱边。根据 AutoCAD 的尺寸对中间的抱柱进行调整。这样窗户的抱柱就建好了（图 3-377）。

图 3-377

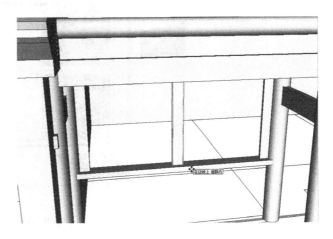

接下来建窗扇的框，古建中名为大边。绘制如图 3-378 所示的矩形，并组成群组。

图 3-378

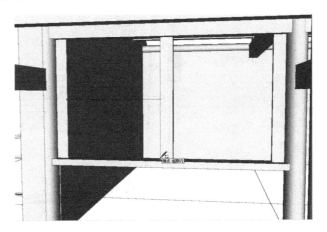

双击刚组成的群组，选择四条边，用偏移工具偏移，距离为 50mm，拉伸外圈的面长度 30mm，删掉里面的那个面（图 3-379）。

图 3-379

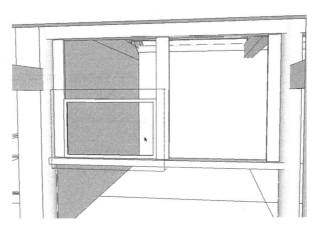

向上复制编辑好的群组（图 3-380）。

图 3-380

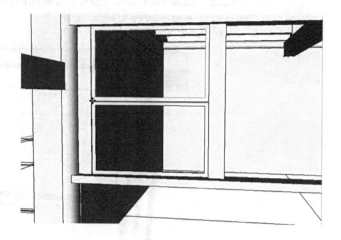

　　在上面的窗框里建 10mm 厚的玻璃，并向下复制到下面的窗框（图 3-381）。

图 3-381

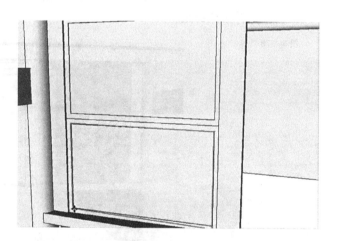

　　选择建好的窗框和玻璃，向右复制，再选择建好的榻板、抱柱和窗框、玻璃，以导入的平面图上的轴线为基点进行复制（图 3-382）。

图 3-382

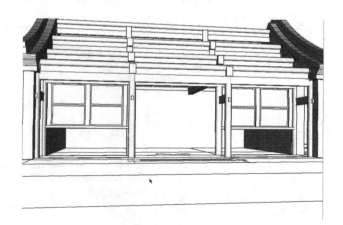

接下来建窗下的槛墙，将墙的图层设置为当前层画槛墙，位置可以在导入的平面图上确定（图3-383）。

接下来建正屋的门，具体的操作方法和窗的方法相同，尺寸及位置可以由AutoCAD图和所导入的平面图确定，建成的正屋模型如图3-384所示。

到此，正屋的所有部分全部建完。

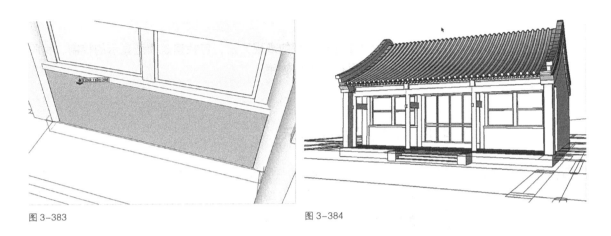

图3-383   图3-384

3.6.9　四合院整体模型

中国古建是由单体组合而成，它的丰富性是由单体组合而达到的，单体基本上相似。由于耳房、厢房、垂花门、抄手游廊、后罩房、倒座、正门的结构和形式与正房的相似，所以其他部分的建模步骤与正房的建模所采用的方法相同，最终完成的四合院的模型如图3-385所示。下载文件中也给出了该模型的最终成果3.6.skp。

图3-385

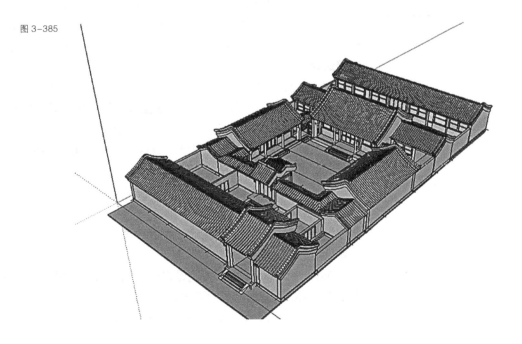

第4章 建筑模型的表现

本章开始介绍建筑模型的表现方法，包括建筑模型显示的控制、材质的赋予以及剖切面和标注的应用。

4.1 建筑模型的显示

图4-1

在 SketchUp 中，与建筑模型显示方式相关的功能有很多，除了在第一章中介绍的显示模式外，还有显示样式设置、阴影设置、图层设置、边线柔化等。下面我们来详细了解这些设置的具体功能。

4.1.1 SketchUp 的显示样式

选择菜单 Window–>Styles，打开显示样式设置面板（图4-1）。在样式设置面板的上半部显示了当前选择样式的预览图、该样式的名称和相应描述。下半部则包含了对显示样式的选择（Select）、编辑（Edit）和混合（Mix）操作。

在选择（Select）标签下，直接点击样式图标即可选择该样式并立刻应用到模型中。SketchUp 中预设了六类显示样式，分别是 Assorted Styles、Color Sets、Default Styles、Photo Modeling、Sketchy Edges 和 Straight Lines，点击下拉箭头可以直接选择。

这六类样式中，Default Styles 是一些基本的显示模式，包括线框、消隐、着色、贴图和 X 光等，此外再加上天空和地面的不同显示。

Color Sets 样式类实际上是各种颜色配置的集合，这些配置包括线的颜色、默认材质的正反面颜色、背景色、剖切面的颜色和被锁定物体的颜色。

Photo Modeling 样式类主要用于依据照片中建模。

Sketchy Edges 和 Straight Lines 样式类都是对模型线条的显示设定，其中 Sketchy Edges 样式强调线条的草图效果，而 Straight Lines 样式则主要是指直线效果。

Assorted Styles 样式类则是混合了前面所述几种样式的线条、颜色、背景等不同的设置而形成的混合类样式。

图4-2 中展示了其中一些预设样式的效果。

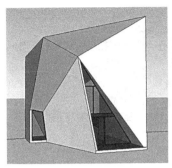

Default Style

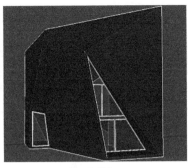

Google Colors

Photo Modeling Dashed

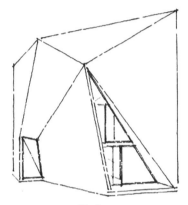

Fineliner

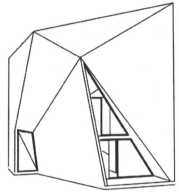

Straight Lines 03pix

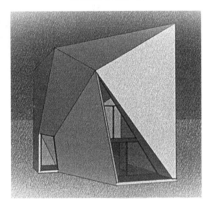

PSO Vignette

图 4-2

图 4-3

除了这些已经预设的显示样式供我们选择外，SketchUp 还提供了方便的编辑操作，以应对更丰富的样式要求。

在编辑（Edit）标签下包含了五个设置按钮，分别从五个方面对显示效果进行设置：边线设置（Edge Settings）、面设置（Face Settings）、背景设置（Background Settings）、水印设置（Watermark Settings）和模型设置（Modeling Settings）（图 4-3）。

（1）边线设置

边线设置有两种状态，分别对应于通常的边线和手绘效果边线样式，后者主要是针对 Sketchy Edges 和 Straight Lines 样式类中的样式。

首先来看通常的边线设置效果。打开下载文件中的 4.1.1.skp，该文件已经预设了一些不同材质的立方体，通过打开不同的边线设置选项，观察其效果的差异。

1）边线显示（图 4-4）：

● 边线（Edges）：控制是否显示模型的边线。

● 背面线（Back Edges）：控制是否显示被遮挡的边线。

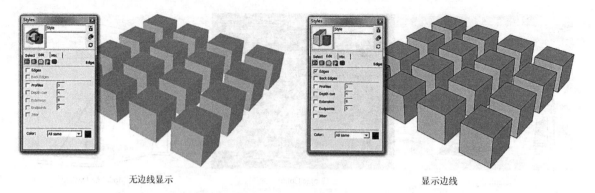

无边线显示   显示边线

显示背面线

图 4-4

2）边线效果（图 4-5）：

● 轮廓线（Profiles）：控制是否突出物体的空间轮廓线。数值框中的
数值表示轮廓线的显示宽度，数值以像素为单位。

● 景深线（Depth Cue）：控制物体的边线的粗细变化，在当前视图
下离观察者越近，边线越粗，反之越细。数值框中的数值表示距
离观察者最近的边线的宽度，以像素为单位。

● 延长线（Extension）：该选项让每一条边线的端头都稍微延长，使
它看起来有种手绘图的感觉。这纯粹是视觉效果，不会影响智能
参考系统对点的捕捉。数值框中的数值表示延长线的长度，以像
素为单位。

● 端点线（Endpoints）：该选项给每条边线的端点增加一段粗短线
以突出这些端点。数值框中的数值表示该短线的长度，以像素为
单位。

● 草图线（Jitter）：该选项对每条边线以多次轻微偏移的方式重复显
示，给模型一个具有动感的、粗略的草图感觉。这纯粹是视觉效果，
不会影响智能参考系统对点的捕捉。

注意：可以通过对这几个选项进行不同的组合完成不同的边线显示
效果。

3）边线颜色

边线颜色标签是一个下拉式菜单，其中包含三个选项（图 4-6）：

● 相同（All same）：所有的边线以同样的颜色显示。该颜色可通过

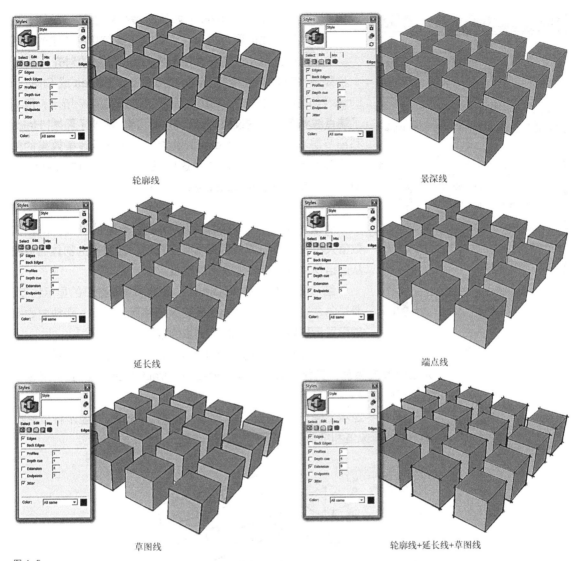

轮廓线

景深线

延长线

端点线

草图线

轮廓线+延长线+草图线

图 4-5

按右侧颜色按钮进行设定，默认状态下为黑色。图 4-4 和图 4-5 均属于该设置。

● 按材质（By material）：边线以赋予的材质颜色来显示。

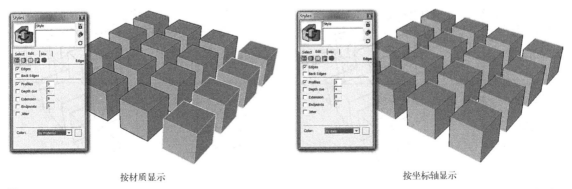

按材质显示

按坐标轴显示

图 4-6

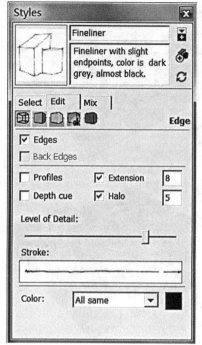

图 4-7

● 按坐标轴（By axis）：如果边线平行于某一轴线，则以该轴线的颜色显示，否则按场景信息中指定的边线颜色显示。该选项有助于我们判断边线的对齐关系。

如果在样式选择中选择了 Sketchy Edges 或 Straight Lines 样式类中的样式，则边线设置状态如图 4-7 所示，取消了端点线和草图线的设置，背面线也不可选，增加了晕燃（Halo）和细节层次（Level of Detail）设置，以及表示线条效果的笔划（Stroke）显示。正是依靠这些设定，才能形成 SketchUp 中独特的具有手绘效果的线条。

4）手绘边线

晕染（Halo）：该选项让线条周边有一定的晕染空间，其数值大小表示当物体在相互间有遮挡时，被遮挡的物体的边线从遮挡物体的边缘向外收缩的程度。

细节层次（Level of Detail）：该选项表示细节的显示程度，滑块向左表示一些较短的线条将被忽略而不显示，滑块向右则表示显示更多的线条以展示更多的细节。

笔划（Stroke）是 SketchUp 中预设好的笔画效果，在此无法修改或添加，只能在 Sketchy Edges 和 Straight Lines 样式类下设定的样式中直接选择。

图 4-8 显示了同一模型在选择"Sketchy Watercolor"显示样式后改变不同的晕染值和细节层次的不同效果。

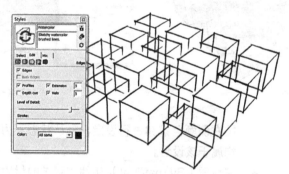

初始Sketchy Watercolor效果

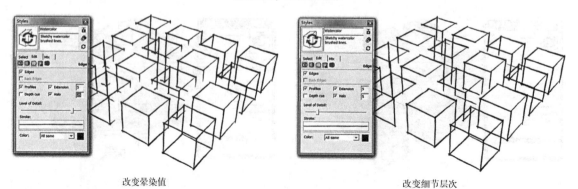

改变晕染值　　　　　　　　　　　　　　改变细节层次

图 4-8

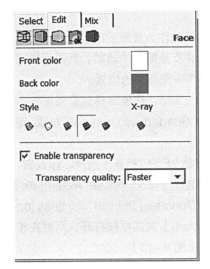

图 4-9

（2）面设置

面的设置主要是在第一章介绍过的显示样式，包括线框模式、消隐线模式、着色模式、贴图模式等。除此之外，面的设置主要设置了默认双面材质的正面和背面的颜色，以及透明材质的显示效果（图 4-9）。

- 启用透明（Enable transparency）：控制是否显示透明效果（图 4-10）。当场景中任一物体被赋予了具有透明度的材质后，该选项将自动被勾选。此时如果取消其勾选状态，则场景中所有具有透明材质的物体都将以不透明的方式显示。

- 透明质量（Transparency quality）：当启用透明选项被勾选后，或者场景处在 X 光透视模式下时，质量选项被激活，其下有三个选项：快速（Faster）、中等（Medium）、良好（Nicer）。快速意味着牺牲透明的精确性来获得更快的显示；良好则牺牲显示的速度以获得更精确的透明效果；中等处于快速和良好中间，对显示的速度和质量进行平衡。

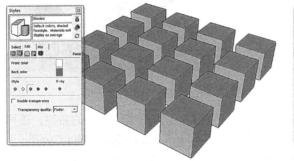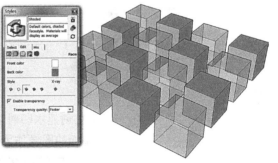

图 4-10

（3）背景设置

背景设置包括背景色和天空、地面的设置。

- 背景（Background）：绘图窗口中默认的背景颜色。
- 天空（Sky）：勾选该选项，背景从地平线开始向上显示渐变的天空效果。
- 地面（Ground）：勾选该选项，背景从地平线开始向下显示渐变的地面效果。
- 透明度（Transparency）：显示不同透明程度的渐变地面效果，可以显示地平面以下的几何体。
- 显示地面的反面（Show ground from below）：勾选该选项，则当照相机从地平面下方往上看时，可以看到渐变的地面效果，否则不显示地面。

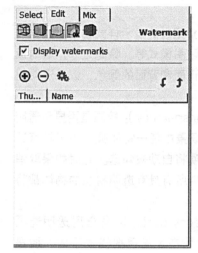

图 4-11

（4）水印设置

水印设置可以在模型中添加图像作为背景或前景（图 4-11）。与其他设置不同的是，水印设置并不是简单的选项，而是根据需要选择作为水印的图像，并设置其在图面中的位置。

1）打开下载文件中的 4.1.1.2.skp，在显示样式设置面板中选择"Default Styles"样式类下的"Shaded with textures"样式（图 4-12）。

2）在显示样式设置面板中编辑（Edit）标签下选择水印设置，点击添加水印按钮，在打开的选择水印（Choose Watermark）对话框中选择下载文件中提供的 Concrete_Scored_Jointless.jpg 文件。创建水印（Create Watermark）对话框被打开，同时在模型场景中能直接预览水印的效果（图 4-13）。

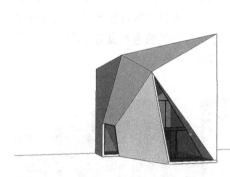

图 4-12

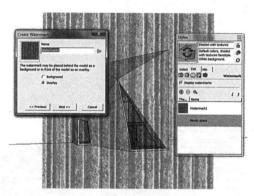

图 4-13

3）在创建水印对话框中我们可以输入创建的水印图像的名称，还可以选择添加的图像作为模型的背景（Background）还是前景（Overlay）。此次我们将添加的图像作为模型的背景，因此在对话框中选择背景。

4）点击"Next",进入创建水印的下一步设置。其中创建遮罩（Create Mask）表示利用水印图像的色彩明度创建遮罩，图像明度高的部分趋于透明化，而明度低的部分则使用模型场景的背景色。一般来说这种遮罩效果主要用于前景水印。"Blend"则表示水印图像的融合程度，以滑块的形式

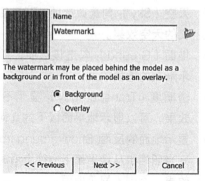

图 4-14

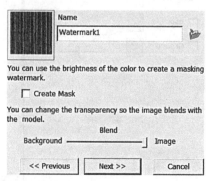

图 4-15

出现。滑块向左则增加图像的透明度，更多地显示背景；向右则减少图像的透明度，使图像本身更为明显。

5）点击"Next"，进入创建水印的下一步设置。这一步主要是设置水印图像的位置，共有三个选项（图4-16）。拉伸至满屏（Stretched to fit the screen）表示将图像放大至整个绘图窗口。该选项后面还有个附加选项锁定比率（Lock Aspect Ratio），表示是否锁定图像的长宽比例。平铺复制（Tiled across the screen）表示以水印图像为单元通过平铺复制的方法充满整个绘图窗口。选择该选项时，会出现一个表示图像比例的滑动条，滑动滑块可以改变水印图像的比例大小。固定位置（Positioned in the screen）表示将水印图像固定在绘图窗口的某个位置。选择该选项时，会出现一个表示图像在绘图窗口位置的九宫格，点击不同的选项即可选择相应的位置。同时也会有表示图像比例的滑动条。

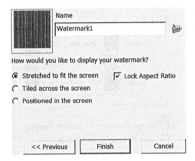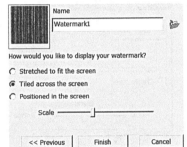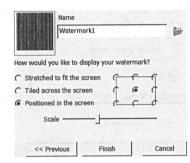

图4-16

6）选择平铺复制模式，并将比例滑块适当向左滑动。点击"Finish"按钮，完成水印创建，此时模型场景效果和水印设置面板如图4-17所示。

7）用同样的步骤再次添加一个水印，以下载文件中的"logo.jpg"为水印图像，水印方式选择前景（Overlay），位置方式选择固定位置（Positioned in the screen），选择九宫格中间的位置，并将图像比例滑块滑至最右侧。得到模型场景效果如图4-18所示。

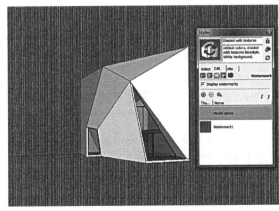

图4-17

图4-18

8）此时水印设置面板如图 4-19 所示，在模型空间（Model space）的上下各有一个水印，其中上面的水印表示前景，下面的水印表示背景。选择任意一个水印，通过点击 ⬆ 或 ⬇ 可以改变其位置，前景可以变为背景，背景也可以变为前景。⊕ 表示增加水印图像，⊖ 表示删除某个水印，🏵 则表示编辑某个水印。编辑水印时出现的对话框如图 4-20 所示，其内容与创建水印时基本相同。

注意：可以添加更多的前景水印和背景水印，它们以从上至下的顺序叠合在一起，上面的水印会遮挡下面的水印，因此需要设置各水印合适的透明度和位置。利用向上和向下箭头可以调整其显示顺序。

（5）模型设置

在模型设置中，不但可以指定多种模型要素的默认颜色，还可以控制一些要素的显示状态（图 4-21）。

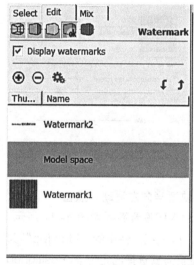

图 4-19

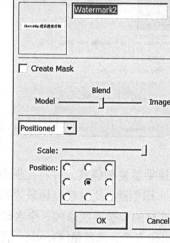

图 4-20

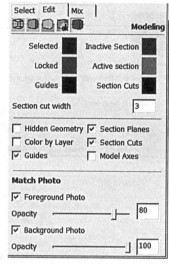

图 4-21

1）模型要素颜色设置

- 选择（Selected）：被选中物体的颜色。该颜色通常与其他颜色具有明显的区分。
- 锁定（Locked）：当群组或组件被锁定后，选择该群组或组件时，其边线和外框的颜色。
- 辅助线（Guides）：默认的辅助线颜色。
- 未激活剖切面（Inactive Section）：剖切面处于未激活状态时的颜色。
- 激活剖切面（Active Section）：剖切面处于激活状态时的颜色。
- 剖面线（Section Cuts）：默认的剖面线颜色。
- 剖面线宽度（Section cut width）：剖面线的宽度设置。

控制颜色的所有色块都可以被改变颜色，只要在该色块上单击，即可弹出选择颜色对话框，根据需要调整其颜色（图 4-22）。颜色的选择分别有色轮、HLS、HSB 和 RGB 等四种模式。

图 4-22

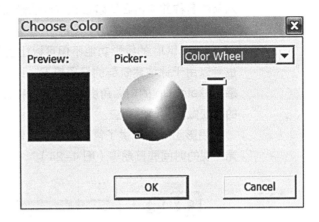

2）模型要素显示状态

● 被隐藏物体（Hidden Geometry）：控制是否显示被隐藏物体。如果此选项被勾选，则被隐藏的线条以虚线显示，面以网格显示。

图 4-23

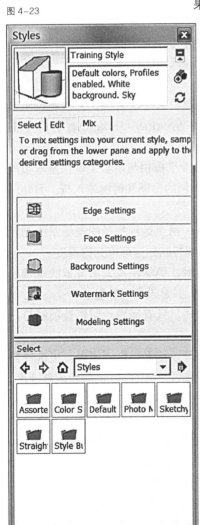

● 按图层颜色显示（Color by Layer）：将所有物体按其所在图层的默认颜色显示。

● 辅助线（Guides）：控制是否显示辅助线。

● 剖切面（Section Planes）：控制是否显示剖切面。

● 剖面（Section Cuts）：控制是否显示剖面。

● 轴线（Model Axes）：控制是否显示模型轴线。

3）匹配照片选项

匹配照片是依据现有照片建模的一种建模方式，其具体操作见第五章。在此处主要提供了用于匹配照片建模的前景照片和背景照片的显示状态和透明度。

混合（Mix）标签下提供了更方便快捷设置新的显示样式的操作，可以通过选择预设样式的各种特性得到类似于"Assorted Styles"类中的样式。选择 Mix 后，其面板显示如下（图4-23）：

Mix 标签下的面板上同样有五栏设置，分别是边线、面、背景、水印和模型。在面板的最下方则添加了一个新的选择面板，当鼠标移到该面板的显示样式上时光标会自动变成吸管，表示这种选择并不是直接应用到模型中，而是吸取了该样式的各种显示设置。吸取任何一种显示样式后，将鼠标移动到 Mix 标签下的五栏设置 上，光标变成油漆桶。点击任意一栏，如边线设置，则刚才吸取样式的边线设置就可以被赋予到模型中。通过这种方法可以快速混合现有样式中的各种设置以得到新的显示样式。

无论是在编辑中还是在混合中改变了当前的显示样式，样式浏览器中左上角样式的预览图上都会出现环形箭头标志，表示该样式已不再是软件中的预设样式了。此时可以直接在样式名称框中输入新的名称并点击右侧![按钮以确认修改并生成新的显示样式。

4.1.2 SketchUp 的阴影设置

SketchUp 的投影功能不但可以让我们更准确地把握模型的体量关系，也可以用于评估建筑群的日照情况，同时阴影效果也可以增加模型的真实感。SketchUp 的阴影角度设置是准确的，并且能自动对模型和照相机视角的改变做出实时的回应。

阴影工具栏提供了常用的阴影控制选项，如阴影的开启和关闭，太阳光出现的时间和日期等（图 4-24）。

图 4-24

图 4-25

1）阴影对话框按钮![控制打开或关闭阴影设置对话框。

2）阴影显示切换按钮![控制打开或关闭阴影显示。

3）日期滑动条![用来调整日期。

4）时间滑动条![用来调整时间。从日出到日落的时间范围会随着日期的改变而自动改变。日期和时间确定了太阳光的入射角度。

详细的阴影控制选项都在阴影设置对话框中，可以通过阴影工具栏的阴影对话框按钮或菜单 Window->Shadows 打开（图4-25）。

1）阴影设置对话框第一栏内除了提供与阴影工具栏基本相同的功能外，还提供了可以更精确控制的日期和时间输入框，另外还提供了模型所在地的时区选择。

2）第二栏中的明部 Light 和暗部 Dark 两个选项控制的是场景的光照强度。其中明部控制的是阳光的强度，暗部控制的是环境光的强度。

3）第三栏的选项控制当不打开阴影时，仍然使用太阳位置的设置显示面的明暗效果，该效果与打开阴影相比，只是没有阴影显示。

4）最后一栏控制的是阴影的显示模式。只有当显示阴影选项被打开后，这些显示模式才会被激活。

表面 On faces 选项表示所有的面都可以接受阴影的投射。该选项需要进行更多的计算机运算，因此也将显著降低 SketchUp 的显示刷新速度。所以建议在建模过程中不要显示阴影，只在查看模型效果时才打开。

地面 On ground 选项表示地平面可以接受阴影的投射，该地平面是由系统自动产生的，也就是红 / 绿轴所确定的平面。该选项会带来一个问题，当地平面（红 / 绿轴面）下方有几何体时，几何体会被地面阴影挡住。最简单的解决方法是把整个模型都移动到地平面上方。

边线 From edges 选项表示可以对单独的边线产生投影。

SketchUp 的阴影功能可以准确地计算出太阳的方位角和高度角，以提供精确的日照效果。对太阳位置的确定除了上面介绍的日期和时间外，还和场景所处的地理位置有关。除了通过时区的定位来大致确定场景的方位外，SketchUp 中也提供了更精确的位置设定，具体设定方法参见第五章。

　　注意：除了上述与阴影相关的设置外，在 SketchUp 中具有透明材质的物体对阴影的产生有些特别的设定。使用透明材质的几何体不会产生半透明的阴影，一个表面要么完全挡住阳光，要么让光线完全透过去。此处存在一个临界值，材质的不透明度 70% 以上的物体会产生投影，低于 70% 的不会产生投影。另外，透明的几何体不能接受投影，只有完全不透明的几何体才能接受投影。

4.1.3　SketchUp 的图层管理

　　SketchUp 中与图层管理相关的有图层管理器和图层工具栏。

　　SketchUp 中主要的图层管理操作都是通过图层管理器进行的。点击菜单 Window->Layers，打开图层管理器对话框（图 4-26 ）。

　　SketchUp 的图层管理器可以查看和控制模型中的图层。它显示模型中的所有图层和图层的颜色，并显示这些图层是否可见。

　　每一个模型至少包含一个默认图层——"Layer0"。该图层还具有一些其他图层没有的特点：

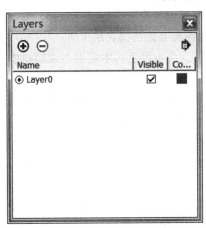

图 4-26

● 图层 0 无法被删除。

● 当位于图层 0 上的物体处在一个群组或组件中，而该群组或组件又位于其他图层上时，即使隐藏图层 0，这些物体依然可见。

　　图层管理器的具体功能如下：

　　1）加入 ：点击该按钮会新建一个图层并提示给图层命名。直接回车接受默认的图层名称，如：Layer1，Layer2 等。每个新图层都会被自动赋予不同的颜色。

　　2）删除 ⊖：删除一个图层。先选择一个图层，然后点击该按钮即可。也可以同时选择多个图层执行删除。如果要删除的图层中含有物体，会显示一个对话框提示要把物体移至默认图层、当前图层还是直接删除（图 4-27 ）。

图 4-27

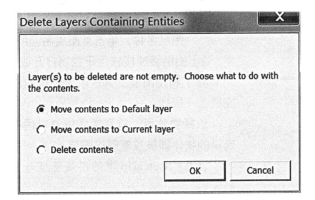

3）名称 Name：这里列出模型中所有图层的名称。当前图层在名称前面有个确认标记。点击确认框可以设置当前图层,点击图层名称可以重命名。

除了默认图层 Layer0 外,其他图层的排列按照英文字母的顺序从 A 到 Z,单击名称标签可以改变排列顺序的正反。图层 0 始终排在最上面。

选择图层时,可以单选,也可以多选。要同时选择多个图层,可以用框选的方法,也可结合 Ctrl 键或 Shift 键进行。

4）显示 Visible：通过选择框切换图层的显示或隐藏。选择框内有勾号标记的图层都将显示,否则都被隐藏。不能隐藏当前图层。如果设置了某个隐藏图层为当前图层,该图层自动变为显示。

与名称标签相类似,点击显示标签也可以改变图层的排列顺序,图层被分为显示和隐藏两大类进行排列,同时图层 0 始终排在最上面。

5）颜色 Color：显示每个图层的颜色。点击颜色样本将进入编辑材质对话框,在此可以为图层选择一个新的颜色或指定特殊的材质。

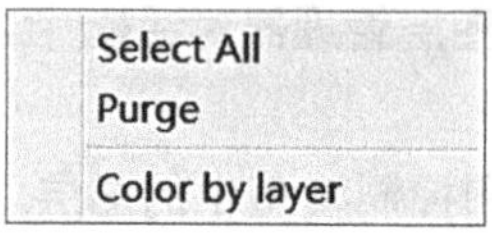

图 4-28

除了上述功能外,图层管理器右上角还有一个对话框菜单按钮 ,点击该按钮将弹出下拉式菜单,上面还有一些附加的功能（图 4-28）。

6）选择所有 Select All：选择模型中所有的图层。

7）清理 Purge：删除所有未使用的图层（不包含任何物体的图层）,该命令对默认图层 Layer0 无效。

8）使用图层颜色 Color by layer：该图层中的所有物体将以图层的颜色和材质显示,而物体原来被赋予的材质将被全部忽略。

图层工具栏主要用于改变物体所属的图层（图 4-29）,包括设置当前图层下拉框和图层管理器按钮。

图 4-29

1）设置当前图层是一个下拉式选框。它具有设置当前图层和改变物体图层两大功能：

- 在没有选择物体时,选框内显示的是当前图层的名称,同时在名称前有个勾号标记。所有新绘制的物体都将处于当前图层。
- 在没有选择物体的状态下,点击选框右侧的三角箭头,显示模型中所有的图层名称,在某图层名上单击,该图层被设置为当前图层。
- 当选择了具有相同图层的物体时,选框内显示的是所选择物体的图层名称,同时在名称前有个实心箭头标记。
- 当选择了具有不同图层的物体时,选框内将只当前图层名称。
- 当选择了物体后,点击选框右侧的三角箭头,显示模型中所有的图层名称,单击某图层名,所选择的物体全部被放置到该图层。

2）图层管理按钮用于控制打开或关闭图层管理器。

除了利用图层工具栏改变物体的图层外,也可以通过实体信息对话框完成这一操作：

选择物体后,打开实体信息对话框,点击图层选框,选择某图层,所选择的物体即被放置到该图层。

注意：SketchUp 中的图层管理与其他 CAD 类软件的图层管理有很大的区别。

在其他软件中，图层是为了保存数据而创造的新的空间层次，各层的对象是完全分开的，因此即使隐藏、锁定图层，也不会影响其他图层的中的对象。然而，SketchUp 是以所有的几何体都互相连接为基准而设计的。为了让 SketchUp 的几何体引擎能正常运行，不同图层中的几何体实际上是互相依存的。这个与大家习惯的图层系统大不相同。

在 SketchUp 中，图层与其说是空间层次，不如说是几何体的属性来得正确。在不同图层上的组件与对象互相都保持连接，所以 SketchUp 的图层主要在于显示管理而不是组织管理。在 SketchUp 中，结合群组和组件与图层一起可以更方便有效地对物体进行显示的管理。在将几何体分配给其他图层之前，先将其制作成群组或组件，就可以达到与通常习惯的图层管理相似的效果。

4.1.4 物体的隐藏与显示

将一部分几何体隐藏起来是用 SketchUp 建模过程中常用的方法，或是为了简化并加速当前视图的显示，或是想看到物体内部并在其内部工作。隐藏的几何体不可见，但是它们仍然存在于模型中，需要时还可以重新显示。

SketchUp 中的任何物体都可以被隐藏。包括：群组、组件、图像、文字、尺寸标注、辅助线、剖切面和坐标轴。除了通过隐藏图层的方式隐藏物体外，SketchUp 还提供了一系列的方法来控制单个物体的隐藏。

1）编辑菜单：用选择工具选中要隐藏的物体，然后选择菜单 Edit->Hide。

2）关联菜单：选择物体后在选择集上单击鼠标右键，在弹出的关联菜单中选择"Hide"。

3）实体信息对话框：每个物体的实体信息对话框中都有个"Hidden"确认框，勾选该确认框即可隐藏该物体。

4）删除工具：这是专用于线的方法，在使用删除工具的同时，按住 Shift 键，可以将边线隐藏。

除了这些普通的隐藏方法外，SketchUp 还为一些特殊的物体提供了特殊的隐藏和显示的方法：

5）隐藏辅助线：辅助线除了可以像几何实体那样选择隐藏外，SketchUp 还提供了对模型中所有辅助线的全局控制方式。在"View"菜单中取消"Guides"的选择即可隐藏所有辅助线。

6）隐藏剖切面：剖切面的显示和隐藏也是全局控制的。可以使用剖面工具栏，或通过对"View"菜单中"Section Plans"和"Section Cuts"的选择来控制所有剖切面的显示和隐藏。

7）隐藏坐标轴：SketchUp 的绘图坐标轴也是一种绘图辅助物体，但它不能像几何实体那样被选择。要隐藏坐标轴，可以在"View"菜单中取消"Axes"的选择，也可以在直接在坐标轴上单击鼠标右键，在关联菜单中选择"Hide"。

与隐藏物体的方法相对应，SketchUp 同样提供了显示被隐藏物体的一系列方法。除了上面提到的辅助线、剖切面和坐标轴具有全局控制显示的方法外，普通被隐藏的物体需要先选择，再利用编辑菜单、关联菜单或实体信息对话框恢复显示。但是在通常情况下，被隐藏的物体是无法被选择的，此时我们就需要用到前面多次提到过的虚显隐藏物体的功能。

8）在"View"菜单中打开"Hidden Geometry"的选择，所有隐藏的物体都被虚显出来，并且可以被选择。

另外，SketchUp 还提供了两种特殊的显示隐藏物体的方式：

9）选择菜单 Edit–>Unhide–>Last，将最后被隐藏的物体显示出来。

10）选择菜单 Edit–>Unhide–>All，将所有被隐藏的物体全部显示出来。不过此操作对隐藏的剖切面和坐标轴不起作用。

注意：1. 通过隐藏图层方式隐藏的物体无法通过虚显隐藏物体的方式被虚显出来。

2. 因为 SketchUp 是以所有的几何体都互相连接为基准而设计的，即使物体被隐藏，它仍然会被与其相连的物体的编辑操作所影响。

4.1.5 边线的柔化与表面的光滑

尽管 SketchUp 本质上不存在曲线和曲面，但通过对边线的柔化处理，可以使有折面的模型看起来显得圆润光滑。SketchUp 的这一特点可以使用更少的折面来表现更光滑的曲面，从而可以减轻计算机的工作量，得到更快的运行效果。但这种光滑处理的折面在近距离观察时仍然会有一定的欠缺。因此，在建模时需要找到一个平衡点，既使面的数量尽量少，又能得到相对较好的显示效果。

柔化边线有多种方法：

1）删除工具：前面已经介绍过在使用删除工具时按住 Shift 键可以隐藏边线，而在使用删除工具时按住 Ctrl 键，则可以柔化边线，使边线所在的两个面的连接变得光滑。

2）关联菜单：在边线上单击鼠标右键，从关联菜单中选择"Soften"。

3）实体信息对话框：选择一条或多条边线后，打开实体信息对话框，其中分别有柔化 Soft 和光滑 Smooth 两个选项。这两个选项可以单独选，也可一起选，显示效果各有不同。

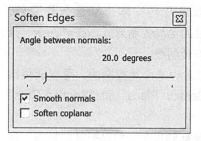

图 4–30

4）边线柔化对话框：选择多条边线后，在选集上单击鼠标右键，从关联菜单中选择"Soften/Smooth Edges"，将打开边线柔化对话框（图 4–30）。也可通过选择菜单 Window–>Soften Edges 打开该对话框。

允许角度范围 Angle between normals 是一个在 0° 至 180° 之间选择的滑动条，通过拖动滑动块，我们可以指定产生柔化效果的最大角度，只有两个相邻面的法线夹角（或者说是相邻面夹角的补角）小于这一角度，其相邻的边线才会被柔化。

光滑 Smooth normals 选项表示符合柔化条件的两个面将被进行光滑处理。

共面 Soften coplanar 选项表示把相邻的处于同一平面上的表面之间的边线柔化。

注意：前两种方法将同时执行柔化和光滑的效果，而后两种方法可以分别设置柔化和光滑效果。

柔化后的边线会自动隐藏，但仍存在于模型中。在"View"菜单中打开"Hidden Geometry"的选择，被柔化而不可见的边线就会以虚线的方式显示出来。

在打开"Hidden Geometry"后，我们还可以选择这些被柔化的边线进行取消柔化的操作。

1）删除工具：使用删除工具时同时按住 Ctrl 键和 Shift 键，可以取消边线的柔化。

2）关联菜单：在被柔化的边线上单击鼠标右键，可以从关联菜单中选择"Unsoften"。

3）实体信息对话框：选择一条或多条被柔化的边线后，打开实体信息对话框，取消 Soft 和 Smooth 选项。

4）边线柔化对话框：选择多条被柔化的边线后，打开边线柔化对话框，进行相应的设置。

还要注意的一点是，在 SketchUp 中，超过两个的表面共享的边线可以被柔化，但无法进行光滑处理（图 4-31）。

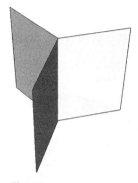

图 4-31

4.1.6　SketchUp 的雾化设置

在 SketchUp 中还提供了一种特殊的显示效果，那就是雾化。该功能可以对场景进行雾化效果处理，通过对雾化的距离百分比、浓度以及颜色进行设置，让场景有一种雾蒙蒙的特效。而将雾化显示取消之后，图形又会回到原来清晰状态（图 4-32）。

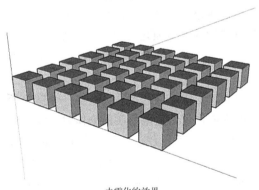

未雾化的效果

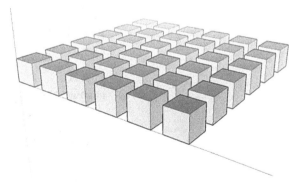

雾化后的效果

图 4-32

图 4-33

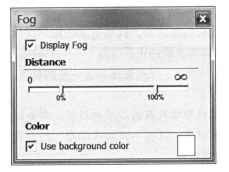

选择菜单 Window->Fog，打开雾化设置对话框（图 4-33）。

显示雾化 Display Fog：勾选该选项则开启雾化效果显示。

雾化距离百分比 Distance：雾化的起始点和终止点，起始点为 0%，终止点为 100%。

雾化颜色 Color：设定雾的颜色，默认为使用背景颜色。当取消该项的勾选时，可以点击右侧色块进入选择颜色对话框进行选择。

4.2 材质

对于建筑模型来说，除了形体本身的大小、比例等之外，其材质的使用对效果的表达也是非常重要的。

SketchUp 提供了一种实时、快速的材质系统，可以帮助我们更方便地推敲形体与材质间的关系。

SketchUp 的材质属性包括：名称、颜色、透明度、纹理贴图和尺寸大小等。材质可以应用于边线、表面、文字、剖面、群组和组件。

SketchUp 的材质大体可分为默认材质、颜色材质、贴图材质、透明材质和透明贴图材质五类（图 4-34）。

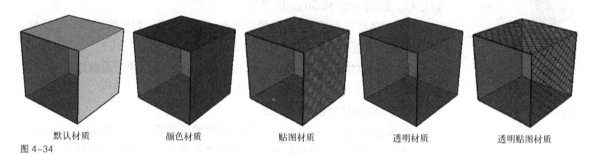

默认材质　　　　颜色材质　　　　贴图材质　　　　透明材质　　　　透明贴图材质

图 4-34

默认材质是 SketchUp 中一个独特的设定，SketchUp 中创建的几何体一开始会被自动赋予默认材质。默认材质有一组特别的、非常有用的属性：

- 一个表面的正反两面上的默认材质的显示颜色是不一样的。默认材质的双面特性是我们更容易分清表面的正反朝向，方便在导出模型到 CAD 和其他 3D 建模软件（如 3DSMAX）时调整表面的法线方向。正反两面的颜色可以在场景信息对话框的颜色标签中进行设置。

- 群组或组件中具有默认材质的物体有很大灵活性。当一个群组或组件内既包含默认材质的物体也包含其他材质的物体时，向该群组或组件赋予新的材质，只有使用默认材质的部分会获得该材质，而其余部分必须在编辑该群组或组件状态下才能被赋予新的材质。

- 如果群组或组件已经被赋予了新的材质，那么在编辑该群组或组件的状态下，新建的几何体将被自动赋予该材质，而不是默认材质。在退出编辑状态后，新建的几何体还是拥有类似于默认材质的特性，即可以随群组或组件被赋予的材质的改变而改变。

除了默认材质同时具有正反双面的材质设定外，其他材质一般一次只能赋予表面的一个面，可以通过分批操作为表面的正反面赋予不同的材质。

除默认材质外，颜色材质指具有单一颜色，没有贴图和透明度的材质，这也是一种最基本的材质。

贴图材质指具有贴图的材质。透明材质指具有透明度的材质，有无贴图均可。而透明贴图材质是一种特殊的材质，具有一定的透明度，而且其透明度是靠贴图文件自身所带的透明通道实现。

4.2.1 材质的赋予

材质的赋予通常需结合材质工具和材质浏览器进行。材质浏览器则用于选择材质，材质工具用于赋予材质。

赋予材质的基本步骤如下：

1）激活材质工具 ✍ ，光标将变成油漆桶形状，同时材质浏览器自动打开。

2）在材质浏览器的材质库标签下点击下拉列表选择相应的材质库。

3）点击需要的材质，材质浏览器的当前材质样本变为刚才选择的材质。

4）在绘图窗口中点击需要被赋予材质的物体。如果在激活材质工具之前先用选择工具选择了多个物体，则这一步可以同时给所有选中的物体赋予材质。

注意：必须将显示模式切换至贴图着色模式，材质的贴图效果才能被显示。

上面的操作中第 2、3 步主要是为了选择新的材质，如果是有选择模型中已有的材质，可以点击材质浏览器的模型中按钮 ⌂ ，材质浏览器中将显示当前模型中的所有材质，点击其中需要的即可。注意，那些已经被赋予了模型的材质会在预览图像的右下角加上一个小三角形。

由于每个表面都有正反双面，又可以被赋予不同材质的特性，在选择了多个物体时，材质的赋予还会遵循以下的规律：

● 表面的哪个面被赋予材质取决于材质工具点击的那个面。如果材质工具在赋予材质时点击的是某个表面的正面，则选择集中所有面的正面被赋予该材质，反之则所有面的反面被赋予材质。

● 边线是否被赋予材质取决于材质工具点击的那个面。当选择集中包含了表面以及边线，如果材质工具在赋予材质时点击的是某个表面的正面，则选择集中所有的边线被赋予该材质，反之则所有边线不被赋予材质。注意需要将显示样式中边线设置的颜色设定为按材质才能看出边线的材质变化。

材质工具除了给单个物体或选择集中的物体赋予材质外，结合 Ctrl，Shift，Alt 等修改键，还可以快速地给多个表面同时分配材质。

● 单个赋材质：材质工具为点击的单个边线或表面赋予材质；如果在激活材质工具之前先用选择工具选择了多个物体，则同时给所有选中的物体赋予材质。

创建一组如图 4-35 所示模型，并用材质工具为其中一个面赋予材质。

图 4-35

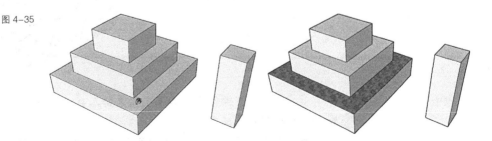

● 邻接赋材质（Ctrl）：在为一个表面赋材质时按住 Ctrl 键，光标会

变为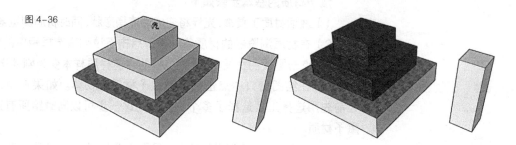，并将材质同时赋予与所选表面相邻接并且与所选表面具有相同材质的所有表面。

使用邻接赋材质的操作（图4-36）。

图4-36

● 替换材质（Shift）：在为一个表面赋材质时按住Shift键，光标会变为，并用当前材质替换所选表面的材质，而且模型中所有使用该材质的物体都会同时改变为当前材质。

撤销刚才的操作，使用替换材质的方法（图4-37）。

图4-37

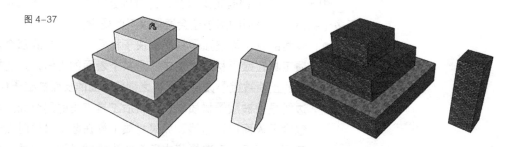

● 邻接替换（Ctrl+Shift）：在为一个表面赋材质时同时按住Ctrl和Shift键，光标会变为，并会实现上述两种方法的组合效果。材质工具会替换所有所选表面的材质，但替换的对象限制在与所选表面有物理连接的几何体中。

撤销刚才的操作，使用邻接替换的方法（图4-38）。

图4-38

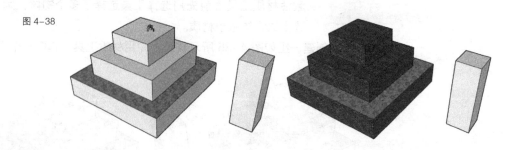

注意：在上述操作中，如果先用选择工具选中多个物体，那么材质的赋予会被限制在选择集之内。

● 提取材质（Alt）：激活材质工具后，按住Alt键，光标会变为，再点击模型中的物体，就能提取该物体的材质作为当前材质。

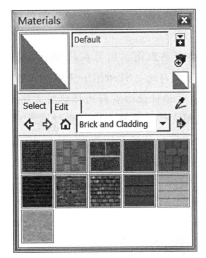

图 4-39

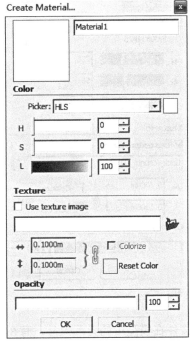

图 4-40

另外，在给群组或组件赋材质时，材质将被赋予整个群组或组件，而不是内部的所有部件。群组或组件中只有被分配了默认材质的元素才会继承赋予组件的材质。而那些分配了特定材质的元素则会保留原来的材质不变。

4.2.2 材质的创建和编辑

材质浏览器不但可以选择预设材质库中的材质，也可以创建或编辑材质。材质浏览器可以在选择材质工具时打开，或者也可以选择菜单 Window->Materials 打开直接材质浏览器对话框（图 4-39）。

材质浏览器分为上下两部分，上半部分除了左侧大图标是当前材质的显示外，右侧还有三个功能按钮：

- 打开第二个选择面板（Display the Secondary Selection Pane）：在当前材质浏览器下方新加一个材质选择栏，可以在两个材质选择栏之间直接拖动材质完成材质的复制工作。
- 创建材质（Create Material）：以当前材质为模板创建新材质，并打开创建材质对话框（图 4-40）。对话框顶部文本栏内可以输入创建材质的名称，下面的颜色（Color）、贴图（Texture）和不透明度（Opacity）栏用来设定不同的材质特征。
- 使用默认材质（Set Material to Paint with to Default）：将默认材质作为当前材质。

（1）颜色材质的创建

颜色材质是只有颜色变化，没有肌理特征的一种材质，其创建也最为简单。

在创建材质对话框的颜色栏内分别有色轮、HLS、HSB 和 RGB 等四种模式，在任何一种模式下通过不同滑块滑动设置颜色，左上角的材质预览会即时做出调整。将材质名称更改为 "green"（图 4-41），确定后该材质被添加到当前模型中。

注意：当把材质赋予物体时，物体看上去的颜色会和此处设置的颜色有一定的区别，这是因为在 SketchUp 场景中的物体会受到光照的影响而呈现出不同的明暗表现。

（2）贴图材质的创建

贴图材质的关键是贴图文件，通过贴图得到更为逼真的材质表现。我们可以按照下面的步骤创建一个新的贴图材质。

1）在创建材质对话框中勾选使用材质贴图（Use texture image）选项，系统会自动打开选择图像对话框，从中选择相应的文件即可。贴图文件可以是 .jpg 或 .png 等格式的图像文件。

2）选择下载文件中的 "Brick_Rough_Tan.jpg"，此时创建材质对话框左上角预览框内显示该图片，同时贴图文件的名称显示贴图栏中的文本框内（图 4-42）。点击文本框右侧的浏览按钮可以再次打开选择图像对话框重新选择贴图文件。

注意：勾选"使用贴图"选项后，不要轻易取消，因为在此 SketchUp 不具备记忆功能，一旦取消该选项然后又再次勾选，SketchUp 无法恢复刚才选择的贴图文件，而是重新打开选择图像对话框让你重新选择贴图文件。

3）SketchUp 中的贴图材质不仅受贴图文件的影响，还会受材质本身颜色的影响。因此我们可以通过颜色的调整改变材质的表现效果（图 4-43）。当材质本身颜色修改后，仍然可以通过贴图栏右下角的重设颜色（Reset Color）按钮恢复贴图的本来色调。另外，调色（Colorize）选项有助于将贴图图片调整为相似的色调，改善材质颜色的协调。

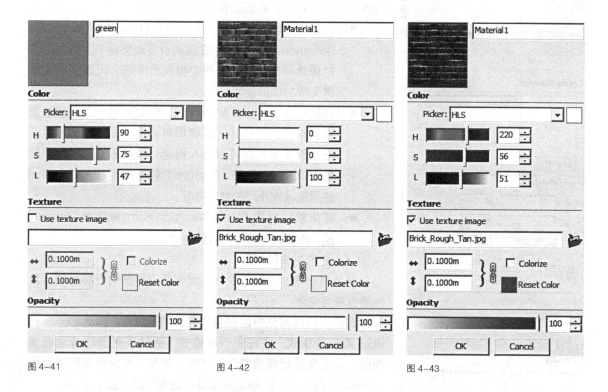

图 4-41   图 4-42   图 4-43

4）最后一个影响材质表现的是贴图文件在模型中的显示尺寸，有在宽度和高度两个参数。在宽度的文本框内输入 1，高度也被自动改为 1m（场景的单位是米）。这是因为贴图的高宽比被锁定了，点击右侧的切换按钮 可以解锁，该按钮变为 ，此时就可以设定不同的高宽了。在改变了贴图的高宽比后再次点击切换按钮，则修改后的高宽比被锁定。点击左边的撤销高宽比修改按钮 可以恢复到最初的尺寸设定。在实际应用中应尽量根据贴图内材质的真实尺寸设定准确的贴图图像尺寸。

5）将材质名称更改为"brick"，确定后该材质被添加到模型中。

（3）透明材质的创建

无论是颜色材质还是贴图材质，都可以通过增加材质透明度的方式形成透明效果。具体来说，是在创建材质对话框的底部，滑动表示不透明度

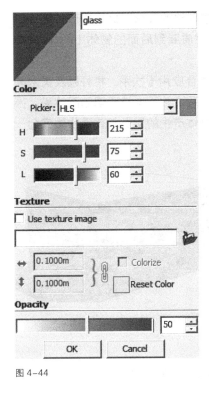

图 4-44

图 4-45

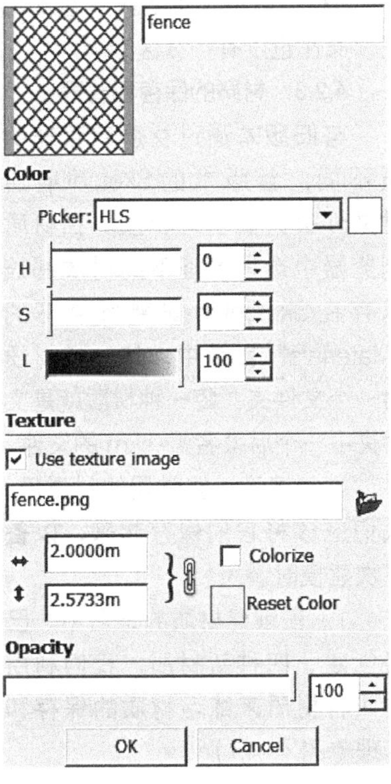

的滑块，数值越小，材质透明度越高。同时，在对话框左上角的预览方图被分成两个三角形，左上角代表材质的本来状态，右下角代表材质的透明状态（图 4-44）。

在 SketchUp 中，有透明度的材质有一些特殊的属性，包括对表面双面性的特殊设定。

在建筑模型的显示样式设置中已经提到过系统对材质透明度的一些全局设置。SketchUp 的透明显示系统是实时运算显示的，有时候透明表面的显示会失真。为此 SketchUp 设置了 3 个等级的透明显示质量：速度较快，平衡，质量较好。分别按照不同的需要进行了优化。选择质量较好的显示效果，计算机需要进行更多的运算来更好地区分透明表面。即使这样，有些模型的显示也会失真，就是有些表面看起来像是跳到别的面的前方。速度较快的显示模式是牺牲区分透明表面的精确性来换取更快的渲染刷新率。

对于表面的双面性，SketchUp 的材质通常是赋予表面的一个面（正面或反面）。然而如果给一个带有默认材质的表面赋予透明材质，这个材质会同时赋予该面的正反两面，这样从两边看起来都是透明的了。如果一个表面的背面已经赋予了一种非透明的材质，在正面赋予的透明材质就不会影响到背面的材质。同样的道理，如果再给背面赋予另外一种透明材质，也不会影响到正面。因此，分别给正反两个面赋予材质，可以让一个透明表面的两侧分别显示不同的颜色和透明度。

此外，对于透明材质对于阴影的产生也有特殊的设定。首先，不透明度有一个阈值——70，低于该阈值，阳光可以穿过该材质，并不会在背后产生阴影，而高于或等于该阈值，阳光无法穿过该材质，等同于普通不透明材质。其次，有透明度的材质不会接受投影，即便其透明度很低，这也就造成了在 SketchUp 中，阴影设置打开时，墙上窗户位置没有阴影，在一定程度上降低了其真实效果。

（4）透明贴图材质的创建

最后我们还要介绍一种特殊的材质——透明贴图材质，这种材质具有的透明特性不是通过改变材质的不透明度获得的，而是采用了具有透明度的贴图，这类贴图主要是 .png 格式的图像文件，这种格式的图像文件包含一个阿尔法通道，该通道设定了图像不同部分的透明度，因此图像本身就具有了透明的性质（关于 png 格式的详细资料，可以参见 http：//www.w3.org/Graphics/PNG/）。

1）在创建材质对话框中勾选使用材质贴图选项，在选择图像对话框中选择下载文件中的"fence.png"，将贴图尺寸改为 2m 宽，保持其不透明度为 100，将材质名称改为 fence（图 4-45）。

2）创建一个简单的长方体，将刚才创建的 fence 材质赋予长方体的两个面，可以看到透过这两个面的栅栏材质看到后面的物体（图 4-46）。这也是透明贴图材质最重要的特点。

透明贴图材质因为其特殊性，比较适合应用于扶手、栏杆以及树木等物体。其不足之处在于 SketchUp 的光影系统并不支持透明贴图效果，因此当阴影打开时，具有透明贴图材质的物体产生的阴影与普通物体完全一样（图 4-47）。

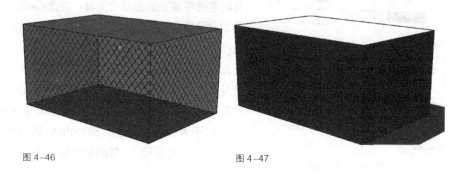

图 4-46   图 4-47

（5）材质的编辑

已加载到模型中的材质都可以进行编辑，而且 SketchUp 可以将你对材质所作的编辑实时地反映到模型中，让你随时查看编辑的效果，这一特点非常有助于对模型和材质的推敲。

在材质浏览器中选择编辑（Edit）标签，即进入当前材质的编辑状态（图 4-48）。

从编辑对话框中的内容可以看出，与创建材质对话框中的内容基本相同，操作也没有什么区别。

4.2.3 材质的保存和管理

与旧版本通过材质库管理材质不同，新版本的 SketchUp 通过文件夹方式管理材质。在材质浏览器中选择标签下的材质都被保存在 SketchUp 安装目录下的"Materials"目录中，每一类材质时一个文件夹，每一种材质就是文件夹中一个后缀名为 .skm 的文件。

当创建了一些常用的材质后，我们应该将它们保存起来，以备下次建模时调用。

1）在创建材质的练习中，已经创建了四种新材质，我们利用这四种材质来练习材质的保存和管理（图 4-49）。

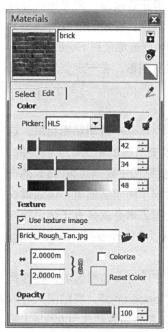

图 4-48   图 4-49

2）点击右侧细节（Details）按钮，选择关联菜单中的保存选集（Save collection as）（图 4-50），在打开的浏览文件夹对话框中首先选择需要保存材质的路径，为保证以后的调用，应该将路径设为 SketchUp 安装目录下的"Materials"目录，然后点击新建文件夹按钮，并命名为"我的材质库"。

图 4-50

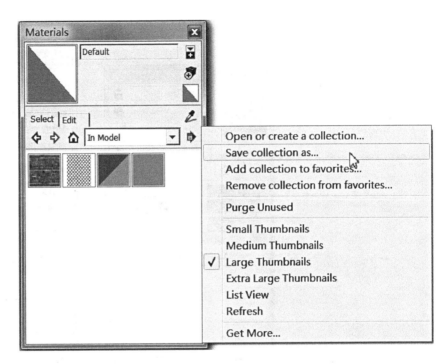

图 4-51

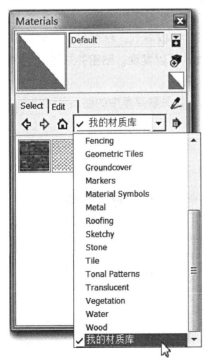

3）点击确定后，模型内的四种材质都被添加到名为"我的材质库"的文件夹中，并且在材质浏览器的下拉列表中出现该材质库的名字（图 4-51）。下次打开 SketchUp 软件，在材质浏览器中也能看到该材质库的名称，并可以直接选择其中的材质。

4.2.4 贴图坐标的编辑

对于贴图类材质，除了贴图文件本身的影响外，还有很重要的一点就是贴图坐标的设定。贴图坐标的合适与否对模型效果的表达有时具有至关重要的作用。

SketchUp 提供了三种编辑贴图坐标的方式，其中两种与别针有关：锁定别针方式和自由别针方式，还有一种是投影方式。

锁定别针方式是一种更为准确的编辑方式，而自由别针方式则有助于将贴图与某个特定的面结合起来。下面我们通过一些实例来说明两种方式的应用。

（1）锁定别针方式

1）新建一个 SketchUp 文件，避开坐标原点位置创建一个 1m 见方的立方体。

2）打开材质浏览器，在 Tile 材质库下选择 Tile_Limestone_Multi 材质，在该材质上单击右键，选择添加到模型（Add to model）（图 4-52）。

3）单击模型中（In Model）按钮 ⌂，选择 Tile_Limestone_Multi 材质，点击编辑标签，进入编辑模式，并将贴图尺寸的宽和高改为 1m（图 4-53）。

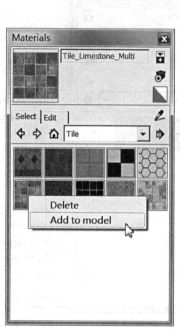

图 4-52

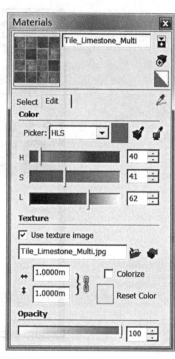

图 4-53

4）将该材质赋予立方体（图 4-54）。可以看到，材质与立方体边缘没有对齐。此外，用移动工具移动该物体，可以发现，贴图并未随着物体的移动而移动，而是仿佛固定在场景中一般。

5）在立方体的前表面单击鼠标右键,选择关联菜单中的贴图（Texture）> 位置（Position）（图 4-55）。

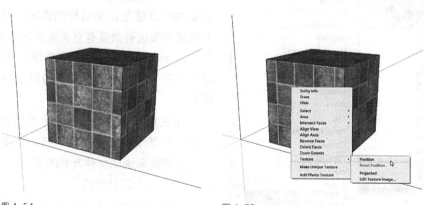

图 4-54

图 4-55

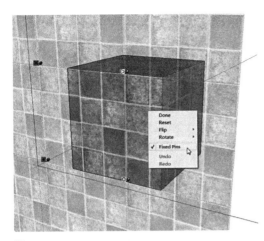

图 4-56

6）图中将出现代表锁定别针方式的四个不同颜色的别针，如果出现的是代表自由别针的相同颜色的四个别针，则单击鼠标右键在关联菜单中勾选锁定别针（Fixed Pins）（图 4-56）。

四个别针中，红色别针位置代表了基准锚点，所有的编辑动作都是相对于该锚点进行的。不同颜色的别针又各有其功能，红色别针可以移动贴图，绿色别针可以缩放和旋转贴图，蓝色别针可以缩放和剪切贴图，黄色别针可以扭曲贴图。除了红色别针外，直接拖动贴图也能移动它。

7）点击红色别针并且不要松开鼠标，拖动红色别针至立方体的左下角再松开鼠标（图 4-57）。注意此时对端点和中点的智能参考依然有效。

8）点击绿色别针并且不要松开鼠标，拖动绿色别针至立方体底边的中点再松开鼠标（图 4-58）。此处用到了该别针的缩放功能，这是一种等比例的缩放。

图 4-57

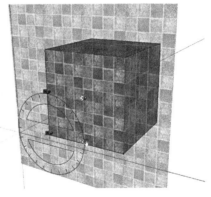

图 4-58

9）再次点击绿色别针并拖动其旋转 45°（图 4-59）。注意旋转该别针时，会有一条蓝色的圆弧虚线出现，保持鼠标在该圆弧线上可以保证贴图的比例不变，否则贴图会同时被旋转和缩放。

10）现在撤销刚才对绿色别针所做的操作。在贴图的任意位置单击鼠标右键并在关联菜单中选择撤销（Undo），再次执行撤销操作，回到图 4-57 所示状态。

11）点击并拖动蓝色别针向下移至边线中点，贴图被缩小，但与绿色别针不同的是此次的缩放不是等比例的（图 4-60）。

12）再次点击并横向拖动蓝色别针，贴图出现剪切状扭曲（图 4-61）。

13）执行两次撤销操作。

14）拖动黄色别针，贴图出现扭曲变形（图 4-62）。

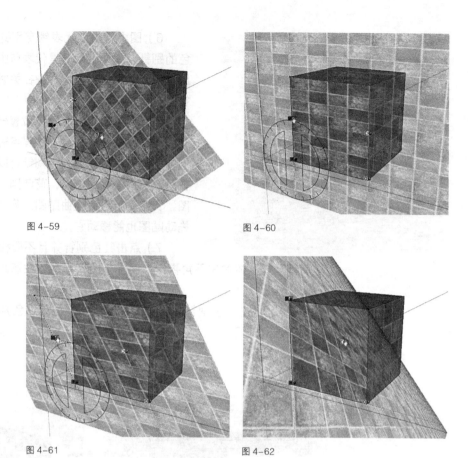

图 4-59

图 4-60

图 4-61

图 4-62

15）执行一次撤销操作，回到图 4-57 所示状态。

16）在贴图的任意位置单击鼠标右键并在关联菜单中选择完成（Done）（图 4-63），退出贴图编辑。

17）移动立方体的边线至图中所示形状（图 4-64）。

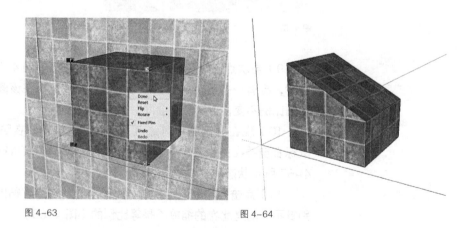

图 4-63

图 4-64

18）再次对梯形面进行贴图编辑，点击并拖动黄色别针向下移至边线顶点（图 4-65）。

19）完成贴图编辑（图 4-66）。

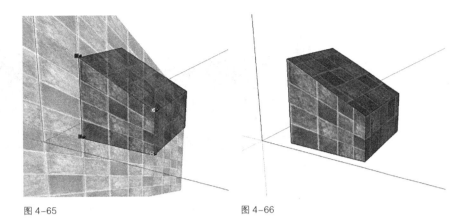

图 4-65   图 4-66

从上面的操作中我们可以发现，无论四个别针怎么移动，它们始终分别落在贴图的四个角上。实际上，SketchUp 还可以将别针移动至贴图的其他位置，以方便我们准确把握贴图的编辑。

20）再次进入贴图编辑状态，单击红色别针并松开鼠标，此时该别针被拔起，并随着鼠标的移动而移动，而贴图本身保持不变（图 4-67）。将别针移至贴图第二块石块处，再次单击鼠标，红色别针就被放置到这一新的位置上了。用同样的方法可以改变其他别针的位置（图 4-68）。

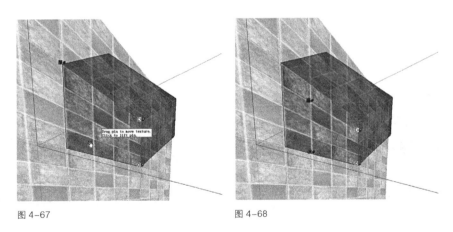

图 4-67   图 4-68

21）接着可以用按住鼠标并拖动别针的方法来改变贴图坐标了（图 4-69）。

22）完成贴图编辑，可以看到梯形面上的贴图由 16 块石块变成了 9 块（图 4-70）。

现在我们已经改变了模型的一个梯形面的贴图坐标，而其余的面均保持不变。如果想要使其他面也都调整贴图坐标以符合梯形面的改变，可以利用吸取材质的功能。

23）选择菜单 Edit->Undo，回到立方体状态。激活材质工具，按住 Alt 键，光标变成吸管状，点击已经改变过贴图坐标的表面（图 4-71）。

24）光标恢复成油漆桶形状，按住 Ctrl 键的同时点击梯形体块，该体块的所有面的材质贴图的坐标均被改变（图 4-72）。

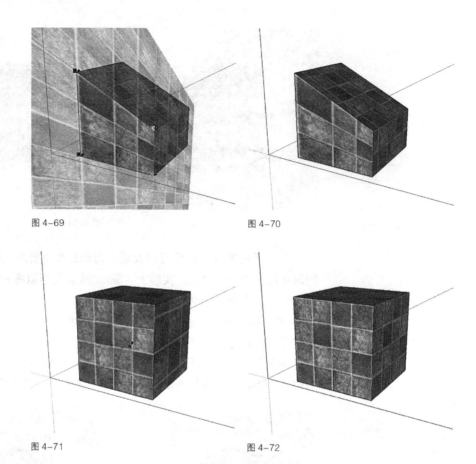

图 4-69

图 4-70

图 4-71

图 4-72

图 4-73

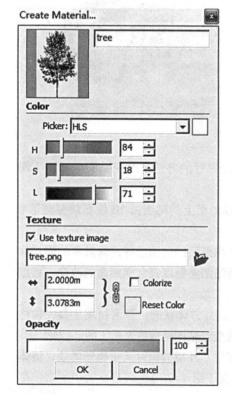

（2）自由别针方式

这次我们将结合前面介绍过的透明贴图材质进行练习。

1）新建一个 SketchUp 文件，以默认材质为当前材质创建新材质，材质名称为"tree"，贴图文件为下载文件中的 tree.png，贴图宽 2m，高 3m（图 4-73）。

2）创建两个 2m，宽 3m 高的垂直面，前后相距 2m（图 4-74）。

3）将材质"tree"赋予前面的垂直面。尽管贴图尺寸和表面的尺寸完全相符，但由于贴图坐标并没有很好的符合，导致了贴图的错动（图 4-75）。

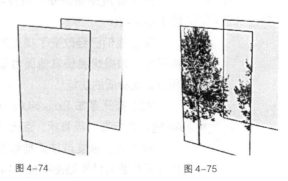

图 4-74

图 4-75

4）在前面的表面上单击鼠标右键，在关联菜单上选择 Texture->Position 进入贴图坐标编辑状态（图 4-76）。

5）在贴图上单击鼠标右键，在关联菜单上取消锁定别针（Fixed Pins）的勾选，进入自由别针方式，四个别针的颜色相同（图 4-77）。

6）现在分别拖动四个别针到面的四个角，使贴图与面的位置取得一致（图 4-78）。（自由别针方式下的四个别针也可以像锁定别针方式下那样被自由移动）

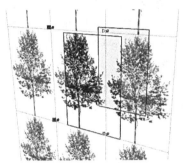
图 4-76

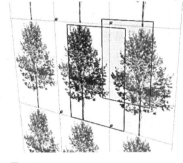
图 4-77

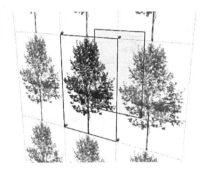
图 4-78

7）完成贴图坐标的编辑（图 4-79）。

8）接着将面的四条边线全部隐藏，一棵树的配景图就完成了（图 4-80）。注意，此处智能隐藏边线而不是删除，否则面也会被删除。

9）不过正如前面介绍的，这种材质在阴影表现上还有缺陷，尽管面本身因为透明贴图的特性而具有透明型，可是透明部分依然无法让阳光穿透（图 4-81）。

图 4-79

图 4-80

图 4-81

此处再介绍一个技巧来解决透明贴图材质的阴影问题。

10）重新显示面的四条边线，使用自由线工具，在面上沿树的外轮廓描绘一圈，树枝中的一些空隙也可以描绘下来（图 4-82）。

11）删除数轮廓外围的面、边线（图 4-83）。

12）最后将树的轮廓线隐藏，完整的配景树就完成了（图 4-84）。

利用完成的配景树，我们还可以进一步将其组合成组件，方便以后的调用。

图 4-82　　　　　　　　　图 4-83　　　　　　　　　图 4-84

图 4-85

13）选择配景树，点击创建组件（Make Component）按钮，打开创建组件对话框。将其命名为"tree1"，勾选总是面向相机（Always face camera）和阴影朝向太阳（Shadows face sun）选项（图 4-85）。

14）点击设置组件轴线（Set Component Axes）按钮，将组件的坐标原点放在树干的底部（图 4-86）。点击创建（Create）按钮完成组件的创建。

15）选择菜单 Window->Components，打开组件管理器，点击模型中（In Model）按钮⌂，刚刚创建的"tree1"组件已经在预览框内了（图 4-87）。

16）点击"tree1"组件并在模型中插入该组件，可重复此操作以插入多棵配景树（图 4-88）。

17）旋转视角察看不同角度下的组件效果（图 4-89）。

图 4-86

图 4-87

图 4-88

图 4-89

（3）投影方式

在 SketchUp 中，对于贴图和面要求完全一致的情况还有另外一种处理方法——投影（Project）。

投影方式的贴图如同使用投影仪，将一张图像投射到另一个物体上，保持物体上贴图与原图像的大小、位置完全一致。这种方法主要应用了提取材质的功能。提取材质相当于在投影仪前放置原图像，赋予材质相当于将原图像投射到物体上。我们将通过下面的例子对这种方法作详细说明。

1）新建一个 SketchUp 文件，创建一个图 4-90 所示简单的相框，我们将以贴图的方式为相框中加上一张图片。

2）选择菜单 File->Import，导入下载文件中的 "lake.jpg" 图像文件（图 4-91）。注意右侧选项中应该选择作为图像使用（Use as image）。

3）将导入的图像放在相框前面，并使用缩放工具以保证图像完全覆盖了相框（可以借助于轴测显示和 X 光显示模式）（图 4-92）。

图 4-90　　　　　　　图 4-91　　　　　　　　　图 4-92

4）回到透视模式下，在导入的图像上单击鼠标右键，选择关联菜单上的炸开（Explode）（图 4-93）。

5）选择材质浏览器中的提取材质按钮，点击导入的图像以提取其材质（图 4-94）。

6）将提取的材质赋予相框中的面，删除先前导入的图像，带有贴图的相框就完成了（图 4-95）。

7）此时，在相框面上单击鼠标右键，查看关联菜单上的贴图（Texture）项，可以看到投影（Projected）项处于勾选状态（图 4-96）。

   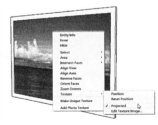

图 4-93　　　　　　　图 4-94　　　　　　　图 4-95　　　　　　　图 4-96

类似的投影法在对圆柱等曲面物体赋材质时特别有用，因为 SketchUp 中的曲面实际上是由许多小的面拼合而成，每个小面都有自己的贴图坐标，不用投影法的话会导致贴图一片混乱。

1）新建一个 SketchUp 文件，创建一个图 4-97 所示简单的圆柱，导入下载文件中的 "lake.jpg" 作为图像使用（Use as image）。

2）将导入的图像放在圆柱前面，并使用缩放工具以保证图像完全覆盖了圆柱（可以借助于轴测显示和 X 光显示模式）（图 4-98）。

3）回到透视模式下，在导入的图像上单击鼠标右键，选择关联菜单上的 "炸开"（图 4-99）。

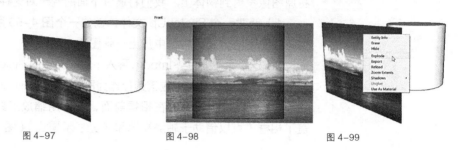

图 4-97　　　　　　　图 4-98　　　　　　　图 4-99

4）打开材质浏览器，模型中标签下出现了带有导入图像贴图的新材质，直接用该材质赋予整个圆柱，可以看到贴图存在明显的接缝，效果不好（图 4-100）。

5）按住 Alt 键，光标变为提取材质的吸管样式，点击导入的图像以提取其材质（图 4-101）。

6）将提取的材质赋予整个圆柱，贴图完整，无接缝（图 4-102）。

图 4-100　　　　　　　图 4-101　　　　　　　图 4-102

4.2.5　与材质相关的其他应用

与材质相关的其他应用包括：清理未使用材质、计算面积和选择具有相同材质的物体。

（1）清理未使用材质

SketchUp 中，所有添加到模型中的材质都会保存在模型文件中。颜色材质文件量较小，但是贴图材质的文件量就可能很大。因此为避免模型文件过于臃肿，除了尽量控制贴图的大小外，一个有效的方法就是清理未使用的材质。所谓未使用的材质指的是已经被添加到模型中，但并未被赋予模型中的任何物体，也就是在材质框内右下角没有白色三角形的材质。

1）打开下载文件中的 4.2.5.skp。打开材质浏览器并点击模型中按钮。

在材质栏中显示已被加载到模型中的所有五个材质，其中已被赋予了物体的材质在右下角有个小三角形标志（图 4-103）。

图 4-103

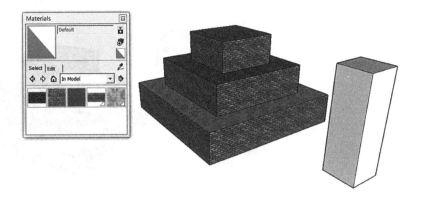

2）点击右侧细节（Details）按钮 ，在关联菜单中选择清理未使用材质（Purge Unused）（图 4-104）。

图 4-104

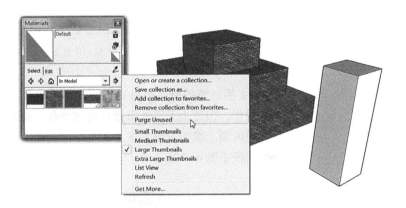

3）材质浏览器中，模型中所有不带小三角形的材质全部被清理掉了（图 4-105）。在整个清理过程中，模型本身并没有任何变化。

图 4-105

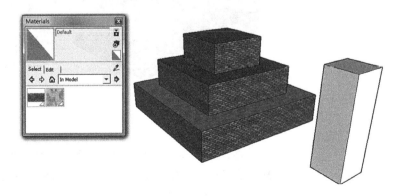

（2）计算面积

SketchUp 可以计算当前场景中使用某个材质的表面的总面积。此命令只适用于已被赋予物体的材质。

　　1）还是在刚才的文件中，打开材质浏览器并点击模型中按钮。在要计算面积的材质上单击右键，在关联菜单中选择面积（Area）即可（图 4-106）。

图 4-106

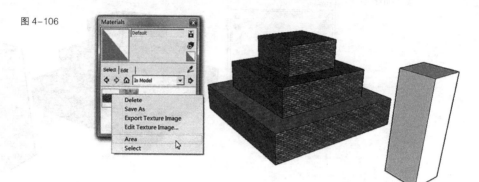

　　2）面积以场景信息中设定的单位显示（图 4-107）。

图 4-107

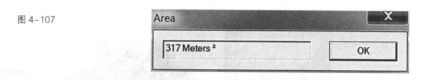

　　3）要注意的是，在材质浏览器中无法针对默认材质进行右键关联菜单的操作，因此也无法计算默认材质面积。此时，可以在模型中在具有默认材质的面上单击右键，在关联菜单中选择 Area->Material，计算默认材质的面积（图 4-108）。

图 4-108

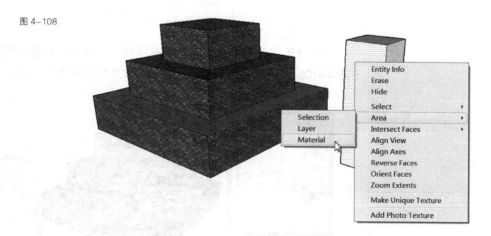

　　注意：由于 SketchUp 中面的双面性特征，如果同一个表面的正反两面被赋予了同一种材质，在计算面积时该表面会被重复计算。

　　（3）选择相同材质物体

　　SketchUp 可以一次性将所有具有同一种材质的物体选择出来，这一特点可以帮助我们轻松地进行材质的替换。

1）还是在刚才打开的文件中，打开材质浏览器并点击模型中按钮。在要选择的材质上单击右键，在关联菜单中选择"选择"（Select）即可（图4-109）。

图 4-109

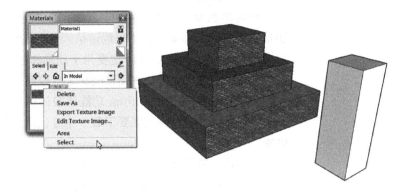

2）场景中所有具有该材质的面都被选中（图4-110）。

图 4-110

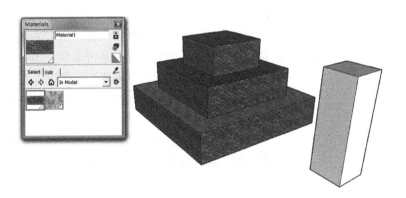

注意：与计算面积类似，也可以在场景中对某个材质的面单击右键，在关联菜单中选择 Select->all with same Material，所有具有该材质的面被选择。

4.3 渲染

在 SketchUp 中，通过显示样式的调整和材质的赋予，其显示效果可以满足对建筑和空间的基本表现，但无法实现照片级的真实效果展示。要做到这一点，还需要进一步通过渲染的方式得到更好的效果表现。SketchUp 本身并未提供渲染的功能，因此要完成渲染操作，一种方法是将模型导出，在其他专业软件中进行渲染，如 3ds Max、Lumion 和 Kerkythea 等；另一种方法是直接在 SketchUp 中借助于扩展插件进行渲染，如 V-Ray、Twilight 和 SU Podium 等。

外部渲染方式因为使用专业渲染软件，渲染效果较好，且能对灯光和材质等作更多的调整，缺点是由于需要将模型导出，在此过程中模型本身和材质有可能出现错误，包括面被撕坏、材质丢失或贴图轴混乱等。而且一旦模型本身需要调整，还得再次回到 SketchUp，又要经历一次导出过程，不利于设计的快速调整和表现。

在常用的专业渲染软件中，3ds Max 功能最为强大，对材质、灯光和相机的调整足够丰富，不仅能渲染照片级图像，还能制作电影级动画，但操作也作为复杂。Lumion 主要用于动画的制作，也可以渲染静态图像，对环境特效，包括天空、水面、树林等有较好的表现效果，但对材质和灯光的控制不够灵活。Kerkythea 功能比较简单，但值得一提的是这是个免费软件。此外，该软件还需要下载一个专门用于从 SketchUp 导出模型的插件。

内部渲染方式受限于渲染软件的功能，对灯光、材质等的调整不够全面，但由于与 SketchUp 紧密结合，调整模型和渲染可以在同一界面中进行，不需要模型的导出导入，特别适合对设计的推敲。

在常用的内部渲染软件中，V-Ray 功能最为强大，尤其是材质和渲染器的设定方面，应用也最为广泛，但相对应的，其操作和设置也最为复杂，尤其是在渲染器的选择和设置方面与渲染效果和渲染时间有着密切的关系，建议通过其他相关教材进行学习。Twilight 功能弱于 V-Ray，但相应的操作也比较简单，有好多预设场景可以直接选用，避免了复杂的设置工作。而 SU Podium 最为简单，几乎没有什么设置，但也很难获得较好的渲染效果。

尽管渲染对建筑模型的表现非常重要，但不同软件的渲染设置和操作不尽相同，且并非 SketchUp 本身提供的功能，因此在本教材中不作详细介绍。

以上提到的渲染软件可以在其官方网站了解更详细的信息。

- 3ds Max：http：//www.autodesk.com.cn/products/autodesk-3ds-max/overview
- Lumion：http：//www.lumion3d.com/
- Kerkythea：http：//www.kerkythea.net/
- V-Ray：http：//www.chaosgroup.com/en/2/vrayforsketchup.html
- Twilight：http：//twilightrender.com/
- SU Podium：http：//suplugins.com/

4.4 剖面

剖面是建筑设计的基本内容之一，剖面可以表达空间关系，直观准确地反映复杂空间结构。

与一般软件不同的是，SketchUp 提供的是一种动态剖面，它不但可以随剖切面的变化而自动变化，而且可以让我们直接在模型的内部工作，方便了建模的操作。另外，SketchUp 生成的剖面可以被导出成光栅图像或矢量文件，增加了其应用的广泛性。

我们先解释一下在 SketchUp 中与剖面相关的两个重要概念：

剖切面 Section Plane：这是一个有方向的矩形实体，用于表现特定的剖切平面。和 SketchUp 的其他物体一样，剖切面也可以被放置在特定的图层中，可以进行移动、旋转、隐藏、复制、阵列、删除等操作。

剖面 Section Cut：剖切面与几何体相交而形成的边线就是剖面，或称剖面切片。这是一种动态的"虚拟"边线，会随剖切面的变化而变化，但仍可用于 SketchUp 的智能参考系统。通过创建群组，可以将剖面转换成一个永久的几何体。剖面切片也可以导出二维的剖面图。

4.4.1 剖面的生成、移动和消隐

下面我们来进行剖面的练习。

1）打开下载文件中的 4.3.1.skp（图 4-111）。

2）选择剖面工具 ◈，光标处出现一个带四个箭头的绿色矩形框，此框即代表了剖切面，其方向随光标所处的表面的方向的不同而随时变化（图4-112）。

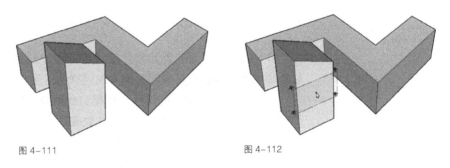

图 4-111   图 4-112

3）将绿色矩形框放置在方柱前面并单击鼠标，剖面生成，同时剖切面自动扩展到能完全覆盖场景中的模型的大小。只有处于剖切面箭头所指方向一侧的物体才可见，另一侧的物体全部被"切"掉了（图 4-113）。

4）选择剖切面并移动，可以看到剖面随着剖切面的移动而自动变化（图4-114）。

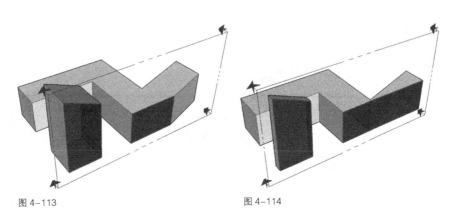

图 4-113   图 4-114

图 4-115

5）在 SketchUp 中还有一个与剖面显示相关的工具栏（图 4-115），可以通过菜单 View->Toolbars->Section 打开它。剖切工具栏除剖面工具外，还包含两个功能切换按钮：显示／隐藏剖切 ● 和显示／隐藏剖面 ●。

6）点击显示／隐藏剖切按钮，剖切面被隐藏（图 4-116）。

7）再次点击显示／隐藏剖切按钮以显示剖切面，然后点击显示／隐藏剖面按钮，剖面消失了，同时整个模型都显示出来，然而剖切面仍然存在（图 4-117）。

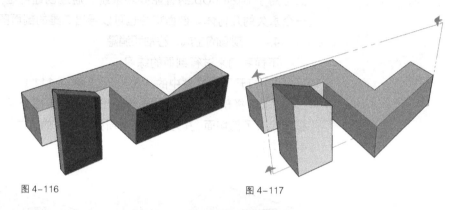

图 4-116   图 4-117

8）选择剖切面并删除它。重新点击添加剖面工具，将光标放置在方柱的顶面上，绿色矩形框与顶面呈现同样的斜度（图 4-118）。

9）按住 Shift 键，同时移动光标，此时绿色矩形框不再随光标所处的表面的变化而变化，而是保持了刚才处在顶面上时的斜度（图 4-119）。

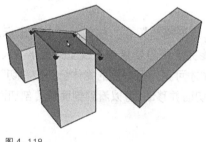

图 4-118

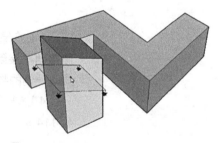

图 4-119

图 4-120

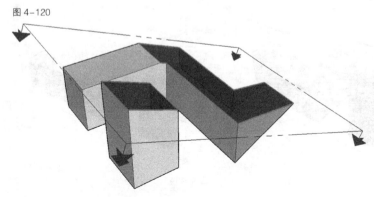

10）保持按住 Shift 键，将光标移动合适位置，点击鼠标，生成新的剖面（图 4-120）。

11）在剖切面的空白位置单击鼠标右键打开关联菜单，选择将面翻转 Reverse（图 4-121），剖切面指示方向的箭头被翻转，模型的剖切部分也产生相应的变化（图 4-122）。

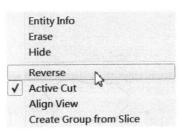

图 4-121

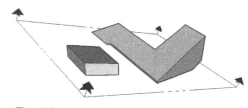

图 4-122

12）将剖切面翻转回去。再次打开剖切面的关联菜单，选择对齐到视图 Align View。视图窗口自动对齐到剖切面的正交视图上，点击充满视窗 Zoom Extents 工具 可以看得更清楚（图 4-123）。

4.4.2　剖面群组的生成

尽管用剖面工具生成的剖面只是"虚拟"的边线，SketchUp 还提供了将这些虚拟边线变为真实边线的方法。这一功能对建模和辅助建筑设计有很大的帮助。

1）打开下载文件中的 4.3.2.skp，图中所示为一个四层高的建筑体量（图 4-124），现在我们需要分别画出各层的平面图。

2）激活添加剖面工具，将剖切面放置在建筑体量顶面（图 4-125）。

3）选择剖切面，并将其向下移动 3m（图 4-126）。

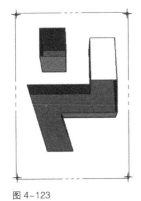

图 4-123

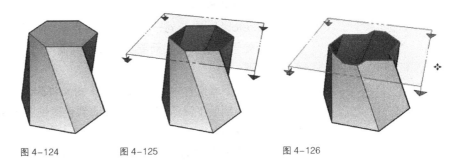

图 4-124　　　　图 4-125　　　　图 4-126

图 4-127

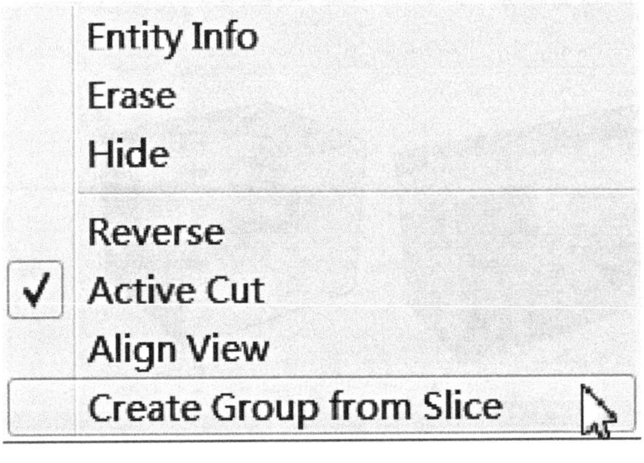

4）打开剖切面的关联菜单，选择从切口创建群组（Create Group from Slice）（图 4-127）。隐藏剖面，可以看到建筑体量的垂直面上多了一条环线，这就是刚刚创建的群组（图 4-128）。

5）双击该群组，进入群组编辑状态（图 4-129）。

6）为使我们看得更清楚，选择菜单 View->Component Edit->Hide Rest of Model，现在场景中只有进入编辑状态的群组被显示（图 4-130）。

7）重画群组中的任一直线以生成面（图 4-131）。这样，建筑的三层平面就生成了。

图 4-128

图 4-129

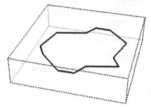

图 4-130

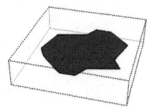

图 4-131

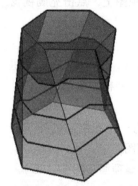

图 4-132

图 4-133

8）在显示群组范围的虚线框外任意处点击，退出群组编辑状态。

9）将剖切面再分别向下移动 3m 和 6m，按同样的步骤生成建筑的一层、二层平面。

10）删除剖切面，切换到 X 光显示模式，我们可以清楚地看到建筑的各层平面（图 4-132）。

11）如果我们将所有的群组都炸开，则建筑体量模型的表面会被那些边线自动分割，是我们可以对每一层都进行单独的选择和编辑（图 4-133）。

4.4.3 多重剖面

在 SketchUp 中，同一个模型可以有多个剖切面，但是每次只能由一个剖切面处于激活状态。而要实现多重剖面同时激活的效果，还需要一些额外的步骤。

1）打开下载文件中的 4.3.3.skp（图 4-134）。

2）利用剖面工具添加剖面并移动到合适位置（图 4-135）。我们暂时称之为剖切面 1。

3）在另一个方向上再添加一个剖面并移动到合适位置（图 4-136）。我们称之为剖切面 2。此时剖切面 1 的剖切效果已经消失，同时颜色由深灰色变为浅灰色。

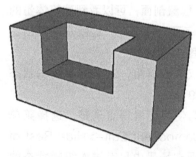

图 4-134

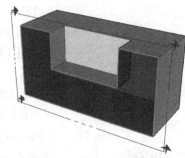

图 4-135

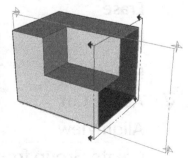

图 4-136

4）在剖切面2上单击鼠标右键打开关联菜单，可以看到激活剖切 Active Cut 被勾选（图4-137），而剖切面1的关联菜单则显示激活剖切未被勾选（图4-138）。

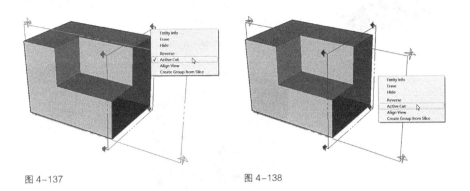

图4-137

图4-138

5）勾选剖切面1的关联菜单上的激活剖切选项，剖切面1被激活，而剖切面2暂时失效（图4-139）。

6）删除剖切面2，同时取消剖切面1的激活剖切选项（图4-140）。

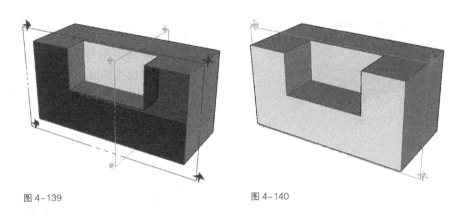

图4-139

图4-140

7）选择模型和剖切面1，将它们组成群组（图4-141）。注意一定要将剖切面组合到群组内。

8）双击群组进入编辑状态，再次激活剖切面1（图4-142）。

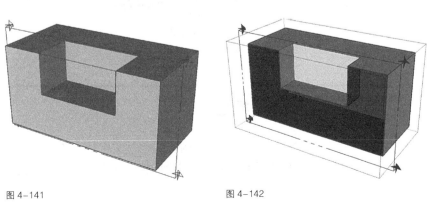

图4-141

图4-142

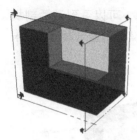

图 4-143

9）退出群组的编辑状态。

10）再次添加剖面至合适位置，我们可以看到，两个剖面同时处于激活状态（图 4-143 ）。

11）此时的显示／隐藏剖切和显示／隐藏剖面命令对两个剖面都是同时生效的（图 4-144 ）。

隐藏剖切

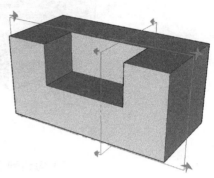

隐藏剖面

图 4-144

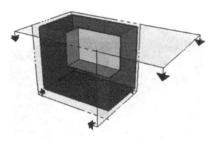

图 4-145

在上面的例子中，通过将剖切面组合到群组内的方法，实现了双重剖面效果。如果想要更多重的剖面效果，还可以用类似的方法，将群组与剖切面组合成群组，以群组嵌套的方法实现多重剖面（图 4-145 ）。

另外，群组内的剖切面将只对该群组内的物体生效，利用这一特点，我们还可以实现场景中指定的部分物体的剖面效果（图 4-146 ）。

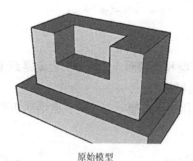

原始模型

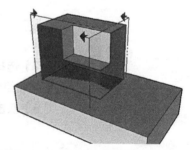

部分物体剖切效果

图 4-146

4.5　标注

SketchUp 中的标注包括文字标注和尺寸标注两大类。除了文字标注中的屏幕文字外，其余的标注都和模型有着紧密的联系。

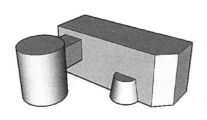

图 4-147

4.5.1 文字标注

SketchUp 中的文字标注有两种形式，一种标注文字 Leader Text，与物体相关联，有一根延长线与物体相连，该文字将随着视角的改变而改变；另一种是屏幕文字 Screen Text，不与任何物体相关联，其在屏幕上的位置保持不变。

1）复制并打开下载文件中的 4.4.skp（图 4-147）。首先我们要创建一个屏幕文字类型的标题。

2）使用文字标注工具 在视图窗口左上角的空白处单击鼠标，文本框出现，并等待文本的输入（图 4-148）。

3）在文本框中输入"某办公楼设计"（也可以是你想要的任何文字），在文本框外单击鼠标或按两次回车键完成文本的输入（图 4-149）。

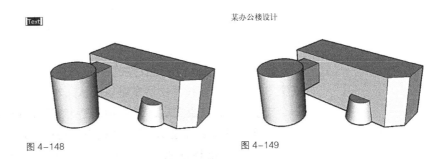

图 4-148   图 4-149

4）选择该文本，在实体信息对话框中可以看到该文本用的是默认的 Tahoma 字体，大小是 12 点（图 4-150）。我们可以调整它，点击改变字体 Change Font，打开字体对话框（图 4-151）。

图 4-150

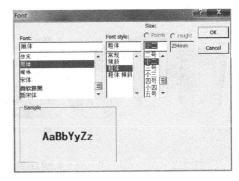

图 4-151

图 4-152

某办公楼设计

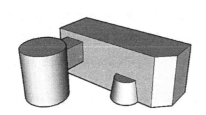

5）确认字体的改变后，场景中的文字已经随之改变了（图 4-152）。

6）旋转视图，可以发现文字保持在屏幕的左上角不动（图 4-153）。

7）回到原来的视图，选择文字，并用移动工具改变文字的位置，或者直接用文本标注工具选择该文字并移动其位置（图4-154）。

接下来我们继续与物体关联的文字标注的练习。

8）再次激活文本标注工具，在建筑顶面上单击确定标注的起始点，移动光标，光标与刚才的起始点之间出现一条橡皮线，同时文字的内容自动显示为刚才所点击的表面的面积值（图4-155）。

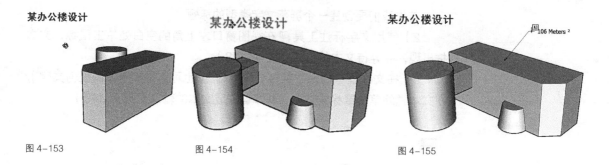

图4-153　　　　　　　　图4-154　　　　　　　　图4-155

9）再次点击鼠标确定标注的位置，并在文本框中输入"办公楼主体"，在文本框外单击或按两次回车键以确认文本的输入。现在我们已经创建了一个文字标注，它由文本、箭头和标注引线三部分组成（图4-156）。

10）标注引线的显示有三种状态，在该标注上单击鼠标右键，弹出关联菜单，点击标注引线Leader，显示有三个子选项：基于视点View Based、图钉Pushpin和隐藏Hidden，默认状态是图钉（图4-157）。

11）再对圆柱顶面添加一个文本标注，文字为"会议厅"，将其标注引线状态更改为基于视点（图4-158）。

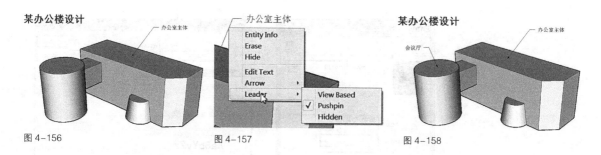

图4-156　　　　　　　　图4-157　　　　　　　　图4-158

12）旋转视图至图中所示，两个标注起始点都被遮挡住了，此时"办公楼主体"标注依然可见，而"会议厅"标注则自动隐藏了（图4-159）。这是因为基于视点类型的标注会随着起始点的遮挡而自动隐藏，而图钉类型的标注则还是保持可见。

基于视点和图钉类型的不同显示效果使我们在表现模型时有更方便的选择。基点类型的标注适用于固定角度的静态图像表现，可以将看不见的面的标注都隐藏起来。而图钉类型的标注适用于对模型的动态的整体研究，将所有面的标注都显示出来。

标注引线的第三种显示类型是隐藏，将"会议厅"的标注引线更改为隐藏，效果如图 4-160 所示。

除了标注引线有三种类型外，标注的箭头也有不同的表现形式。

打开"办公楼主体"标注的关联菜单，点击箭头 Arrow，其下一级菜单中显示共有四种箭头形式可选择（图 4-161）。

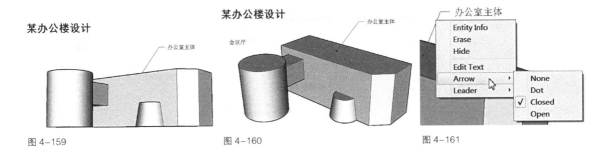

图 4-159

图 4-160

图 4-161

下面显示了四种箭头的不同表现形式（图 4-162）。

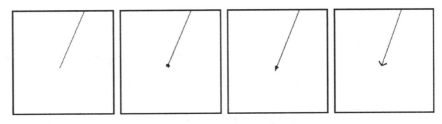

图 4-162

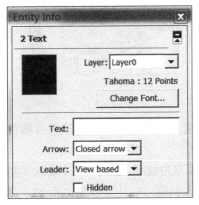

图 4-163

除了对单个标注进行标注形式的改变外，选择多个标注可以在实体信息对话框中进行修改（图 4-163）。

另外还可以在场景信息对话框中的文字 Text 标签下对标注的默认样式进行修改（图 4-164）。

在 SketchUp 中，屏幕文字和标注文字的默认样式是可以分别设定的，包括字体和颜色。其中标注文字不但可以按字号 Points 设置字体的大小，还可以直接按当前模型的单位设置字体的高度 Height。两者之间的区别主要在于，按字号设定的大小将在绘图窗口保持绝对尺寸，不随场景的缩放而改变大小。而按模型单位设置的高度将在绘图窗口内与模型本身保持相对不变，会随着场景的缩放而改变大小。

对话框中其他命令包括：

选择所有屏幕文字（Select all screen text）可以选择场景中所有的屏幕文字标注；

选择所有标注文字（Select all leader text）可以选择场景中所有的关联文字标注；

更新选择的文字（Update selected text）可以用对话框中设定的标注形式替换所有选择的文字标注。

图 4-164

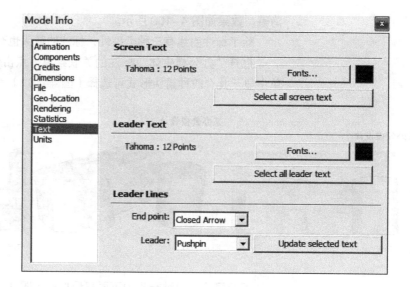

现在回到我们的练习。

SketchUp 除了可以对面进行文字标注，也可以对边线和交点进行标注。

13）用文本标注工具继续为模型添加标注，使用推 / 拉工具拉伸办公楼的顶面，所有与顶面相关联的标注都随之而移动（图 4-165）。这也正是 SketchUp 的标注的关联特点所在。

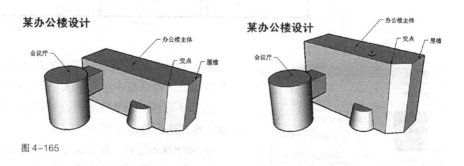

图 4-165

SketchUp 还可以直接将文字标注放置在面或边线上，省掉箭头和引线，这算是文字标注中的一个特例吧。

14）激活文本标注工具，在模型的侧面双击鼠标，在文本框中输入"侧面"，按两次回车。使用推 / 拉工具拉伸该侧面，标注同样随之而动（图 4-166）。

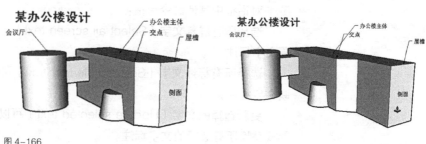

图 4-166

4.5.2 尺寸标注

尺寸标注与模型当前的单位设置有密切的关系，为符合建筑尺寸标注的通常规范，我们需要调整下模型的单位。

1）重新复制并打开下载文件中的 4.4.skp，选择菜单 Window->Model Info，在对话框中选择"Unit"标签，将单位改为毫米 mm，精度改为 0mm（图 4-167）。

图 4-167

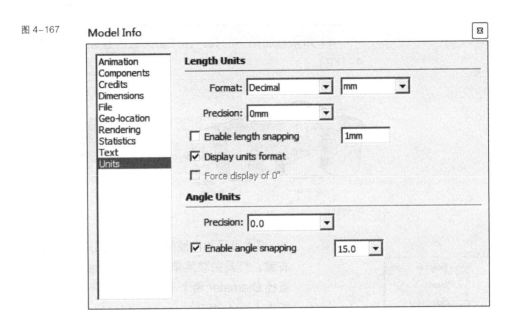

2）使用尺寸标注工具 分别点选需标注边线的两个端点，移动鼠标并确定标注的放置位置（图 4-168）。在尺寸标注工具保持激活的状态下，直接点取标注可以移动其位置。当然使用移动工具也能达到同样效果。

3）除了点击端点确定标注外，也可以直接点取边线完成。用尺寸标注工具点击图中所示边线，移动鼠标放置标注，SketchUp 会自动把已有的标注作为智能参考系统的一部分，使得标注间可以对齐（图 4-169）。

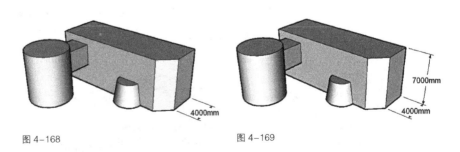

图 4-168   图 4-169

4）根据 SketchUp 的设定，边线的尺寸标注所标注的是边线沿坐标轴方向和与边线垂直方向的长度。当我们标注图中所示斜线时，随着鼠标移动的方向，可以呈现四种不同的标注，而拉出的橡皮线的颜色指示了标注的方向（图 4-170）。

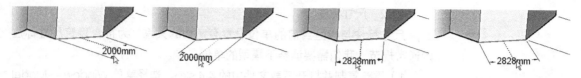

图 4-170

除了对直线标注外，SketchUp 还可以对圆弧进行标注。

5）直接用尺寸标注工具点击图中圆弧线并确定标注位置，所标注的是该圆弧的半径，标注值前自动带有前缀"R"（图 4-171）。

6）如果标注图中的圆，标注值为圆的直径，并带有前缀"DIA"（图 4-172）。

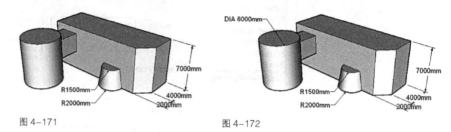

图 4-171　　　　　　　　　　　图 4-172

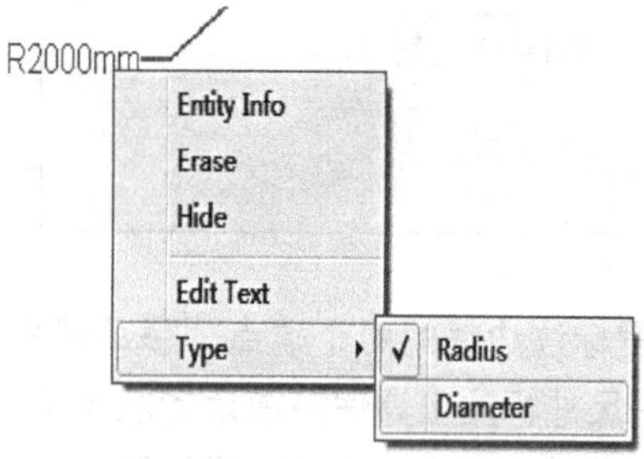

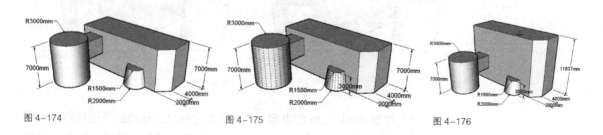

7）直径和半径的标注可以互换。在半径标注上单击鼠标右键，打开关联菜单，在类型 Type 选项下有半径 Radius 和直径 Diameter 两个子选项，选择不同的选项即可在两者之间切换（图 4-173）。

对于曲面的长度标注，如模型中的圆柱和圆台的高，由于无法通过选择端点的方法进行标注（选择端点时会默认标注其所在圆弧的直径或半径），只能通过选择边线标注。

8）尽管曲面的边线都被隐藏了，但其轮廓线依然可见，选择圆柱的边线进行标注（图 4-174）。

9）对于圆台的边线，我们先要打开菜单 View–>Hidden Geometry，将被隐藏的边线显示出来，选择某一条边线进行标注（图 4-175）。

10）SketchUp 的尺寸标注是和标注对象相关联的，用推 / 拉工具拉伸顶面，可以看到垂直边的标注值随之而改变（图 4-176）。

图 4-173

图 4-174　　　　　　图 4-175　　　　　　图 4-176

一旦标注值被认为改变，则该标注与标注对象之间的关联性将消失。

11）撤销上一步的拉伸操作，单击鼠标右键，在关联菜单上选择编辑文字（Edit Text），或者用选择工具或尺寸标注工具在垂直边的标注值上双击鼠标，进入标注值的编辑，将标注值改为"8000"（图 4-177），按回车键以确认标注的编辑。

12）再次使用推／拉工具拉伸顶面，这次垂直边的标注值保持不变（图4-178）。

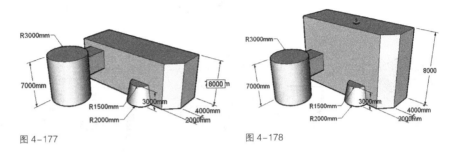

图 4-177   图 4-178

标注与对象间的关联取消后还可以重新设定。

13）撤销拉伸操作，再次进入标注的编辑，直接删除刚才我们输入的"8000"，按回车键确认，可以看到标注值自动变为标注对象的真实长度7000mm（图 4-179）。

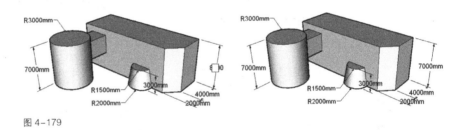

图 4-179

除了纯粹的标注值外，我们还可以加上自定义的前缀或后缀，并且保持标注与对象的关联。

14）进入标注的编辑，在标注文本框内输入"高度 <>"，按回车键确认，标注值自动变为"高度 7000mm"，并且会随着标注对象长度的改变而改变（图 4-180）。

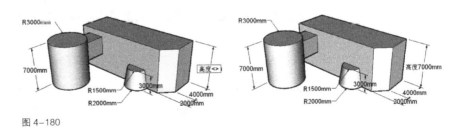

图 4-180

由于尺寸标注方向与坐标轴直接相关，如果想要标注特定方向的尺寸，则必须利用坐标轴工具改变场景的当前坐标轴。

15）打开场景的坐标轴显示（勾选菜单 View->Axes 选项）；在模型右

侧新建一个立方体，并将其旋转一定的角度，不再平行于当前的坐标轴（图4-181）。

16）现在需要标注原模型的端点到新立方体的距离。激活尺寸标注工具，分别点击图中所示两个端点，可以发现无论鼠标怎么移动，标注都无法平行于新建的立方体的边线（图4-182）。

17）激活坐标轴工具✳，点击立方体的左下角为原点（图4-183）。

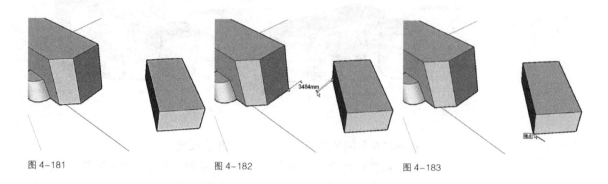

图4-181　　　　　　　　　图4-182　　　　　　　　　图4-183

18）点击立方体的一条底边为红轴方向（图4-184）。

19）点击立方体的另一条底边为绿轴方向（图4-185）。新坐标轴被确定（图4-186）。

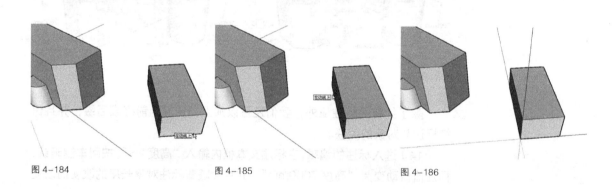

图4-184　　　　　　　　　图4-185　　　　　　　　　图4-186

20）现在用尺寸标注工具去点击两个端点，现在标注的方向与新的坐标轴相对应（图4-187），轻易就可得到我们想要的尺寸标注（图4-188）。

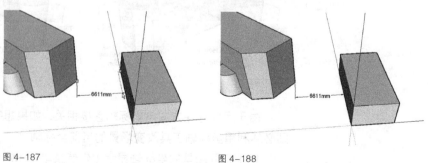

图4-187　　　　　　　　　图4-188

21）在坐标轴上单击右键，在弹出的关联菜单中选择重设 Reset（图 4-189），恢复坐标轴至初始状态,而尺寸标注依然保持在原位不动（图 4-190）。

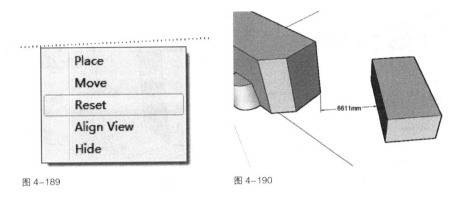

图 4-189   图 4-190

注意：尽管利用辅助线的方式也可以取得特定方向的尺寸标注，但一旦删除了辅助线，标注的关联性就消失了，不利于以后的修改，所以在这种情况下，还是使用改变坐标轴的方法更合适。

4.5.3 尺寸标注样式

相对于文字标注，SketchUp 提供了更为丰富的尺寸标注样式。而且与文字标注不同的是，改变尺寸标注的样式会实时影响到模型中所有的尺寸标注。

还是接着上一节模型进行练习。

1）打开场景信息对话框，选择标注 Dimensions 标签（图 4-191）。

图 4-191

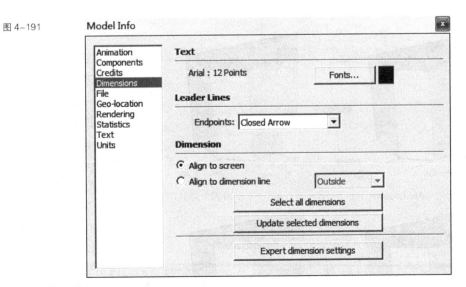

2）第一栏是字体设置，点击字体 Fonts 可以改变当前文字的字体、字形和大小。字体的大小如同标注文字一样可以设为 Points 或实际高度。点击字体按钮后的色块可以更改字体的颜色。

3）第二栏设置标注引线端点的形式：无 None、斜杆 Slash、点

Dot、关闭箭头 Closed Arrow、打开箭头 Open Arrow，其表现形式分别如图 4-192 所示。

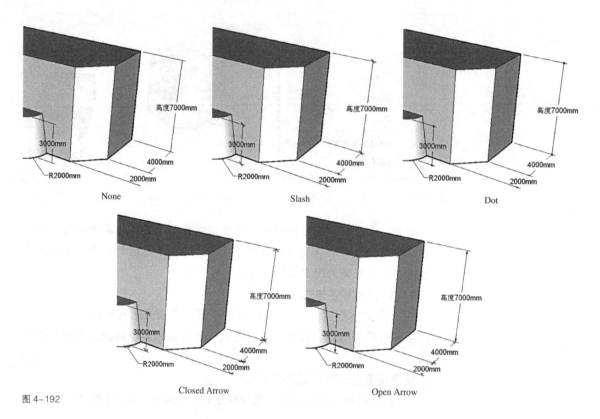

图 4-192

图 4-193

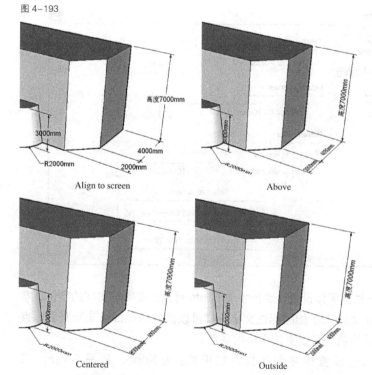

4）第三栏设置尺寸标注的对齐方式：对齐屏幕 Align to screen 和对齐尺寸线 Align to dimension line。当选择对齐尺寸线时，右侧的下拉列表被激活，共有三个选项：上面 Above、中心 Centered 和外表 Outside。其表现形式分别如图 4-193 所示。

选择所有尺寸标注（Select all dimensions）和更新选择的尺寸标注（Update selected dimensions）两个按钮可以对场景内所有或部分的尺寸标注的样式进行更新。

5）最后一栏的高级设定（Expert dimension settings）按钮将打开新的设置对话框（图 4-194）。

图 4-194

Expert Dimension Settings ☒

☑ Show radius/diam prefix

☐ Hide when foreshortened

☐ Hide when too small

Troubleshooting

☐ Highlight non-associated dimensions

6）显示半径/直径前缀（Show radius/diam prefix）选项表示是否在圆弧的标注中显示代表半径的"R"或代表直径的"DIA"前缀。通常该选项都被选择。

7）隐藏视图外尺寸（Hide when foreshortened）选项表示当尺寸标注所在平面与当前视角平面所成的夹角小于某个极限角度时，该标注自动被隐藏，其右侧的滑块可以调节设定的极限角度的大小。

8）隐藏较小尺寸（Hide when too small）选项表示当尺寸标注的文字对于所标注的长度来说太大时，该标注自动被隐藏，其右侧的滑块可以调节文字和长度间比例的极限值的大小。

9）亮显未关联尺寸标注（Highlight non-associated dimensions）选项将所有失去与对象关联的标注以特定的颜色显示出来。勾选该选项后，右侧将出现红色色块，点击该色块可以改变其颜色。

10）将垂直边的标注值改为"8000"，确认后，该标注值自动变为红色，表示该标注值已经失去了关联性（图 4-195）。不过要注意，尽管标注值失去了关联性，标注的引线还是和对象相关联，可以随对象的改变而改变，因此标注引线仍然显示为黑色。

11）在模型的另一个角处画一条切线，并用推/拉命令将该角完全切割掉，此时垂直标注随推拉动作而消失，同时对于"4000mm"的标注，由于其标注对象的一个端点的消失，整个标注的关联性都失去了，因此包括标注值和标注引线全都呈现出红色（图 4-196）。

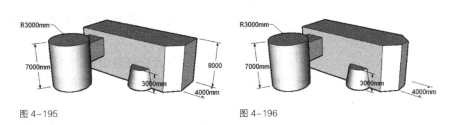

图 4-195　　　　　　　　　　　图 4-196

12）另外，尺寸标注的样式还和场景的默认单位有关，将当前场景的单位设置改为米，其余不变，可以看到场景中的标注值全部自动更新了（图 4-197）。注意其中圆台上边的半径标注前多了一个"~"号，这是因为在刚才的尺寸的设置下已经勾选了未关联尺寸标注选项。该选项除了按指定颜色显示失去关联性的标注外，还会在精度不足的标注值前自动添加"~"记号。要去除该记号，需要在单位设置中增加精确度的小数点后的位数。

13）将场景对话框中的单位标签下的精确度 Precision 改为"0.000m"，查看此时的标注，"~"标记消失了（图 4-198）。一般取小数点后三位的精确度能保证标注中不产生"~"标记。

14）取消显示单位形式（Display units format）选项的勾选，标注值中的单位也被取消（图 4-199）。

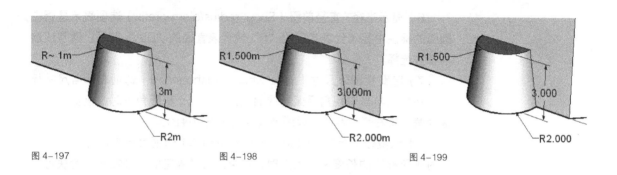

图 4-197　　　　　　　　　图 4-198　　　　　　　　　图 4-199

4.5.4　使用文字标注工具的尺寸标注

除了尺寸标注工具可以对长度、半径等进行标注外，SketchUp 中的文字标注工具也可以进行尺寸标注工作。

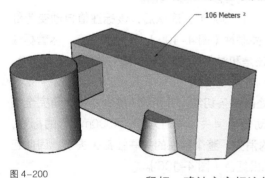

图 4-200

文字标注可以对面、线和点进行尺寸标注，其中对面标注的是其面积，对线标注的是其长度，对点标注的是其坐标。

1）重新复制并打开下载文件中的 4.4.skp。

2）激活文字标注工具。点击模型中的某一表面，移动鼠标，此时光标处出现了该表面的面积数值。在合适位置单击以放置标注，此时文本框内呈蓝底白字，等待输入文字。直接在标注文字框以外单击鼠标，确认文字标注的输入（图 4-200）。

3）用文字标注工具点击任意边线，其默认的标注文字是该边线的长度（图 4-201）。

4）用文字标注工具点击任意端点，其默认的标注文字是该端点的坐标（图 4-202）。在这些标注值中，有些前面带有"~"记号，意味着该值的精确度不高。

对于圆弧、曲面类物体，文字标注所得到的结果也和尺寸标注的结果大相径庭。

5）用文字标注工具标注圆柱的顶面，标注值为该顶面的面积（图 4-203）。注意不要选择圆心为标注起始点，否则不会得到圆的面积值。

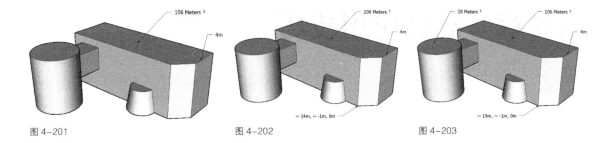

图 4-201 图 4-202 图 4-203

6）用文字标注工具标注圆柱顶面的圆边，标注值为该圆的周长（图 4-204）。注意不要选择组成圆的线段的端点为标注起始点，否则得到的是该点的坐标值。

7）用文字标注工具标注圆柱的侧面，如果标注起始点落在被隐藏的边线上，标注值为该边线的长度（图 4-205）；如果标注起始点落在边线之间的面上（可能需要将视图放大到一定程度才能选择到），标注值为两条隐藏边线间的面的面积值（图 4-206）。

注意：利用文字标注方式标注的尺寸值与原物体不具有关联性，不会随标注物体的变化而变化，其单位也不会随着场景设置单位的变化而变化。

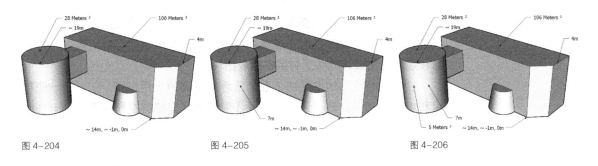

图 4-204 图 4-205 图 4-206

第5章　高级应用技巧

在本章中我们将重点介绍一些高级应用技巧，包括对群组和组件的使用、相机和动画的使用、三维文字、照片匹配、与谷歌地球的互动、文件的导入和导出以及 SketchUp 的一些其他设置等。

5.1　群组和组件

群组和组件是 SketchUp 中管理和组织模型的重要手段，熟练而有效地使用群组和组件将为我们的建模工作带来非常大的便利。

SketchUp 中一个最基本的特点是线和面之间的依附关系，面必须依赖于线才能存在，同时面与面之间又被彼此之间的共用边线联系在一起。在这种情况下，对面或线的编辑都将影响到模型的其他部分。要使一部分面和线独立出来，就必须利用群组或组件。

在前面各章节的练习中，我们已经从不同的应用出发，学习了一些群组和组件的知识。而在这一节中，我们将补充介绍群组和组件其他一些方面的使用。

5.1.1　群组的使用

相对于组件，群组的使用较为简单，其用途主要在于将一部分物体独立出来，便于自身的编辑和避免对其他物体的影响。

尽管群组的概念简单而有效，但将哪些物体组合成群组则需要仔细考虑。因为一旦组合成群组，群组内外的物体将被相互隔离，SketchUp 原有的线与面、面与面之间的互动关系也被割裂开来，反而阻碍了对形体的自由掌控。因此必须根据自己的需要和设计对象的特点进行群组的组合。比如对于具有标准层的多层物体，一般来说以层为对象成组是比较合适的（参见 3.3 马赛公寓建模）。而对于更强调体块组合的建筑造型，以各体块为对象成组更为合适（参见 3.4 埃克塞特学院图书馆建模）。

另外要善于使用嵌套群组。SketchUp 支持群组的嵌套，群组内可以再包含群组和组件。通过这种嵌套方式，模型内各物体将组成一个树状结构，有利于我们对整个模型的组织和管理。并且 SketchUp 将这种树状组织结构通过管理目录（Outliner）清楚地展现出来。

5.1.2　组件的使用

相对于群组，组件更适用于在模型中重复出现的物体，如窗户、家具、配景等。只需要创建一个原始模型并将其组成组件，即可在所有的

图 5-1

SketchUp 模型中重复使用，既方便，又可减少 SketchUp 对系统资源的消耗。

　　除了由我们自己创建组件外，SketchUp 本身提供组件库内组件较少，而主要依赖于网络上的组件库（3D Warehouse），可以通过搜索找到更多的组件模型下载。利用这些现成的组件，可以大大减少我们的工作量。

　　在之前我们已经介绍过组件的创建和插入的方法以及组件的关联特性。本节将主要介绍组件的一些其他使用特点。

　　1）选择菜单 Window->Components，打开组件管理器（图 5-1）。组件管理器上方是组件预览与描述框，中间有三个标签——选择（Select）、编辑（Edit）和统计（Statistics），最下方则是当前目录显示以及左右两个箭头，分别用于切换到前一次或后一次浏览的组件目录。在选择标签下，第一行左侧两个下拉按钮分别是设定组件的预览方式和选择组件类别，其中房屋图标按钮表示列出当前模型中（In Model）的所有组件。在搜索框中输入文字可直接转至三维组件库中进行搜索。最右侧的箭头按钮则提供了更多的功能命令。

　　2）在组件列表中选择名为"Tree2D Deciduous"的树木组件并插入当前场景，多次插入同样的组件（图 5-2）。

　　3）点击房屋图标，显示当前模型中的组件，就是刚才插入的组件，在该组件预览框上单击鼠标右键，选择属性（Properties），编辑标签自动激活，显示当前选择组件的相关属性（图 5-3）。可以看到该组件的属性中，总是面向相机（Always face camera）和阴影朝向太阳（Shadows face sun）均已打开，这两个属性在树木和人物配景方面有助于用简单的二维模型取得较好的视觉效果。

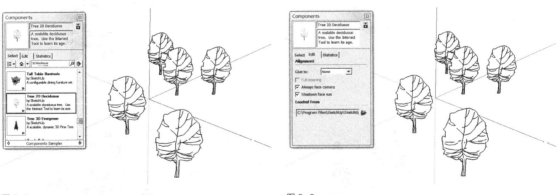

图 5-2　　　　　　　　　　　　　　　　　　图 5-3

　　4）回到选择标签，点击最下方向左箭头，重新打开组件样例，选择组件"Tree 3D Evergreen"并插入当前场景（图 5-4）。

　　5）再次点击房屋图标，显示当前模型中的组件，在"Tree2D Deciduous"组件预览图上单击鼠标右键，打开关联菜单，点击选择实例（Select Instances）（图 5-5），场景中所有该组件都被选中。

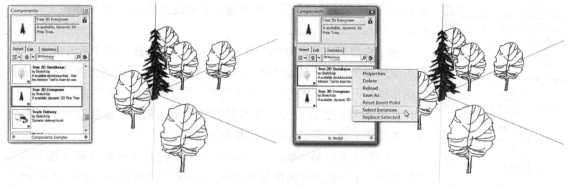

图 5-4

图 5-5

6）在"Tree 3D Evergreen"组件预览图上单击鼠标右键，打开关联菜单，点击替换选择（Replace Selected）（图 5-6），场景中刚才所有选中的组件都被替换（图 5-7）。

7）在组件管理器中选择详细信息按钮，在弹出的对话框中选择清理未使用（Purge Unused）（图 5-8），场景看上去没有任何变化，但组件管理器的当前模型中，未使用的"Tree2D Deciduous"被清除（图 5-9）。该操作有利于去除模型中不必要的垃圾，提高系统运行效率。

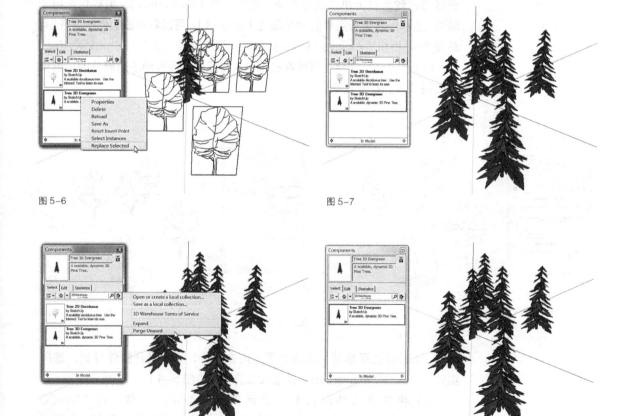

图 5-6

图 5-7

图 5-8

图 5-9

5.1.3 群组和组件的材质

无论是群组还是组件，它都有两个层次的属性，一是作为组合整体的属性，另一个是组合内部各元素的属性。强调这一特点，主要是因为群组和组件的材质也有相应的特殊设定。组合本身的材质和组合内部各元素的材质，两者之间并无必然的联系。

当为群组或组件赋材质时，该材质被赋予整个群组或组件本身，而不是其内部的元素。群组或组件内部只有被赋予了默认材质的元素才会接受赋予群组或组件整体的材质。而那些已经被赋予了特定材质的元素则都会保留原来的材质不变。

1）打开下载文件中的 5.1.3_a.skp 文件，文件中建筑模型整体是个群组，且屋顶被赋予特定材质，所有墙体则保持为默认材质（图 5–10）。

2）在"材质浏览器"中选择任意一种墙体材质并将其赋予刚刚创建的群组，可以看到只有原来是默认材质的墙体接受了材质的赋予，而屋顶材质依然保持不变（图 5–11）。

3）选择群组并查看其实体信息，可以看到群组的材质只表现为最后所赋予的墙体材质，并不包含群组内部屋顶元素的材质（图 5–12）。

4）现在将群组炸开，墙体的材质并未恢复成最初的默认材质，而依然表现为原先群组所具有的材质（图 5–13）。

另外，对于组件的关联特性，不同的赋材质方式也会带来不同的结果。给一个组件赋材质只能影响该组件自身，并不影响其他关联组件的材质。

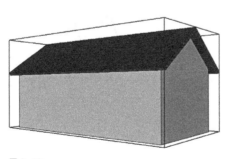

图 5–10

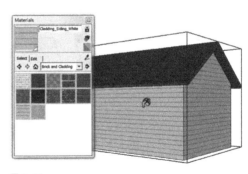

图 5–11

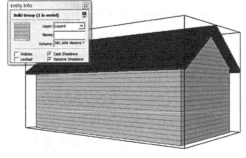

图 5–12

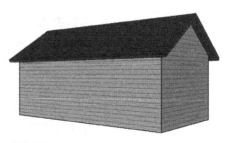

图 5–13

只有进入组件编辑状态，改变其内部元素的材质才会影响所有的关联组件。这一特点可以快速创建一系列不同材质的组件而不用改变组件本身。

1）打开下载文件中的 5.1.3_b.skp，场景中有四把同一组件复制而成的折叠椅，该组件中椅面和椅背是默认材质，其余的钢构件被赋予了特定材质（图 5-14）。

2）选择"材质浏览器"中"Colors"目录下不同颜色的材质分别赋予四把折叠椅。只有椅面和椅背随之改变了材质，而所有的钢构件的材质保持不变（图 5-15）。

图 5-14   图 5-15

3）双击任意一把折叠椅进入组件编辑状态，在"材质浏览器"中再次选择一个不同颜色的材质并将其赋予椅面（图 5-16）。

4）退出组件编辑，现在场景中的折叠椅组件只有椅背保持了刚才被赋予组件的材质，椅面则由于组件的关联性全部变成了绿色（图 5-17）。

图 5-16   图 5-17

5.1.4 群组和组件的整体编辑

对群组和组件的编辑操作除了通常所指的对其内部元素的编辑外，还有一类是指对群组和组件本身的编辑，在此我们称后者为对群组和组件的整体编辑。包括第 2.3.4 节对组件的缩放编辑和第 5.1.3 节对群组和组件材质的赋予都属于整体编辑操作。

（1）群组的整体编辑

群组的整体编辑包括分离（Unglue）和重设比例（Reset Scale）。

创建群组时，如果群组中的有些线或面与群组外的面连在一起，该群组将与面出现关联效应，对其的移动将受到关联面的限制。"分离"就意味着将群组与其原先的关联面分开，成为完全独立的群组。

"重设比例"则表示，当群组被创建时，系统会自动记录群组的比例大小为默认比例。之后无论对该群组执行什么样的缩放操作，只要执行重设比例，就可以将该群组恢复成创建时默认的比例大小。

1）创建如图 5-18 所示图形，一个建筑模型落在一个平的基地上，选择建筑模型并将其组合为群组。

2）选择该群组并利用移动工具移动它，可以发现该群组的移动方向被限制在基地面所在的水平面上，无法进行垂直方向的移动（图 5-19）。

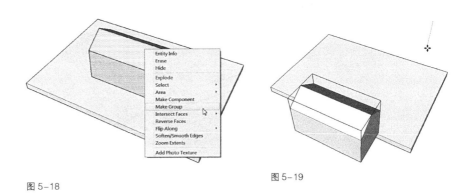

图 5-18

图 5-19

3）撤消刚才的移动操作。在群组上单击鼠标右键，在关联菜单中选择"Unglue"（图 5-20）。

4）再次移动该群组，由于刚才的分离操作取消了群组与关联面之间的联系，这次可以沿垂直方向移动了（图 5-21）。

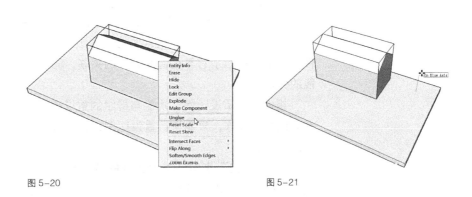

图 5-20

图 5-21

5）撤消刚才的移动操作。再次选择群组，激活缩放工具，在群组周围出现缩放夹点（图 5-22）。

6）通过点击缩放夹点对该群组进行多次任意方向的缩放（图 5-23）。

7）在群组上单击鼠标右键，在关联菜单中选择"Reset Scale"（图 5-24）。

8）群组恢复到创建时的比例大小（图 5-25）。

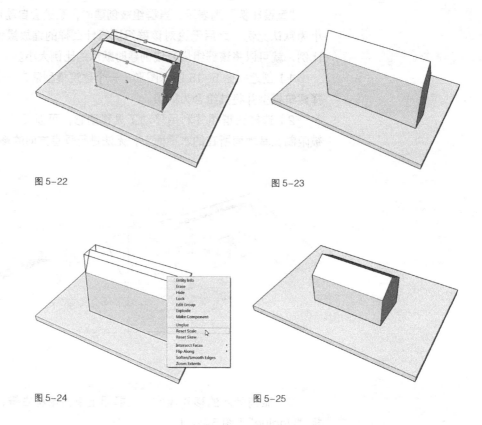

图 5-22

图 5-23

图 5-24

图 5-25

（2）组件的整体编辑

组件的整体编辑包括分离（Unglue）、重设比例（Reset Scale）、缩放定义（Scale Definition）和改变坐标轴（Change Axes）。

只有在创建时设定了粘合面的组件才能被执行分离操作，被分离的组件相当于被切断了它与粘合面之间的关联，同时还会造成原有剖切开口功能的失效。

组件的"重设比例"功能与群组的重设比例相同，无论对组件执行什么样的缩放操作，只要执行重设比例，就可以将该组件恢复成创建时默认的比例大小。

"缩放定义"则意味着对组件的默认比例的重新定义。当对组件执行过缩放操作后，执行缩放定义，则以该组件的当前比例大小作为默认比例。如果以后再执行重设比例的操作，组件将恢复到重新定义后的比例大小。

"改变坐标轴"意味着重新设定组件插入点和方向。在新版 SketchUp 中，不能通过该命令调整组件的粘合面。

1）打开下载文件中的 5.1.4.skp，文件中包括一个简单的建筑体块，其中某立面上有一些窗户组件（图 5-26）。

2）在任意一个窗户组件上单击鼠标右键，在关联菜单中选择"Unglue"（图 5-27）。

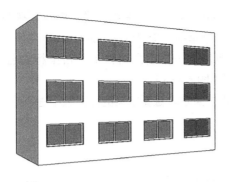

图 5-26

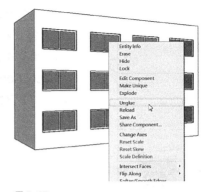

图 5-27

3）该组件在墙面上的自动剖切开口被取消,墙面恢复完整（图 5-28）。

4）选择任意一个窗户组件进行缩放（图 5-29）。

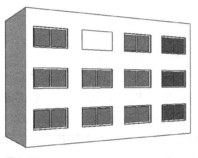

图 5-28

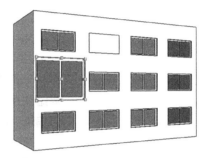

图 5-29

5）在缩放后的组件上单击鼠标右键,在关联菜单中选择"Reset Scale"（图 5-30）。

6）该组件恢复到其默认的比例大小,但要注意,此时窗户的相对位置发生了变化,这是因为在缩放原窗户组件时,窗户的插入点位置已经被变动（图 5-31）。

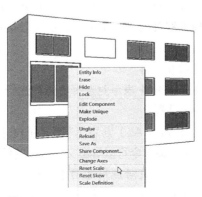

图 5-30

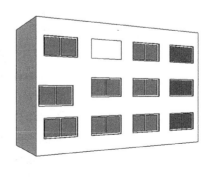

图 5-31

7）再次选择任意一个窗户组件进行缩放，在缩放后的组件上单击鼠标右键，在关联菜单中选择"Scale Definition"（图 5-32）。

8）在其他任意一个窗户组件上单击鼠标右键，在关联菜单中选择"Reset Scale"（图 5-33）。

9）该组件按照刚才重新定义的比例大小进行缩放（图 5-34）。

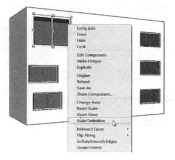

图 5-32

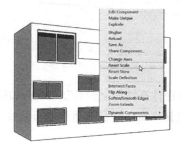

图 5-33

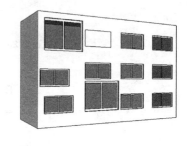

图 5-34

（3）群组和组件的锁定和解锁

无论是群组还是组件都存在一个特殊的状态——锁定。被锁定的群组或组件尽管仍在整个场景中，可以被观察、被选择，然而无法对其进行任何编辑。锁定的群组和组件被选择时，边线都以红色表示。

通过解锁的操作可以将被锁定的群组或组件解除锁定。

锁定和解锁操作均可通过菜单 Edit 下的 Lock 或 Unlock 实现，也可通过在群组或组件上单击鼠标右键，在关联菜单中选择 Lock 或 Unlock。

（4）移动工具的旋转功能

在 SketchUp 的编辑工具栏的六个工具中，只有移动、旋转和缩放这三个工具可以对群组或组件进行整体编辑。其中旋转和缩放工具的用法和对普通图形元素的操作相同，只有移动工具有些特别。

无论是群组还是组件，它们都有一个隐含的表示其范围的长方体线框。当该群组或组件被选择时，该线框会显示出来。此时如果激活移动工具，当鼠标移至该长方体线框上时，鼠标所在的长方体的面上会出现四个红色十字标志，用鼠标抓取任何一个十字标志都可以执行旋转该群组或组件的操作。

（5）组件的重载和另存

组件的重载（Reload）表示对选择的组件进行更新，并以新选择的外部组件（.skp 文件）代替。

组件的另存为（Save As）则表示将文件内选择的组件另存为一个独立的 SketchUp 文件。该命令可以导出文件内部的组件，供其他文件调用。

注意：在建模过程中灵活应用这两个功能，可以有效提高工作效率。如在建模过程中将某些组件以比较粗浅的方式表达，并将其另存为独立的

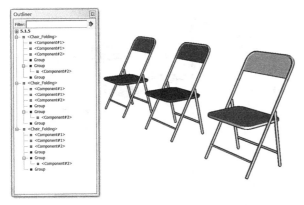

图 5-35

SketchUp 文件。然后打开该文件，单独对其进行细化加工，此时可避免原文件中其他物体对该组件的干扰。最后在原文件中通过重载，将细化后的模型替代原来的组件，可以得到最终的完整效果。

5.1.5 群组和组件的管理

因为群组和组件对模型的组织非常重要，SketchUp 专门提供了管理目录工具以树状结构的形式来管理模型中所有的群组和组件。

1）打开下载文件中的 5.1.5.skp，场景中有三个同样的折叠椅组件，分别被赋予了不同的材质。选择菜单 Window->Outliner，打开管理目录对话框（图 5-35）。

在管理目录中列出了当前模型中所有的群组和组件。在群组或组件名称前有个"＋"号的表示该群组或组件内含子群组或组件。点击该"＋"号可以层级的方式列出该嵌套群组或组件内所包含的群组或组件。或者点击右上角的箭头按钮打开对话框菜单，选择全部展开（Expand All），即可展开所有嵌套群组或组件。选择全部折叠（Collapse All）则可关闭所有的嵌套群组或组件，只显示处于根层级下的群组和组件名称。

注意：在每个群组和组件名称前还有一个小图标，不同的图标代表了不同属性的群组和组件。

● 一个黑色大方块：普通群组。
● 四个黑色小方块：普通组件。
● 一个空心大方块：处于编辑状态的群组。
● 四个空心小方块：处于编辑状态的组件。
● 一个带锁的灰色大方块：被锁定的群组。
● 四个带锁的灰色小方块：被锁定的组件。
● 名称以斜体字显示：被隐藏的群组或组件。

2）在管理目录的树状列表中任意单击一个群组或组件，可以看到在绘图窗口中，该群组或组件也被选择出来（图 5-36）。

3）在管理目录的树状列表中任意双击一个群组或组件，直接进入该群组或组件的编辑状态（图 5-37）。

在管理目录的树状列表中可以通过拖动群组或组件名称来重组其层级结构。

4）选择任一折叠椅组件内的一个椅垫群组。因为组件的关联性，其他两个组件内的椅垫群组以蓝灰色显示（图 5-38）。

5）用鼠标拖动该群组至显示为文件名的根目录上，松开鼠标，该群组已经被从组件内剥离并放置到根目录下，并且原来属于组件整体的材质也被从群组中删除，群组恢复了在组件内部时的默认材质。同时由于组件本身定义发生了变化，其他两个组件内的椅垫也都消失了（图 5-39）。

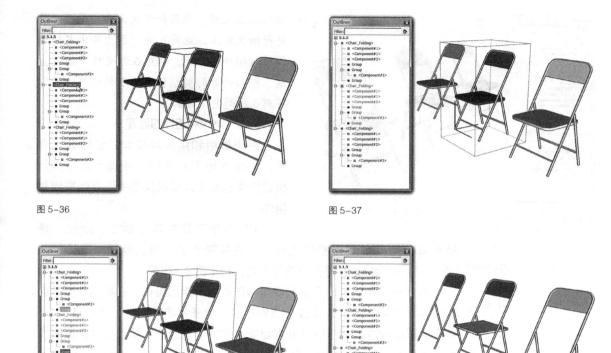

图 5-36

图 5-37

图 5-38

图 5-39

6）再次选择椅垫群组并将其拖至原来所在组件的组件名上（图 5-40）。

7）椅垫群组重新成为折叠椅组件的组成部分，也重新接受了组件整体的材质。相应的，另外两个组件也都发生了变化（图 5-41）。

现在再查看一下树状列表中各群组和组件的名称，可以发现，模型中的每一个群组和组件都可以有自己的名称,这个名称不是唯一的,允许重名。而对于组件来说，可以没有组件名，但必定有一个组件定义名，这个名字处在尖括号中，并且不同类的组件不允许重名。

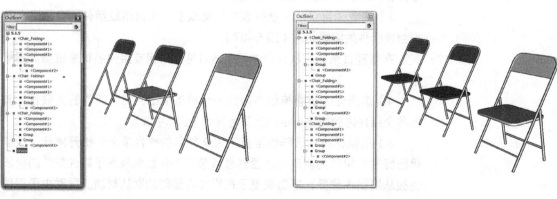

图 5-40

图 5-41

要改变群组或组件的名称可以执行以下操作：

8）在组件内的一个群组名称上单击鼠标右键，打开关联菜单，选择重命名（Rename）（图5–42）。

9）输入新的名称"Yidian"并回车，该群组被重新命名，同时相关联的组件内的群组的名字也都随之改变（图5–43）。注意：本版本的SketchUp对中文的支持不够好，此处如输入中文，将只保留最后一个字。

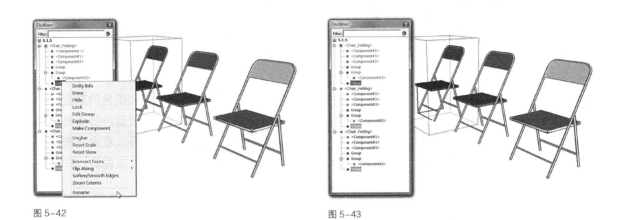

图 5–42

图 5–43

10）在组件名称上单击单击鼠标右键，打开关联菜单，选择实体信息（Entity Info），打开实体信息对话框，在定义名称框（Definition Name）内显示该组件的定义名是"Chair_Folding"（图5–44）。

11）在定义名称框内输入新的定义名"折叠椅"，同一组件的定义名均改为"折叠椅"（图5–45）。

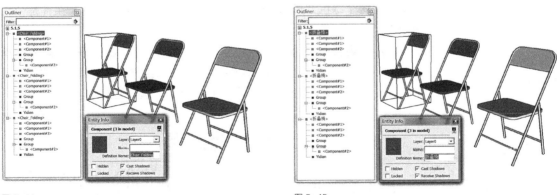

图 5–44

图 5–45

12）继续在名称框（Name）中输入新的名称"Blue"，在管理目录中该组件名为"Blue<折叠椅>"，其余组件则保持为组件的定义名不变（图5–46）。

13）用同样的方法将其余两个组件分别改名为"Red"和"Yellow"（图5–47）。

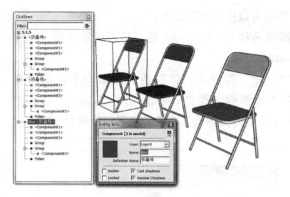

图 5-46

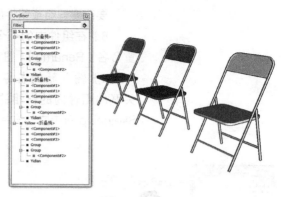

图 5-47

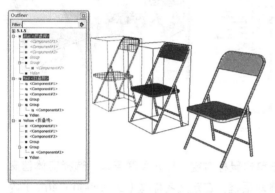

图 5-48

管理目录还可以管理群组和组件的隐藏或锁定状态。分别通过管理菜单隐藏蓝色折叠椅和锁定红色折叠椅，在管理目录中可以看出当前各组件的状态，灰色斜体名称的组件被隐藏，标志带有锁的组件被锁定（图 5-48）。

5.1.6 动态组件

除了普通的组件之外，SketchUp 还提供了一种特殊类型的组件，被称之为动态组件（Dynamic Component）。动态组件本身具有一些特定的属性选项，可以通过对选项的改变来调整组件的造型。

1）新建一个 SketchUp 文件，打开组件管理器，在软件提供的组件样例中选择 "Fence" 并插入当前场景（图 5-49）。注意，在组件缩略图的右下角有两个绿色方形和一个绿色三角形标志的，就表示这个组件是个动态组件。

2）在场景中的栅栏组件上单击鼠标右键，在关联菜单中选择 Dynamic Components->Component Options，组件选项对话框被打开（图 5-50）。该动态组件只有一个选项 "spacing"，选项值是 5"。

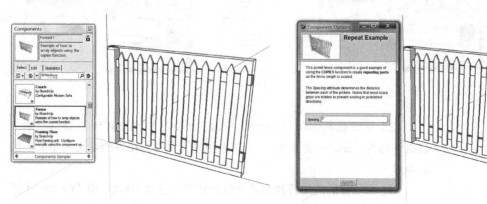

图 5-49

图 5-50

3）将选项"spacing"的值改为 10"并回车，场景中的栅栏组件自动调整了木条之间孔隙的宽度（图 5-51）。

4）再次在栅栏组件上单击鼠标右键打开关联菜单，选择 Dynamic Components->Component Attributes，打开组件属性对话框（图 5-52）。所有与该组件相关的属性指标都以表格方式列在该对话框中。

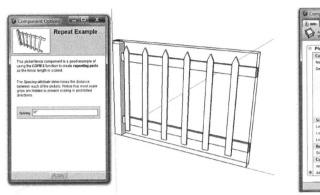

图 5-51

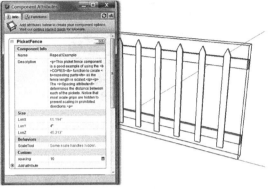

图 5-52

动态组件是 SketchUp 具有突破性的功能之一，通过赋予不同的属性和选项，大大扩展了组件的涵义，并具有了建筑信息化建模（Building Information Modeling）的可能性。具体的设置就是通过图 5-52 中所示组件属性对话框实现的，包括对组件中单独构件的尺寸、旋转角度、材质、是否可见等多种属性进行设定，而且其属性值可以是具体数值，也可以是某个函数方程式。这部分内容比较复杂，本教材不做详细讲解。通常我们都是直接从三维模型库中搜索需要的动态组件进行应用。

5.2　相机与场景

当建筑师在进行建筑设计时，经常需要从包括人眼视角在内的多个视角去观察设计的模型，有时也需要通过一定的路线动态地观察模型。作为一个优秀的建筑设计三维软件，SketchUp 提供了多种观察模型的方式，更具特点的是人眼视点和多场景的视点储存方式。在第一章中我们就已经介绍过了关于相机工具栏和视图工具栏的特点和用法，在本小节中，我们将学习利用相机在场景中漫游和创建页面的方法。

5.2.1　相机放置与视角调整

在 SketchUp 中，除了相机工具栏内那些操作相机转动、平移和缩放的工具外，还提供了设置相机（Position Camera） ，环视场景（Look Around） 和漫游（Walk） 三个工具。

1）打开下载文件中的 5.2.1.skp（图 5-53）。

2）由于存在透视关系，将视图切换到顶视图模式，可以较为准确地确定相机位置。点击设置相机按钮 ℞ ，在需要放置相机的地方单击鼠标（图 5-54）。

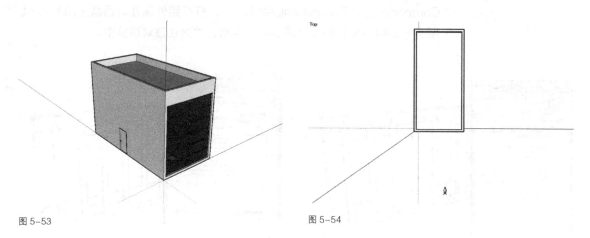

图 5-53

图 5-54

3）视图窗口自动切换到刚才放置的相机的视角，同时自动激活环视场景功能 👁 ，光标相应地变为一只眼睛图像。用这种方式放置的相机只是指定了位置，而没有指定相机的方向。默认状态下，相机的方向将朝向刚才放置相机时视图的正上方（图 5-55）。对于相机本身的定位，由基点和视线高度两部分决定。基点总是落在某个表面上，当所处位置没有物体时，则落在红绿轴平面上。视线高度则是在基点的垂直方向上偏移的距离。数值控制框内显示的就是当前的视线高度（Eye Height），SketchUp 已经预设了通常的人眼高度 1.676m。我们也可以直接输入自己需要的高度值。

4）现在环视场景工具仍然处于激活状态，点击鼠标并拖动即可改变相机的视线方向。该工具模拟了人站在一个固定点，转动脖子向四周观看的效果（图 5-56）。

5）点击漫游按钮 👣（该功能只有在透视状态下才能激活，在轴测状态下无法使用），光标变成一双鞋。点击鼠标并拖动，相机开始随鼠标的移动而移动。在鼠标点击处出现一个十字标志，以此为参考点，光标的方向

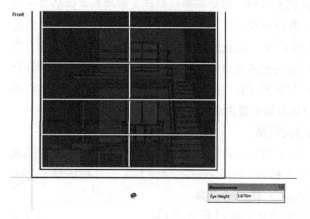

图 5-55

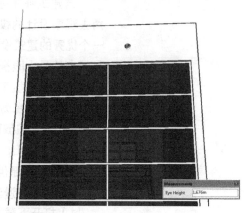

图 5-56

即为相机运动的方向，光标与十字标的距离则影响着相机运动的速度（图5-57）。在按住鼠标拖动的同时按住 Ctrl 键可以切换到快速移动模式，加快相机运动的速度。在按住鼠标拖动的同时按住 Shift 键则可以让相机进行水平或垂直移动（这种移动方式会改变视线的高度）。继续向前移动，当靠近墙体时，相机被它挡住而无法再向前进，同时光标也变为👣。这就是SketchUp 中的碰撞检测功能，该功能有助于我们模拟更为真实的场景漫游。在点击鼠标并拖动的同时按住 Alt 键，此时相机可以穿过墙体继续移动了。Alt 键可以暂时使碰撞检测失效。

6）利用 Alt 键使相机进入房间，松开 Alt 键，并改变相机的方向向楼梯移动。当到达楼梯后，相机会随着楼梯台阶的升高而自动升高。这是因为SketchUp 中的碰撞检测只对高度达到视线高度三分之一的物体才起作用，对于低于视线高度三分之一的物体，相机的基点会自动移动到其表面上，如同观察者站到了该物体上，使我们可以完成上下楼梯等漫游动作（图5-58）。

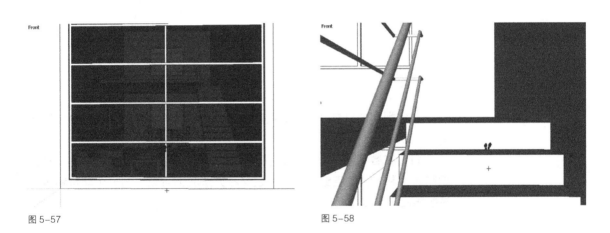

图 5-57   图 5-58

7）SketchUp 还可以改变相机的视野范围。点击缩放工具 🔍，数值控制框显示当前视野范围（Field of View）是 30°（图 5-59）。按住 Shift 键，上下拖曳鼠标，相机视野随之改变，数值控制框内的数值也相应改变。也可直接在数值控制框内输入需要的视野范围数值（图 5-60）。

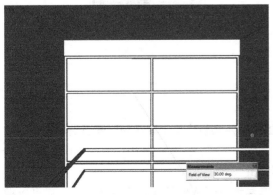

图 5-59

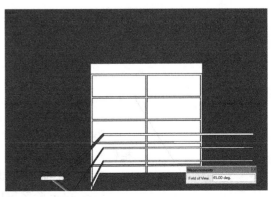

图 5-60

现在我们介绍另一种通过辅助直线放置相机的方法。

8）改变相机视角至鸟瞰位置。使用直线工具在场景中需要放置相机基点的位置单击鼠标，继续沿需要观看的方向移动鼠标，在目标点位置单击鼠标，完成辅助直线的绘制（图 5-61）。

9）使用设置相机工具，点击直线的端点，不松开鼠标，沿直线拖动，在另一个端点处松开（图 5-62）。

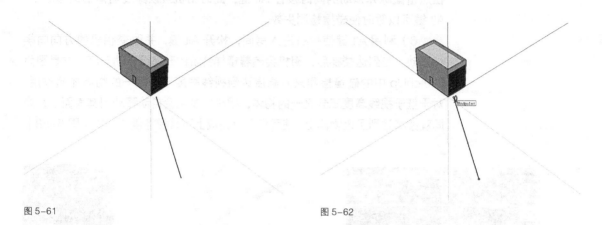

图 5-61   图 5-62

10）视图窗口自动切换到刚刚放置的相机视角，并朝向我们设定的方向（图 5-63）。

11）在数值控制框中输入视线高度 1.6m，执行一次撤销命令，将我们刚才绘制的辅助直线删除。通过这种方法我们可以得到一个非常精确的透视角度（图 5-64）。

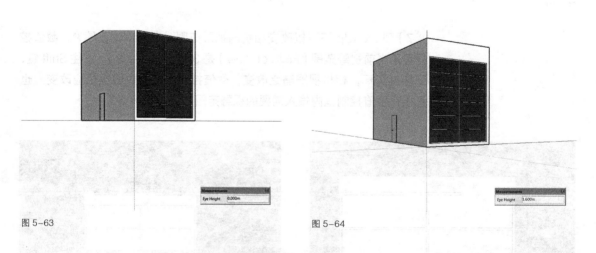

图 5-63   图 5-64

另外，在按住 Shift 键的同时用相机位置工具在物体表面上单击，将使相机直接放置在该表面上。

5.2.2 SketchUp 的场景设置

SketchUp 除了可以很容易地得到我们需要的相机角度外，还可以把设定好的相机保存起来，这就是 SketchUp 的场景（Scene）功能。通过场景的设置，我们不仅可以保存不同的相机，还可以保存不同的阴影、图层、显示模式等设置。

1）打开下载文件中的 5.2.2.skp，当前相机视角为鸟瞰（图 5-65）。

2）选择菜单 View->Animation->Add Scene，在视图窗口的上方出现一个标签，标签名称为 "Scene 1"（图 5-66）。

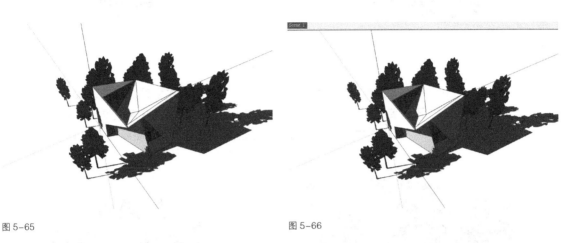

图 5-65

图 5-66

3）按上一节的练习设定一个新的相机视角，同时调整阴影设置和显示设置，之后在 "Scene 1" 标签上单击鼠标右键，打开关联菜单，选择添加（Add）（图 5-67）。在原标签的右侧又添加了一个新的标签 "Scene 2"，同时 Scene 2 成为当前标签（图 5-68）。

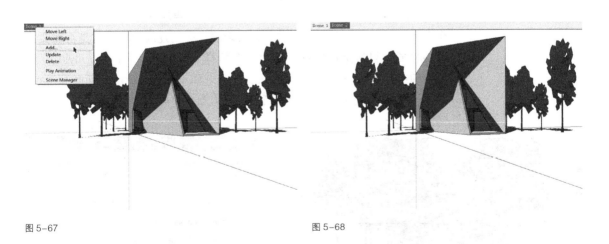

图 5-67

图 5-68

4）单击 "Scene 1" 标签使之成为当前标签，视图窗口自动切换到前一个相机视角，同时阴影和显示也都恢复至刚才的设置（图 5-69）。

5）再次调整相机视角，隐藏坐标轴。在 "Scene 1" 标签上单击鼠标右键，打开关联菜单，选择更新（Update）（图 5-70）。

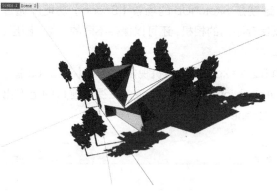

图 5-69

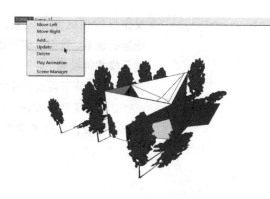

图 5-70

6）单击"Scene 2"标签，视图回到刚才场景 2 时的设置（图 5-71）。不过要注意的是，此时轴线还是处于隐藏状态，并未恢复到原来的状态。

7）再次单击"Scene 1"标签，视图恢复到刚才更新过的视角（图 5-72）。

图 5-71

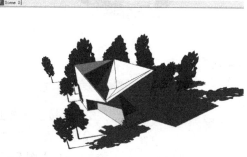

图 5-72

8）按类似的方法再添加几个场景（图 5-73）。

9）由于之前更改了轴线的显示模式，在再次添加场景时，会弹出一个警告对话框，表示显示样式已经被修改，在创建新的场景时是否需要保存该样式，可选选项包括另存为一个新样式（Save as a new style）、更新当前样式（Update the selected style）和不保存（Do nothing to save changes）。在此直接选择更新当前样式（图 5-74）。

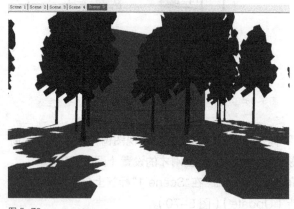

图 5-73

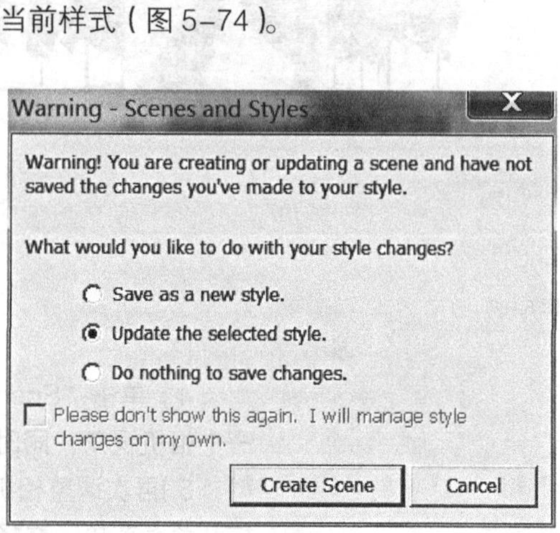

图 5-74

10）在场景标签的关联菜单中选择幻灯演示（Play Animation）（图5-75）。

11）视图开始按照页面的顺序在各页面之间平滑地切换相机视角和相关显示，同时出现幻灯演示控制框，可以控制演示的暂停、开始和停止。只要不去停止，幻灯演示会一直不停地循环下去（图5-76）。

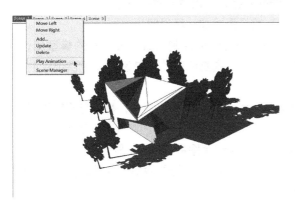

图 5-75

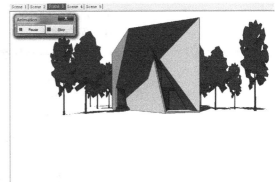

图 5-76

图 5-77

如果觉得有些场景的顺序需要调整，在该页面标签上单击鼠标右键打开关联菜单，选择左移（Move Left）或右移（Move Right），可以改变场景的顺序。如果选择某场景标签的关联菜单上的删除（Delete），则可以删除该场景（图5-77）。注意，删除场景操作无法撤销，在删除之前要考虑清楚。

SketchUp 还提供了一个场景管理器用来管理页面。

在场景标签的关联菜单中选择场景管理器（Scene Manager），或者选择菜单 Window->Scenes，都可以打开场景管理器。该对话框的功能如图 5-78 所示。

● ↻更新（Update Scene（s））：以当前视图窗口中的相关设置和显示更新场景列表框中当前选择的场景。

● ⊕添加（Add Scene）：添加一个新场景。

● ⊖删除（Remove Scene（s））：删除场景列表框中当前选择的场景。该操作将无法撤销。

● ↓下移（Move Scene Down）：将选择的场景在列表中向下移动。该操作等于在场景标签中向右移动。

● ↑上移（Move Scene Up）：将选择的场景在列表中向上移动。该操作等于在场景标签中向左移动。

● ▤▾显示选项（View Options）：选择在场景列表中场景预览图的显示状态。

● 场景列表框：列出了模型中所有的场景，按先后顺序从上到下排列。其中有蓝色线框的为当前选择场景，下面所有的功能项都是针对该场景而设置。用鼠标单击可以选择不

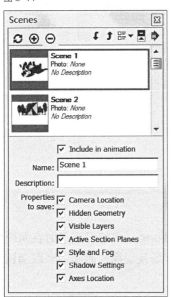

图 5-78

同的场景。双击任意场景名称则可以激活该场景，并在视图窗口中显示该场景的内容。结合 Ctrl 键或 Shift 键可以一次选择多个页面，但此时向上、向下箭头和名称、注释都无法使用。

- 包含在幻灯演示中（Include in animation）：进行幻灯演示时，勾选该选项的页面会连续的播放，未勾选该选项的页面则会被跳过。
- 名称（Name）：场景的名称，可以对其重新命名。
- 注释（Description）：给场景添加注释说明。
- 保存属性（Properties to save）：控制场景中要保存的模型属性。当激活一个场景时，它就会恢复所有的记录设置。可供记录的属性包括：
  - 相机（Camera Location）：记录相机视角，视野范围等设置。
  - 隐藏（Hidden Geometry）：记录物体的隐藏 / 显示状态。
  - 图层（Visible Layers）：记录图层的隐藏 / 显示状态。
  - 剖切（Active Section Planes）：记录激活的剖切面，结合幻灯播放，可以动态地展示模型。
  - 显示样式（Style and Fog）：记录显示样式属性，如线框显示、着色、背景效果等，以及雾化效果。
  - 阴影（Shadow Settings）：记录所有与阴影相关的信息，包括类型、时间、日期等。
  - 轴线（Axes Location）：记录 SketchUp 的绘图坐标轴的位置。

另外，SketchUp 允许设置场景切换和延迟时间来调整幻灯片演示的效果。

选择菜单 Window–>Model Info，在场景信息对话框中选择动画（Animation）标签，打开场景播放设置（图 5-79）。

图 5-79

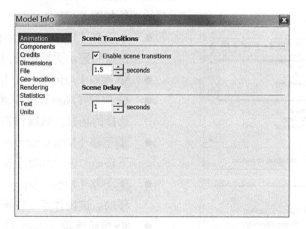

- 启用场景切换（Enable scene transitions）：作幻灯演示时在两个场景之间平滑移动照相机，并可设定场景切换的时间。当取消该选项时，则直接切换页面显示。
- 场景延迟（Scene Delay）：作幻灯演示时每个场景的停留时间。

5.3 三维文字

SketchUp 中可以直接创建三维文字，它支持用户系统中所安装的包括中文字体在内的所有字体。

1）选择菜单 Tools->3D Text，或点击 🔥 按钮，打开创建三维文字对话框（图 5-80）。

- "Enter text"文本框中输入需要创建的文字内容。
- "Font"字体下拉列表中选择需要的字体。另外还可以选择字形，有常规（Regular）、加粗（Bold）、倾斜（Italic）和加粗倾斜（Bold Italic）四种。
- "Align"选择文字的对齐方式，包括左对齐（Left）、居中对齐（Center）和右对齐（Right）三种。
- "Height"设置文字的字体高度。
- "Filled"选项决定创建的文字是三维的还是二维的。当选择该项时，创建的文字同时具有轮廓线和面，并且可以被拉伸成三维物体。当不选择该项时，创建的文字只有轮廓线，无法被拉伸为三维物体，同时"Extruded"选项不可用。
- "Extruded"选项表示文字被拉伸的高度。该选项只有在"Filled"选项被选择时才可使用。

2）在对话框中输入需要的文字，并设定好所有的选项，如图 5-81 所示。

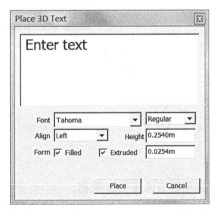

图 5 80

图 5-81

3）点击"Place"按钮并将创建的三维文字放置到场景中。该段文字自动被组合为组件，并以文字内容的前 16 个字符为组件的名称（图 5-82）。

4）旋转相机角度并打开阴影，可以看到三维文字的效果（图 5-83）。

图 5-82

图 5-83

图 5-84

5）此时的三维文字已失去了文字的所有特性，而完全转变为线和面组合而成的三维物体，并可以向普通物体一样被编辑。双击该组件进入编辑状态，利用推／拉命令改变一些文字的厚度，得到的效果如图 5-84 所示。

5.4 照片匹配

照片匹配（Photo Match）主要有两个功能，可以利用实景照片创建具有贴图效果的三维模型，也可以将创建好的模型放置到照片所示的场景中，具有与照片一样的相机视角。

5.4.1 利用实景照片创建具有贴图效果的三维模型

本节主要介绍如何利用实景照片创建具有贴图效果的三维模型。

照片匹配功能对所使用的照片有一定的要求：

- 相机所处位置要能同时看到目标的两个面，并且最好两个面与视线的角度基本呈 45°（图 5-85）。

图 5-85

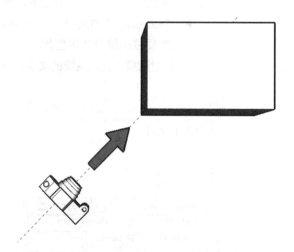

- 目标前面不要有太多的遮挡物。
- 不要对拍摄好的照片做任何剪切，也不要进行任何变形操作。
- 不要使用广角镜头，它容易导致照片边缘的扭曲变形。

在 SketchUp 中，有三种方法都可以打开照片匹配功能。可以在菜单 File->Import 中导入图像文件时选择"Use as New Matched Photo"；也可以通过菜单 Camera->MatchNew Photo 直接打开"Select background image file"对话框选择图像文件；还可以通过菜单 Window->Match Photo 打开匹配照片（Match Photo）面板进行操作。

1）选择菜单 Camera->MatchNew Photo，在对话框中选择下载文件中的 5.4.1.jpg，该照片被作为背景加载到绘图窗口中，并且自动生成名为"5.4.1"的场景页面（图 5-86）。场景窗口中出现了用来表示透视方向的网格线，调整视线消失点位置的红绿线段等，同时匹配照片面板也被自动激活。

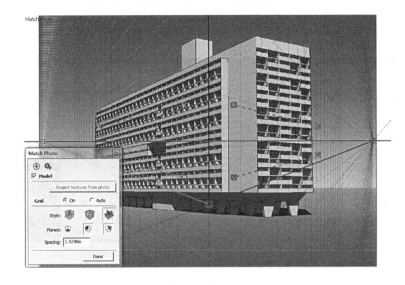

图 5-86

2）首先用鼠标将表示坐标原点的黄色方框拖拉至照片中建筑物的某个交点位置。选择该交点时，尽量采用红绿蓝三个方向的线条的交接处，如建筑物角部与地面交接的位置。在本例中因为建筑物底部架空，所以将原点选择在主体量的底部角点（图 5-87）。

3）将两根绿色线段分别移动到照片中建筑物的顶端和底端，并调整线段端点使其与建筑物线条重合（图 5-88）。在对齐线条的过程中可以使用鼠标滚轮来缩放和平移图像以对准，减少误差。

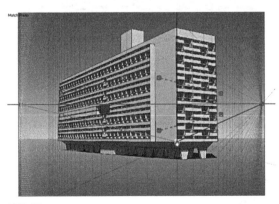

图 5-87

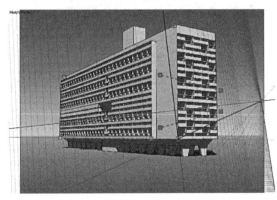

图 5-88

4）用同样的方法将两根红色线段都与照片上的相应消失线对齐（图 5-89）。注意，在选择照片上的消失线时，同样颜色线段对应的消失线应平行，同时红绿线段对应的消失线应垂直。另外，尽量不要选用照片中建筑物与地面的交接线作为消失线，因为受地面起伏的影响，该交接线往往不能保证与建筑物的其他线条平行。

5）接下来需要调整相机的焦距。首先在匹配照片面板中通过"Spacing"项对网格尺寸进行设定，此处我们设为6.4m。然后将鼠标放置在蓝轴上上下拖动，网格线的大小将随之变动。根据估算调整好相机的焦距（图5-90）。

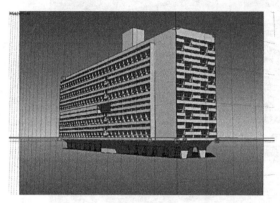

图 5-89

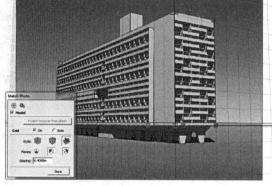

图 5-90

6）完成相机的位置和焦距的调整后，我们可以直接点击匹配照片面板中的"Done"按钮完成照片匹配操作，也可以在窗口中点击鼠标右键打开关联菜单，选择"Done"选项（图5-91）。完成后的图面效果如图5-92所示。

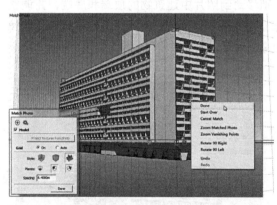

图 5-91

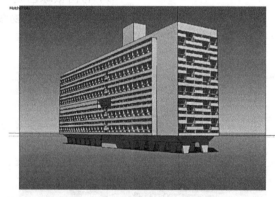

图 5-92

在该关联菜单上还有一些其他选项，都可用于消失线的调整。

● Done：完成照片匹配操作。
● Start Over：回到照片刚被载入时消失线的位置。
● Cancel Match：取消并退出本次照片匹配操作。
● Zoom Matched Photo：缩放场景使照片放大到充满整个绘图窗口。
● Zoom Vanishing Points：缩放场景使所有的消失点都显示在绘图窗口中。
● Rotate 90 Right：将红绿轴线逆时针旋转90°，主要用于多照片匹配时。

- Rotate 90 Left：将红绿轴顺时针旋转 90°，主要用于多照片匹配时。
- Undo：撤销上一步的操作。
- Redo：恢复被撤消的操作。

接下来可以利用匹配好的照片进行模型的创建。

7）利用矩形工具从原点出发依据背景照片绘制一个矩形面（图 5-93 ）。

8）利用推 / 拉工具依据背景照片将矩形面拉伸成体块（图 5-94 ）。

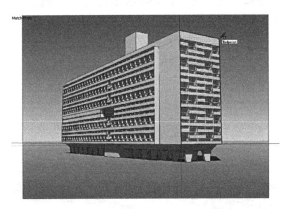

图 5-93

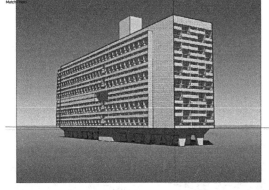

图 5-94

9）注意在完成第一个体块后，绘制其余的线条都要基于该体块，利用智能参考系统捕捉第一个体块的端点、边线和面，否则很容易出现体块间位置上的偏差。如图 5-95 中所示是依据背景照片绘制的另一个矩形面，然而旋转视角就可以发现这个面完全偏离了位置（图 5-96 ）。

图 5-95

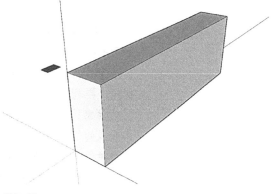

图 5-96

10）点击场景名称回到原来视角，利用直线工具和智能参考系统绘制另一个矩形面（图 5-97 ）。

11）利用推 / 拉工具将矩形面拉伸成体块（图 5-98 ）。

图 5-97

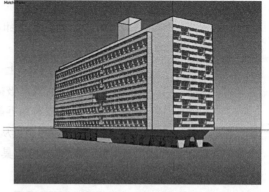

图 5-98

12）利用鼠标滚轮放大图像至立面上凹洞位置，利用矩形工具在面上依据背景照片绘制洞口矩形（图 5-99）。

13）利用推/拉工具将洞口向内推进（图 5-100）。

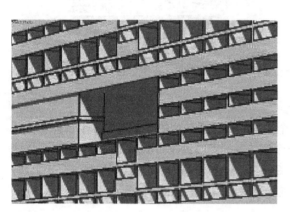

图 5-99

图 5-100

14）接下来完成底部模型的创建。放大图像，并利用直线工具和智能参考系统绘制如图 5-101 所示的直线。

15）由于在当前视角下难以准确捕捉到另一条线的端点，因此要旋转视角，再利用智能参考系统绘制另一边的直线（图 5-102）。

注意：在利用照片创建模型的过程中，往往会出现难以捕捉到需要的点或线的情况，此时可以在绘图过程中旋转视角以方便捕捉。另外在进行某些操作时还会遇到在当前视角下无法选择物体的情况，例如推/拉操作，此时可以先旋转视角，用推/拉工具选择需要拉伸的面，然后直接点击当前页面的标签，使视图恢复到原照片状态，再继续推拉操作。

16）将底部线条封面，点击当前场景页面标签恢复到原视角，拉伸面形成图示效果（图 5-103）。

17）用同样的方法完成底部柱子的建模（图 5-104）。

至此，模型已基本创建完毕。至于屋顶的那个体块，由于难以找到其

图 5-101

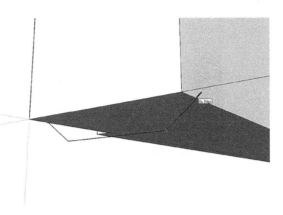

图 5-102

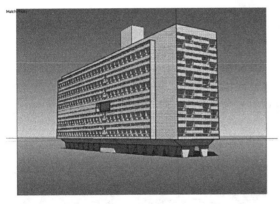

图 5-103

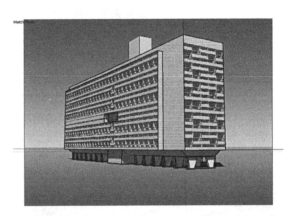

图 5-104

与已建模型之间的对应关系，也就无法准确定位，所以本次练习不去考虑。如果需要对该体块建模，则需要有合适角度的照片。

18）在匹配照片面板上点击 "Project textures from photo" 按钮，将背景照片作为贴图材质赋予模型（图 5-105），旋转视角可以看到材质效果（图 5-106）。

图 5-105

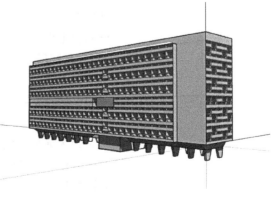

图 5-106

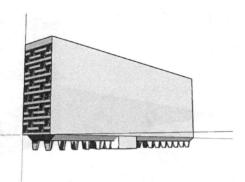

图 5-107

然而一旦我们旋转视角，将会发现另外一些面还是保持原有的默认材质（图 5-107）。这是因为刚才的赋材质方法是一种投影（Project）方式，只有朝向相机的面才会被投影上材质，而背向相机的面则保持原材质不变。

5.4.2 将模型放置到照片所示的场景中

在前一节的操作中，我们主要练习了利用现有的实景照片创建具有贴图效果的三维模型的方法。下面我们将加载该建筑另一个角度的照片，练习如何将创建好的模型放置到照片所示的场景中。同时我们还可以利用新加载的照片再次进行建模操作，一方面可以进一步完善模型，另一方面也可以解决前面出现的面的材质贴图问题。

1）在匹配照片面板中点击加号按钮，选择下载文件中的 5.4.2.jpg，该照片被作为背景加载到绘图窗口中，并且自动生成名为"5.4.2"的场景名称（图 5-108）。

2）由于新加载的照片与原照片视线角度呈 90°，因此模型与照片的方向不符合。点击鼠标右键打开关联菜单，执行一次"Rotate 90 Left"（图 5-109）。

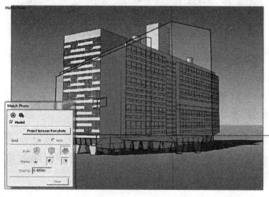

图 5-108

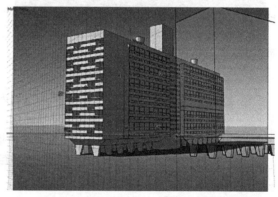

图 5-109

3）点击表示原点的黄色方框并拖动，直到与上一张照片中的原点位置完全吻合（图 5-110）。

4）在匹配照片面板上将"Model"选项前的勾选去掉，绘图窗口中模型暂时被隐藏，只显示背景照片，以便于我们校准相机的位置和焦距。移动并调整红绿线段直到透视消失线与照片一致（图 5-111）。

5）重新打开匹配照片面板上的"Model"选项，将模型显示出来。将模型设置为 X 光显示模式。用鼠标在蓝轴上上下拉动以调整相机焦距，直到模型与照片完全吻合（图 5-112）。

6）点击匹配照片面板上的"Done"按钮，完成照片匹配操作（图 5-113）。

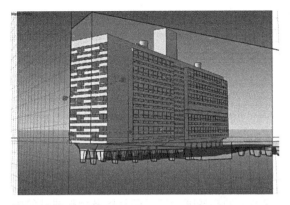

图 5-110

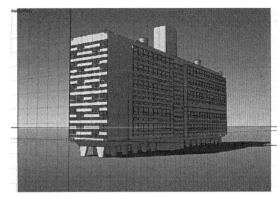

图 5-111

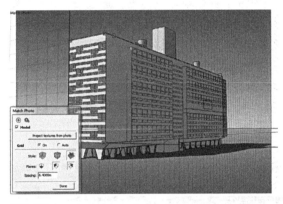

图 5-112

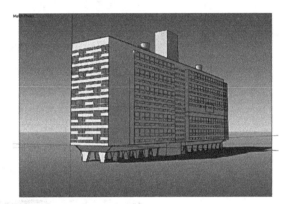

图 5-113

　　至此，我们就完成了将模型放置到照片所示的场景中的操作。下面我们将继续完成建筑这一侧的建模工作。

　　7）用上一节的方法，依据背景照片，利用直线工具和智能参考系统完成新的体块建模（图 5-114）。

　　8）点击"Photo Match"设置面板上的"Project textures from photo"选项，系统会提示是否覆盖已有的材质（Overwrite existing materials），直接点击"是"，旋转视角，可以看到模型基本完整，两个方向的贴图也基本准确（图 5-115）。

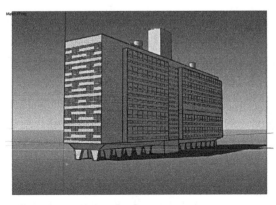

图 5-114

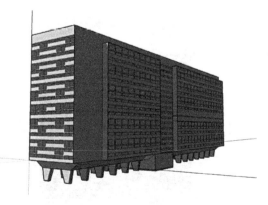

图 5-115

还可以选择单个面进行投影贴图，而不影响其他的面。另外本练习中模型还有一个背面有贴图的问题，因为所用到的两张照片都没有该面的信息。因此利用更多的照片进行多次照片匹配建模工作可以得到更好的模型效果。

5.5　与谷歌地球的互动

谷歌地球是谷歌公司的产品之一，用户可以通过一个下载到自己电脑上的客户端软件，浏览全球各地的高清晰度卫星图片以及地形或建筑物的三维图像。SketchUp 已经内置了谷歌地球浏览器，通过 Google 工具

图 5–116

栏（图 5–116），我们可以将谷歌地球中有卫星照片贴图的三维地形导入SketchUp，并在此基础上创建模型；还可以将创建好的模型导出成可以在谷歌地球上显示的三维模型。

1）点击添加位置（Add Location）按钮 ▣，将打开谷歌地球浏览器，用于选择需要添加的地理区域（图 5–117）。注意，必须将地图放大到足够大时才能选择区域。

图 5–117

图 5–118

2）放大地图直到白色矩形框基本充满整个窗口，点击选择区域（Select Region）按钮，出现带四个蓝色图钉的选择框（图 5–118）。

3）调整蓝色图钉确定需要导入地图的区域，点击抓取（Grab）按钮，所选择的地图被导入 SketchUp 绘图窗口，旋转视角可以看到此时导入的模型是一个带有贴图材质的平面（图 5–119）。

4）点击切换地形（Toggle Terrain）

按钮 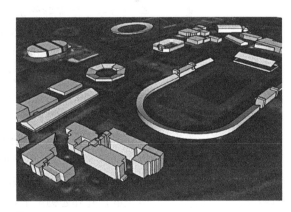，打开三维地形显示，可以看到原本作为二维显示的平面地形改为三维显示（图 5–120）。这是因为在导入谷歌地球场景时实际上导入了两个模型，一个是二维的平面，另一个是具有地形特征的三维面。该按钮可以让地形的显示在二维和三维之间切换。

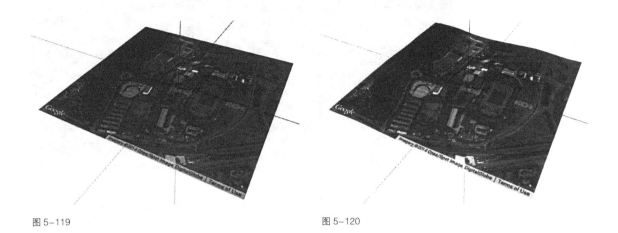

图 5–119

图 5–120

5）再次点击切换地形按钮，让地形恢复为二维状态。以照片为依据建立三维模型（图 5–121）。注意最好将每个建筑模型都组成独立的群组，以方便以后的操作。

6）再次切换地形为三维状态。将刚才创建的建筑模型分别沿蓝轴垂直移动到三维地形表面（图 5–122）。

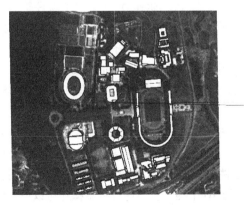

图 5–121

图 5–122

7）点击在谷歌地球中预览（Preview Model in Google Earth）按钮，谷歌地球软件自动打开（该软件需要预先安装），刚刚创建的模型就被导出到谷歌地球中，并处于正确的位置（图 5–123）。该模型被临时放置在谷歌地球的临时位置目录下，可以将其另存为".kmz"格式文件。另外，在 SketchUp 中也支持直接将模型导出为".kmz"文件。

图 5–123

另外，Google 工具栏中照片贴图（Photo Textures）按钮可以利用谷歌地球中街景照片（Street View）的资源自动根据模型所处位置进行贴图，然而由于该资源覆盖范围有限，本教材不作详细演示。

5.6 插件的使用和管理

尽管 SketchUp 软件本身已经提供了很多强大且易用的建模功能，但相对来说更注重这些功能的通用性。要完成某些特定的建模操作，可能需要组合多个功能并经历多次操作。因此，SketchUp 提供了软件扩展的接口，可以通过脚本语言 Ruby 进行编程，实现插件的编写，以提高建模效率。有些公司或个人借助于这些接口，编写了许多很好用的扩展插件。灵活使用这些插件，可以帮助我们极大地提高工作效率。SketchUp 中插件（Plugin）和扩展（Extension）是一个概念，仅在不同的菜单或对话框中有不同的表示。

5.6.1 插件的下载

新版 SketchUp 对插件的搜寻和下载类似于组件，可以通过菜单 Window->Extension Warehouse 打开插件库浏览器（图 5–124），其中分门别类列出了其收集的所有插件，有按建模功能分类的，也有按使用行业分类的，此外还列出了最常用的 10 个插件。而通过搜索框还可以更方便地找到需要的插件。

除了上面这个官方的插件库外，另外还有一些专门下载插件的网站，常见的包括：

- http：//rhin.crai.archi.fr/rld
- http：//www.smustard.com
- http：//sketchucation.com/pluginstore
- http：//sketchupplugins.com

图 5-124

但要注意的是，这些网站上的插件有些是需要收费的，还有些网站则需要注册后才能下载。

5.6.2 插件的安装和管理

在旧版本的 SketchUp 中，插件的安装只需要将下载的插件复制到软件安装目录下的 Plugins 文件夹下，如 c:\Program Files（x86）\SketchUp\SketchUp 2013\Plugins\，重启 SketchUp 即可。在新版 SketchUp 中，增加了对 rbz 格式插件的安装模式，可以通过系统参数（System Preferences）面板中的扩展（Extensions）部分，点击安装扩展（Install Extension）按钮，选择下载好的 rbz 格式的插件程序即可进行安装（图 5-125）。

图 5-125

安装后的插件同样在该面板中可以看到，每个插件前面有个选择框，取消该插件的选择意味着在该插件不能被调用。

要卸载插件，只需要在安装目录下找到该插件，删除即可。

5.6.3 插件的使用

安装完的插件通常出现在 SketchUp 的菜单中，视其功能的不同位置也有所不同，一般都集中在 "Plugins" 菜单目录下，点击相应的命令就能调用该插件的功能。另外，有些主要与绘图相关的插件可能出现在 "Draw" 菜单目录下，有些主要与编辑相关的插件则可能出现在 "Tools" 目录下。

除了在菜单中添加命令外，有些插件还会生成自己的工具栏，可以通过菜单 View->Toolbars 打开对话框，勾选相应的工具栏，该工具栏将自动显示。或者也可以在现有工具栏上单击鼠标右键，选择相应的工具栏。

5.7 文件的导入与导出

SketchUp 支持多种文件格式的导入与导出，使得 SketchUp 可以与其他软件一起配合完成更复杂的工作。

选择菜单 File->Import，打开导入文件对话框（图 5-126）。

图 5-126

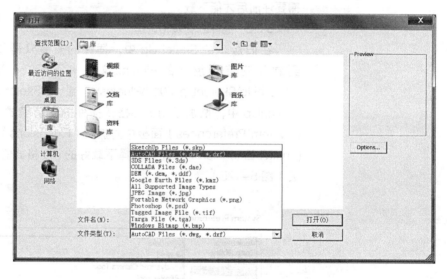

在文件类型列表框内，列出了 SketchUp 所支持的导入文件格式，包括三维模型类的 skp、dwg、dxf、3ds、dae、dem、ddf 和 kmz 文件，二维图像类的 jpg、png、psd、tif、tga 和 bmp 文件。

SketchUp 支持自身文件格式的导入，相当于插入组件，整个导入的文件内容自动转换为组件，并以该文件的名字作为组件名称。该组件可以像普通组件一样被编辑和炸开。

选择菜单 File->Export，下有四个子选项，代表了 SketchUp 支持的四种导出文件类型，包括三维模型、二维图像、二维剖面和动画。选择不同的子项将分别打开相对应的导出对话框。

5.7.1　dwg、dxf 文件的导入与导出

尽管在方案初始并不需要非常精确的尺寸，但随着方案的深入，准确地尺寸依然非常重要。与 AutoCAD 的 dwg、dxf 文件的协同工作在 SketchUp 的应用中非常普遍，同时 SketchUp 也保持了对 dwg、dxf 文件的较好的支持。

SketchUp 支持的 AutoCAD 实体包括：线、圆弧、圆、多义线、面、有厚度的实体、三维面、嵌套的图块，还能支持 AutoCAD 图层。

目前，SketchUp 还不能支持 AutoCAD 的区域、外部引用、填充图案、尺寸标注、文字和有 ADT 或 ARX 属性的物体。这些实体在导入时将被忽略。

导入 CAD 文件需要一定的时间，时间长短取决于源文件的复杂程度，因为每个图形实体都必须进行分析。而且文件导入后，复杂的 CAD 文件也会影响 SketchUp 的系统性能，因为 SketchUp 中智能化的线和表面需要比其他 CAD 类软件更多的系统资源。SketchUp 本身并不是专为绘制线条图而设计的。因此，在导入之前，要尽量使导入的文件简化。最好先清理 CAD 文件，保证只留下需要导入的几何体。另外一个策略是分批导入，将需导入的 CAD 文件通过"wblock"操作分成几个，分别导入并组成群组，这样可以根据需要隐藏暂时用不到的内容。

在执行导入操作时，导入对话框右侧的选项（Options）按钮可以提供我们更多的导入选项设置。

在文件类型列表框内选择"AutoCAD Files（ *.dwg，*.dxf ）"，点击选项按钮，打开选项对话框（图 5-127 ）。

图 5-127

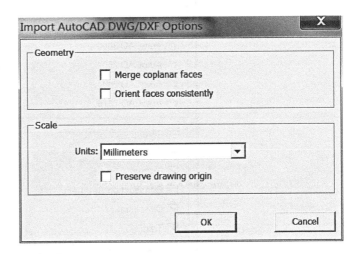

● 　几何体（Geometry ）:

合并共面的面（Merge coplanar faces ）:有些平面在导入 SketchUp 后会有三角形的划分线，手工删除这些多余的线非常麻烦。该选项可以让 SketchUp 自动删除这些线。

面的方向保持一致（Orient faces consistently ）:该选项用于分析导入

的面的法线方向并使之统一。

● 比例（Scale）：

单位（Units）：这是一个下拉列表，让你选择 CAD 文件所使用的单位类型。根据所选择的单位，SketchUp 会自动将模型转换成当前场景所设定的单位。

注意：SketchUp 只能识别 0.001 平方单位以上的平面，如果导入的 CAD 模型因为单位的转换而比例缩小会导致一些过小的面被丢失。因此要注意 CAD 文件的单位和 SketchUp 文件单位的匹配。

保持原图坐标（Preserve drawing origin）：该选项用于定义 CAD 文件被导入时的放置位置。勾选此选项则保持 CAD 文件的原点位置，而不勾选则将 CAD 模型放置在 SketchUp 的原点附近。

注意：如果在导入 CAD 文件之前，SketchUp 场景中已经有了别的物体，则所有导入的物体会合并成一个群组。导入完成后，可能需要使用充满视窗（Zoom Extents）命令来显示导入的物体。

选择菜单 File-->Export-->3D Model，在导出模型对话框的文件类型下拉列表中选择"AutoCAD DWG File"或"AutoCAD DXF File"即可导出 CAD 文件。点击对话框右下角的选项按钮也可打开"AutoCAD 导出选项"对话框，定义导出的设置（图 5-128）。

图 5-128

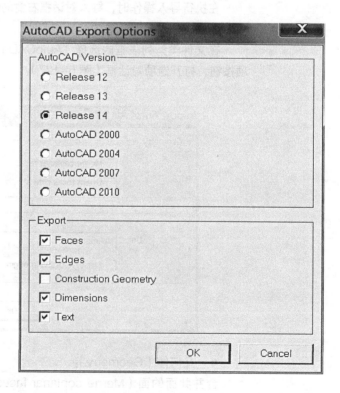

● AutoCAD 版本（Version）：

SketchUp 支持导出的 dwg/dxf 文件版本包括从 12 到 2010。根据自己使用的 AutoCAD 版本选择其中一种即可。

● 导出（Export）：

SketchUp 可以导出面、边线（线框）、辅助线、尺寸标注和文本。勾选所需要导出的物体类型即可。

SketchUp 将所有的表面都导出为三角面，只是有些三角面的边线被隐藏。这种转换有利于原始 SketchUp 模型的再现。

SketchUp 导出的文件仍采用 SketchUp 的文件单位，因此需要注意在 AutoCAD 中将单位匹配起来。

5.7.2　3DS 文件的导入与导出

SketchUp 支持 3DS 格式的三维模型文件的导入和导出。

在导入 3DS 文件时，基本操作与导入 dwg、dxf 文件相同，只是导入选项设置略有差别。3DS 导入选项对话框如图所示（图 5-129）。

● 几何体（Geometry）：

合并共面的面（Merge coplanar faces）：有些平面在导入 SketchUp 后会有三角形的划分线，该选项可以让 SketchUp 自动删除这些线。

● 比例（Scale）：

单位（Units）：这是一个下拉列表，让你选择 3DS 文件所使用的单位类型。根据所选择的单位，SketchUp 会自动将模型转换成当前场景所设定的单位。同样要注意选择单位时不要导致产生过小的面，因为 SketchUp 只能识别 0.001 平方单位以上的平面。

由于 3DS 文件本身支持材质贴图和相机视点，因此从 SketchUp 中导出 3DS 文件时也可以导出相关贴图和相机。在导出 3DS 文件时点击选项按钮打开选项对话框（图 5-130）。

● 几何体（Geometry）：

导出（Export）/ 分层级（Full hierarchy）：该选项表示嵌套的群组和组件可以分层次导出，嵌套内的群组和组件也会被转化成单个物体，并与其他物体一起组成上一层级的物体。

导出（Export）/ 按图层（By layer）：该选项表示按图层定义来导出各个物体，每个图层中所有物体被组合成一个物体。

导出（Export）/ 按材料（By material）：该选项表示按材质定义来导出各个物体，同一材质的所有物体被组合成一个物体。

导出（Export）/ 单个物体（Single object）：该选项表示将整个模型导出为一个 3DS 物体。不过由于

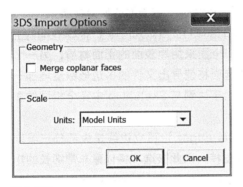

图 5-129

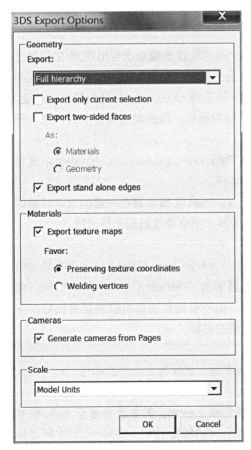

图 5-130

3DS 文件的单个物体不能超多 65536 个顶点和面，超过的部分将会被创建成另一个物体。

仅导出当前选择（Export only current selection）：勾选该选项表示只导出当前所选择的物体。当没有选择物体或未勾选该选项时，导出场景中所有物体。

导出双面物体（Export two-sided faces）/ 当做材质（As Materials）：该选项能开启 3DS 材质定义中的双面标记。该选项导出的多边形数量和单面导出的多边形数量一样，但渲染速度会下降，特别是开启阴影和反射效果的时候。另外，这个选项无法使用 SketchUp 中表面的反面材质。

导出双面物体（Export two-sided faces）/ 当做几何体（As Geometry）：该选项表示对同一个面导出两次，一个面采用原表面的正面材质，另一个面采用原表面的反面材质。勾选该选项将使导出文件的多边形数量增加一倍，并降低其渲染速度，不过它有助于达到与 SketchUp 中完全相同的显示。

导出孤立边（Export stand alone edges）：孤立边线是大部分三维软件所没有的物体，也不被 3DS 格式支持。因此该选项将创建非常细长的矩形来模拟边线。不过这可能导致无效的贴图坐标，在别的程序中渲染之前必须重新指定 UV 贴图坐标。此外，该选项还可能使整个 3DS 文件无效。因此，默认情况下该选项是未勾选的。

● 材质（Materials）：

导出贴图（Export texture materials）：该选项表示导出 3DS 文件时也将 SketchUP 的材质导出。要注意几个限制：3DS 文件的材质文件名限制在 8 个字符以内，不支持长文件名；不支持 SketchUp 对贴图颜色的改变。另外，3DS 中每个顶点只能有一个贴图坐标，因此勾选本选项时，还需要选择下面两个选项中的一个。

偏向保留贴图坐标轴（Favor Preserving texture coordinates）：这将打破某些几何体以保持所有的贴图坐标。

偏向焊接节点（FavorWelding vertices）：表示靠在一起的顶点将被焊接以保持几何体的完整和面的光滑效果，但会导致贴图坐标出错。

● 相机（Cameras）：

从场景中生成相机（Generate cameras from Pages）：该选项将按照 SketchUp 模型的当前视角自动生成名为"Default Camera"的相机。如果 SketchUp 模型中还有其他场景，则所有场景的相机位置都将被导出至 3DS 中，并以该场景的名称作为相机的名称。

● 比例（Scale）：

单位（Units）：这是一个下拉列表框，选择导出文件的单位。

5.7.3　dae 文件的导入和导出

Dae 是一种较为新型的三维模型描述格式，其本质是基于 XML 格式的文本文件，被广泛用于不同软件之间的模型转化。SketchUp 支持 dae 文件的导入和导出，dae 的版本是 1.4。

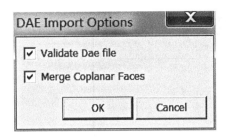

图 5-131

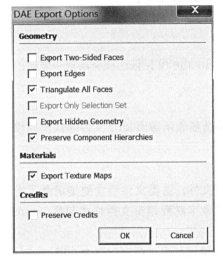

图 5-132

图 5-133

导入 dae 格式时的选项对话框如图所示（图 5-131）：

- 验证 dae 文件（Validate Dae file）：对导入的 dae 文件进行验证。
- 合并共面的面（Merge Coplanar Faces）：有些平面在导入 SketchUp 后会有三角形的划分线，该选项可以让 SketchUp 自动删除这些线。

导出 dae 文件时，其选项对话框如图 5-132 所示。

- 几何体（Geometry）：

导出双面物体（Export Two-Sided Faces）：该选项表示对同一个面导出两次，一个面采用原表面的正面材质，另一个面采用原表面的反面材质。勾选该选项将使导出文件的多边形数量增加一倍，并降低其渲染速度，不过它有助于达到与 SketchUp 中完全相同的显示。

导出边线（Export Edges）：该选项使所有边线可见。另外，SketchUp 中的孤立边线总是被导出的。

将面三角化（Triangulate All Faces）：有些建模工具只对三角面有效，该选项将所有面转化为三角面。

只导出选择物体（Export Only Selection Set）：该选项只导出场景中被选择的物体，如果当前没有选择物体，或该选项没有勾选，则导出所有物体。

导出隐藏几何体（Export Hidden Geometry）：该选项将场景中隐藏的几何体也一起导出。

保留组件层级（Preserve Component Hierarchies）：该选项可以保留组件中的层级关系。

- 材质（Materials）：

导出贴图（Export Texture Maps）：该选项表示导出 dae 文件时也将 SketchUP 的材质导出。

- 信息（Credits）：

保留信息（Preserve Credits）：该选项表示导出 dae 文件时保留原模型的作者信息。

5.7.4　kmz 文件的导入和导出

Kmz 是谷歌地球（Google Earth）所支持的文件格式，用于谷歌地球中地标和三维模型的显示。导入 kmz 格式时的选项对话框如图 5-133 所示。

- 验证 kmz 文件（Validate Kmz file）：对导入的 kmz 文件进行验证。
- 合并共面的面（Merge Coplanar Faces）：有些平面在导入 SketchUp 后会有三角形的划分线，该选项可以让 SketchUp 自动删除这些线。

导出 kmz 文件时，其选项对话框如图 5-134 所示。

图 5–134

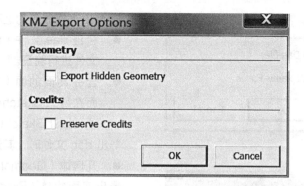

● 几何体（Geometry）：

导出隐藏几何体（Export Hidden Geometry）：该选项将场景中隐藏的几何体也一起导出。

● 信息（Credits）：

保留信息（Preserve Credits）：该选项表示导出 kmz 文件时保留原模型的作者信息。

5.7.5 dem、ddf 文件的导入

SketchUp 支持导入数字高程模型文件，这类文件包含的是记录了地形的高层信息的点。SketchUp 支持的数字高程模型文件格式包括 *.dem 和 *.ddf 文件。

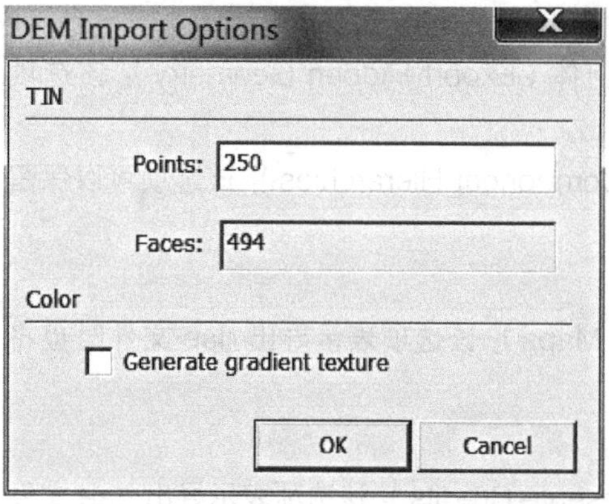

在导入文件对话框的文件类型列表内选择"DEM（*.dem）（*.ddf）"，点击"选项"按钮，打开选项对话框（图 5–135）。

● TIN：

点和面（Points / Faces）：数字高程模型中可能包含成千上万的点来模拟地形的细节变化，这将导致导入 SketchUp 的速度变得很慢，而且 SketchUp 的运行速度也变得很慢。本选项即为人工设定从数字高程模型中导入的点和面的数量，面的数量又由点的数量决定。点的数量越少，则 SketchUp 的速度越快，但也会丢失更多的地形细部。

图 5–135

● 颜色（Color）：

生成倾斜贴图（Generate gradient texture）：该选项表示赋予导入的数字高程模型以渐变颜色的材质，高层较低的区域颜色较深，高程较高的区域颜色较浅。

5.7.6 图像文件的导入

SketchUp 支持导入的图像文件格式，包括 jpg、png、psd、tif、tga 和 bmp 文件。这些文件格式均可以在导入文件对话框的文件类型列表内选择。

无论选择了哪一种图像文件格式，它们都有三个共同的选项：

● 作为图像使用（Use as image）：该选项表示将文件以普通图像的

方式导入到当前场景中。

● 作为贴图使用（Use as texture）：该选项则表示将文件以贴图的方式导入到当前场景中。

● 作为新的匹配照片使用（Use as New Matched Photo）：该选项表示将文件作为照片匹配操作的背景图像。

5.7.7 其他三维模型的导出

除了前面介绍过的 dwg、dxf 和 3ds 文件外，SketchUp 还支持其他一些三维模型的导出，包括 VRML、OBJ、FBX、XSI。

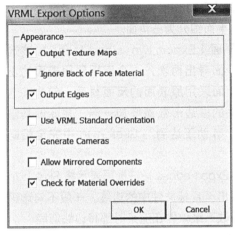

图 5-136

VRML（Virtual Reality Modeling Language）是一种专为网络传播而开发的虚拟现实模型语言，其文件格式为 wrl。由 SketchUp 导出的 VRML 模型不但包含了 SketchUp 场景中的模型，还包括材质、贴图、相机视点和灯光这些信息。其导出选项对话框如图 5-136 所示。

● 外观（Appearance）：

输出材质贴图（Output Texture Maps）：勾选该选项表示将材质的贴图信息导出至 VRML，否则只导出材质的颜色信息。注意，SketchUp 导出 VRML 时，会将材质名中的空格自动转换为下划线"_"，同时中文材质名会导致 VRML 文件出错。另外，导出时会将所有的贴图文件全部导出至 VRML 所在目录下。

忽略背面材料（Ignore Back of Face Material）：勾选该选项表示导出时，对表面的正反面都采用正面的材料信息而忽略背面的材料，否则将保持表面的正反面各自的材料。本选项有助于减少 VRML 的文件量，但有可能会导致模型的材质出错。

输出边线（Output Edges）：该选项将 SketchUp 模型中的边线导出成 VRML 的边线类型。

● 使用 VRML 标准定位（Use VRML Standard Orientation）：该选项将按照 VRML 的标准坐标轴来转换模型。因为 SketchUp 模型以 XY 轴平面为地平面，而 VRML 模型以 XZ 轴平面为地平面，两者存在差异。

● 生成相机（Generate Cameras）：该选项将按照 SketchUp 场景的当前视角自动生成名为"Default Camera"的相机。如果 SketchUp 场景中还有其他页面，则所有页面的相机位置都将被导出至 VRML 中，并以该页面的名称作为相机的名称。

● 允许镜像组件（Allow Mirrored Components）：该选项允许导出那些被镜像过的组件。

● 检查材质遗漏（Check for Material Overrides）：该选项检查所有的面、边线和组件是否有材质遗漏，如有则赋予默认材质。

OBJ、FBX 和 XSI 格式文件都是比较通用的三维模型文件格式，可以为大多数三维软件所导入。SketchUp 对这些格式的导出支持扩大了

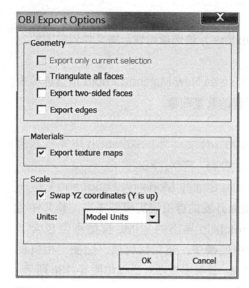

图 5-137

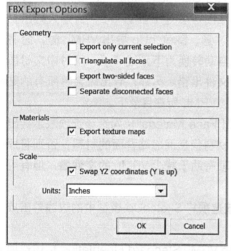

图 5-138

图 5-139

SketchUp 模型的使用范围。这三种格式文件导出时可设置的选项也大体相同，以下一并解释。图 5-137 为 OBJ 导出选项对话框，图 5-138 为 FBX 导出选项对话框，图 5-139 为 XSI 导出选项对话框。

● 几何体（Geometry）：

仅导出当前选项（Export only current selection）：勾选该选项表示只导出当前所选择的物体。当没有选择物体或未勾选该选项时，导出场景中所有物体。

将面三角化（Triangulate all faces）：该选项表示导出时将所有的平面细分为三角面。

导出两边平面（Export two-sided faces）：该选项表示对同一个面导出两次，一个面采用原表面的正面材质，另一个面采用原表面的反面材质。勾选该选项将使导出文件的多边形数量增加一倍，并降低其渲染速度，不过它有助于达到与 SketchUp 中完全相同的显示。

导出边线（Export edges）：该选项表示将 SketchUp 场景中的边线导出至目标文件中的边线。一般不勾选该选项，因为大多数三维软件在渲染时都将边线忽略。

● 材质（Materials）：

导出贴图（Export texture materials）：导出 SketchUp 中的贴图材质。

● 比例（Scale）：

交换 YZ 坐标轴（Y 朝上）（Swap YZ coordinates(Y is up)）：该选项表示交换 YZ 坐标轴，以 Y 轴向上。这是因为有些三维软件，如 Maya，采用 Y 轴向上的坐标系统。

单位（Units）：这是一个下拉列表框，选择导出文件的单位。

5.7.8 图像文件的导出

SketchUp 支持多种格式二维图像文件的导出。选择菜单 File->Export->2D Graphic，即可打开导出二维图像对话框，在文件类型下拉列表内列举了所有支持导出的文件类型。选择不同的文件类型，点击右下角的"选项"按钮可以打开相应的设置对话框进行导出设置。

SketchUp 可导出的二维图像文件类型较多，大体上可分为四类：PDF 和 EPS、DWG 和 DXF、EPX，以及 JPG、TIF、PNG 和 BMP。其中前两类实际上导出的是二维矢量图，而后两种导出的是二维光栅图。与光栅图相比，矢量图可以在其它 CAD 软件或矢量处理软件中导入和编辑，然而也导致 SketchUp 的一些图形特性无法导出到矢量图中，如贴图、阴影、柔化、透明度和背景等。因此选择何种类型的导出图像，应根据不同的需求决定。

（1）PDF 和 EPS 文件导出

PDF 和 EPS 格式均是由 Adobe 公司开发的二维图像文件格式，其选项设置对话框的内容也完全相同（图 5-140）。

图 5-140

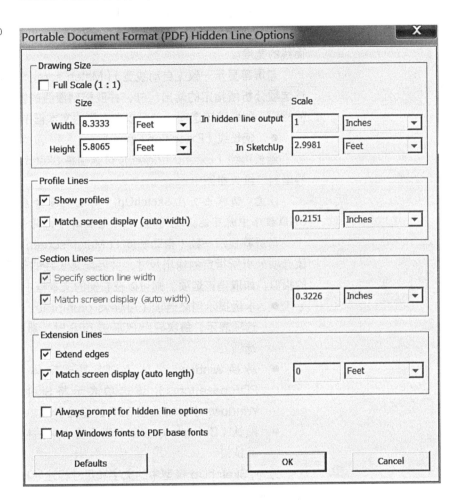

● 图形大小（Drawing Size）：

全比例（Full Scale(1：1)）：该选项以 SketchUp 中的真实尺寸导出 1：1 比例的图形。

尺寸（Size）：设置导出文件的高度和宽度。PDF 和 EPS 文件的高度和宽度被限制在 100 英寸（7200 像素）以内。

比例（Sacle）：设置图形的缩放比例，"输出尺寸"为图面上的物体长度，"模型尺寸"为模型物体的真实尺寸。例如，要表示比例 1：100，只要在输出尺寸中输入 1cm，并在模型尺寸中输入 1m。

注意：透视图不能按比例导出。即使是轴测图，也只有等角轴测才能按比例导出。

- 轮廓线（Profile Lines）：

显示轮廓线（Show profiles）：该选项将 SketchUp 中显示的加粗轮廓线也导出到二维矢量图中。

与屏幕显示一致（自动线宽）（Match screen display（auto width））：该选项分析所指定的输出尺寸，并匹配轮廓线的宽度，让它和屏幕上显示的相似。如取消该选项，则可以在右侧的文本框中指定宽度。

- 剖切线（Section Lines）：

指定剖面线宽度（Specify section line width）：该选项指定导出的剖面线的宽度。

与屏幕显示一致（自动线宽）（Match screen display（auto width））：该选项分析所指定的输出尺寸，并匹配剖面线的宽度，让它和屏幕上显示的相似。如取消该选项，则可以在右侧的文本框中指定宽度。

- 延长线（Extension Lines）：

延长边线（Extend edges）：该选项将 SketchUp 中显示的延长边线也导出到二维矢量图中。

注意：边线出头在 SketchUp 中对智能参考系统没有影响，但在别的 CAD 程序中就可能出现问题。如果想编辑导出的矢量图，最好禁止该选项。

与屏幕显示一致（自动长度）（Match screen display（auto length））：该选项分析所指定的输出尺寸，并匹配延长线的长度，让它和屏幕上显示的相似。如取消该选项，则可以在右侧的文本框中指定长度。

- 永远提示消隐选项（Always prompt for hidden line options）：该选项表示，每次导出 PDF 或 EPS 时，都显示本对话框以提示设置选项。

- 转换 Windows 字体为 PDF 基础字体（Map Windows fonts to PDF base fonts）：该选项表示将 SketchUp 模型中所使用的 Windows 字体转换成 PDF 的基础字体。

- 默认（Defaults）：该命令表示将本对话框的所有选项恢复成系统默认值。

另外，SketchUp 模型中的文字和尺寸标注导出到 PDF 和 EPS 文件时，有以下限制：

  - 被几何体遮挡的文字和尺寸标注，在导出后会出现在几何体前面。
  - 被 SketchUp 绘图窗口边缘所遮挡的文字和尺寸标注不能被导出。
  - 某些字体不能正常导出。

（2）二维 CAD 文件导出

前面已经介绍过三维 CAD 文件的导出，此处介绍的是二维 CAD 文件（dwg 和 dxf）的导出设置（图 5-141）。

- 绘图比例 & 尺寸（Drawing Scale & Size）：

等比例（Full Scale（1∶1））：该选项以 SketchUp 中的真实尺寸导出 1∶1 比例的图形。

图 5-141

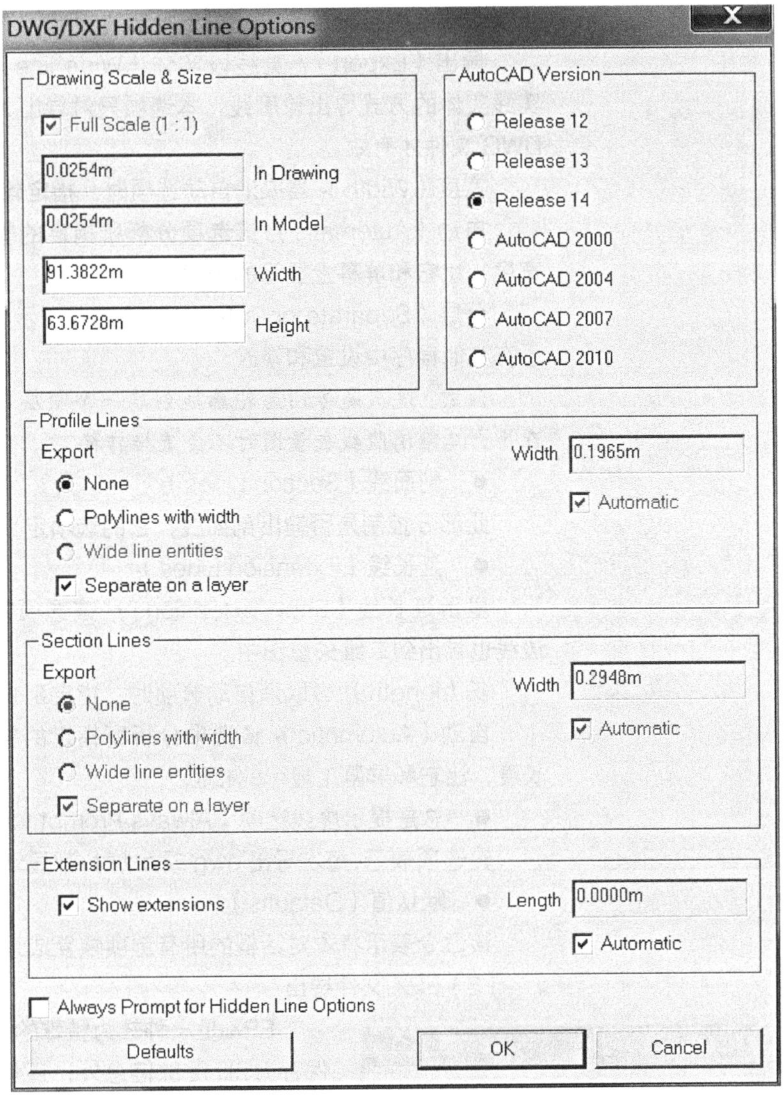

DWG/DXF Hidden Line Options

Drawing Scale & Size

☑ Full Scale (1 : 1)

0.0254m	In Drawing
0.0254m	In Model
91.3822m	Width
63.6728m	Height

AutoCAD Version

○ Release 12
○ Release 13
◉ Release 14
○ AutoCAD 2000
○ AutoCAD 2004
○ AutoCAD 2007
○ AutoCAD 2010

Profile Lines

Export   Width 0.1965m
◉ None
○ Polylines with width   ☑ Automatic
○ Wide line entities
☑ Separate on a layer

Section Lines

Export   Width 0.2948m
◉ None
○ Polylines with width   ☑ Automatic
○ Wide line entities
☑ Separate on a layer

Extension Lines

☑ Show extensions   Length 0.0000m
     ☑ Automatic

☐ Always Prompt for Hidden Line Options

Defaults   OK   Cancel

在绘图中 / 在模型中(In Drawing / In Model): 设置图形的缩放比例,"在绘图中"为图面上的物体长度,"在模型中"为模型物体的真实尺寸。例如,要表示比例 1∶100,只要在"在绘图中"输入 1cm,并在"在模型中"输入 1m。

注意: 透视图不能按比例导出。即使是轴测图, 也只有等角轴测才能按比例导出。

宽度 / 高度(Width / Height): 设置导出文件的高度和宽度。

● AutoCAD 版本(AutoCAD Version):

SketchUp 支持导出的 dwg/dxf 文件版本,选择其中一种即可。

● 轮廓线(Profile Lines):

导出(Export) / 无(None): 该选项表示导出时会忽略屏幕显示效果,不导出轮廓线。

导出(Export) / 带宽度值的多段线(Polylines with width): 该选项表

示以带宽度的多义线的方式导出轮廓线。

导出（Export）/ 宽线段实体（Wide line entities）：该选项表示以粗实线实体的方式导出轮廓线，本选项只对导出 AutoCAD 2000 以上版本的 DWG 文件才有效。

宽度（Width）：当取消自动选项时，指定轮廓线的宽度。

自动（Automatic）：该选项分析所指定的输出尺寸，并匹配轮廓线的宽度，让它和屏幕上显示的相似。

分层（Separate on a layer）：该选项表示导出专门的轮廓线图层，便于在其他程序中设置和修改。

注意：这只是专门为轮廓线创建一个图层而已。SketchUp 的图层设置在导出二维消隐线矢量图时不会直接转换。

● 剖面线（Section Lines）：

此部分控制是否输出剖面线，它的选项定义与轮廓线是一样的。

● 延长线（Extension Lines）：

显示延长线（Show extensions）：该选项将 SketchUp 中显示的延长边线也导出到二维矢量图中。

长（length）：当取消自动选项时，指定延长线的长度。

自动（Automatic）：该选项分析所指定的输出尺寸，并匹配延长线的长度，让它和屏幕上显示的相似。

● 总是提示虚线选项（Always Prompt for Hidden Line Options）：

该选项表示，每次导出 dwg 或 dxf 时，都显示本对话框以提示设置选项。

● 默认值（Defaults）：

该命令表示将本对话框的所有选项恢复成系统默认值。

（3）EPX 文件导出

图 5-142

EPX 是一种较为特殊的二维光栅文件格式，它除了保存 RGB 图像信息外，还保存了基于三维模型的深度信息和材质信息，便于在二维空间内进行三维效果的渲染。该文件格式主要用于 Piranesi 软件，一般来说，为便于进一步在 Piranesi 软件中编辑，我们可以导出一个平涂着色，没有贴图的 EPX 文件。EPX 的设置对话框如图（图 5-142）：

● 图像大小（Image Size）：

使用视图尺寸（Use view size）：该选项表示导出图像的尺寸大小等于当前视图窗口的大小。取消该选项，则可以自定义导出图像尺寸。

宽度 / 高度（Width / Height）：以像素为单位自定义导出图像的尺寸。指定的尺寸越大，导出时间越长，消耗内存越多，生成的图像文件也越大。

文件大小（Approximate file size）：在设定的导出图像尺寸的前提下，估计的导出文件的大小。

- EPIX：

导出边线（Export edges）：该选项可以导出 SketchUp 中所显示的边线样式到 EPX 文件中去。如果在 SketchUp 的显示设置中关闭了边线显示，则不管是否选择了本选项，EPX 文件中都不会显示边线。

显示材质（Export textures）：该选项可以将所有贴图材质导出到 EPX 文件中去。不过要注意，通常 Piranesi 需要的是平涂着色、没有贴图的 EPX 文件。

生成地面（Export ground plane）：该选项可以在导出的 EPX 文件中自动生成地平面，而不需要在 SketchUp 中创建。

注意：要正确导出 EPX 文件，必须将屏幕显示设置为 32 位色。

（4）光栅图像文件导出

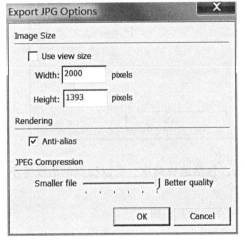

图 5-143

JPG、TIF、PNG 和 BMP 都是比较常见的二维光栅图像格式，也唯有这类格式的导出文件可以保留 SketchUp 场景中的阴影、贴图、透明度等效果。这类格式的设置选项大致相同。下面以较典型的 JPG 格式为例来解释其选项的设置（图 5-143）。

- 图像大小（Image Size）：

使用视图尺寸（Use view size）：该选项表示导出图像的尺寸大小等于当前视图窗口的大小。取消该选项，则可以自定义导出图像尺寸。

宽度 / 高度（Width / Height）：以像素为单位自定义导出图像的尺寸。指定的尺寸越大，导出时间越长，消耗内存越多，生成的图像文件也越大。

- 渲染（Rendering）：

抗锯齿（Anti-alias）：该选项表示对导出图像做平滑处理。这种处理需要更多的导出时间，但可以减少图像中的线条锯齿。

- JPEG 压缩（JPEG Compression）：

大小 / 质量（Smaller file / Better quality）：该选项为导出 JPG 格式时所特有，用以控制 JPG 的压缩比，可以在偏向于更小的文件和更好的质量间选择。

5.7.9　将剖切面导出为二维 CAD 文件

除了对整个或部分模型的导出外，SketchUp 还能以 DWG/DXF 格式将剖面切片保存为二维矢量图。

当模型中添加了剖面后，导出菜单中的二维剖切命令将被激活。选择菜单 File–>Export–>Section Slice，即可打开导出二维剖切面对话框，点击对话框右下角的选项按钮可以打开设置对话框（图 5-144）。

- 真实剖面（正射）（True Section（Orthographic））：

该选项表示导出剖面切片的正交视图。可以创建施工图模版或者别的精确可测的切片。

- 屏幕投影（WYS/WYG）（Screen Projection）：

图 5-144

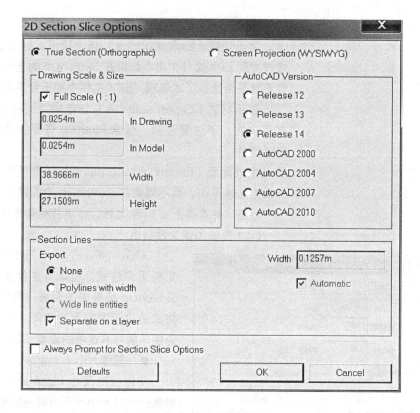

将屏幕上看到的剖面视图导出,包括透视角度。可以得到剖透视等不需要测量的图形。

● 绘图比例 & 尺寸(Drawing Scale & Size):

等比例(Full Scale(1:1)):该选项以SketchUp中的真实尺寸导出1:1比例的图形。

在绘图中/在模型中(In Drawing / In Model):设置图形的缩放比例,"在绘图中"为图面上的物体长度,"在模型中"为模型物体的真实尺寸。例如,要表示比例1:100,只要在"在绘图中"输入1cm,并在"在模型中"输入1m。

注意:透视图不能按比例导出。即使是轴测图,也只有等角轴测才能按比例导出。

宽度/高度(Width / Height):设置导出文件的高度和宽度。

● AutoCAD 版本(AutoCAD Version):

选择导出的 dwg/dxf 文件版本。

● 剖面线(Section Lines):

导出(Export)/无(None):该选项表示导出时会忽略屏幕显示效果,不导出剖面线。

导出(Export)/带宽度值的多段线(Polylines with width):该选项表示以带宽度的多义线的方式导出剖面线。

导出(Export)/宽线段实体(Wide line entities):该选项表示以粗实线实体的方式导出剖面线,本选项只对导出 AutoCAD 2000 以上版本的

DWG 文件才有效。

宽度（Width）：当取消自动选项时，指定剖面线的宽度。

自动（Automatic）：该选项分析所指定的输出尺寸，并匹配剖面线的宽度，让它和屏幕上显示的相似。

分层（Separate on a layer）：该选项表示导出专门的剖面线图层，便于在其他程序中设置和修改。

注意：这只是专门为剖面线创建一个图层而已。SketchUp 的图层设置在导出二维消隐线矢量图时不会直接转换。

● 总是提示剖面选项（Always Prompt for Section Slice Options）：
该选项表示，每次导出剖面时，都显示本对话框以提示设置选项。

● 默认值（Defaults）：
该命令表示将本对话框的所有选项恢复成系统默认值。

5.7.10 动画的导出

可以将 SketchUp 的幻灯演示动画导出为数码视频文件。

当模型中添加了两个以上的页面后，导出菜单中的动画命令将被激活。选择菜单 File–>Export–>Animation–>Video，即可打开导出动画对话框，在文件类型下拉列表内列举了所有支持导出的动画类型，包括 AVI、WEBM、OGV 和 MP4。选择不同的文件类型，点击右下角的"选项"按钮可以打开相应的设置对话框进行导出设置。这些动画格式的导出选项基本相同，现以 AVI 格式为例来解释其选项的设置（图 5–145）：

图 5–145

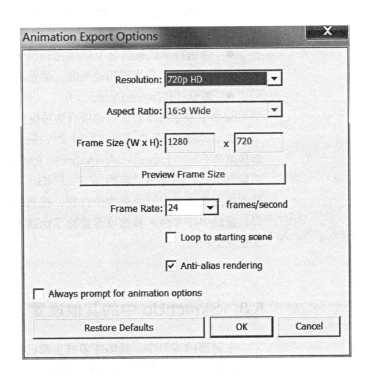

● 分辨率（Resolution）：
除了预设好的三个分辨率外，也可以自己设定分辨率。如果选择自己

设定（Custom），则下面两个选项被激活。

- 锁定高宽比（Aspect ratio lock）：

该选项表示锁定每一帧动画图像的高宽比。4：3 的比例是电视、大多数计算机屏幕、和 1950 年之前的电影的标准。16：9 的比例是宽银幕显示标准，包括数字电视、等离子电视和宽屏显示器等等。

- 画面尺寸（Frame Size（W×H））

该选项控制每帧画面的尺寸，以像素为单位。640x480 是"全屏幕"的帧画面尺寸，也能提供较高的压缩率。尺寸越大动画越清晰。

- 预览画面尺寸（Preview Frame Size）：

该按钮可以预览设定画面尺寸的效果。

- 帧数（Frame Rate）：

该选项指定每秒产生的帧画面数。帧数和渲染时间以及视频文件大小成正比。8 ~ 10 之间的设置是画面连续的最低要求，12 ~ 15 之间的设置既可以控制文件的大小也可以保证流畅播放，24 ~ 30 之间的设置就相当于"全速"播放了。这是大致的分界线，可以根据自己的需要来设置帧数。

- 循环播放页面（Loop to starting page）：

该选项表示产生额外的动画从最后一个页面回到第一个页面。可以用于创建无限循环的动画。

- 抗锯齿渲染（Anti-alias rendering）：

该选项表示对导出图像做平滑处理。这种处理需要更多的导出时间，但可以减少图像中的线条锯齿。

- 永远提示动画选项（Always prompt for animation options）：

该选项表示，每次导出动画时，都显示本对话框以提示设置选项。

- 默认（Restore Defaults）：

该命令表示将本对话框的所有选项恢复成系统默认值。

SketchUp 除了支持导出视频文件格式外，也支持导出系列静帧图像。选择菜单 File->Export->Animation->Image Set，即可打开导出系列静帧图像对话框，图像格式包括 JPG、PNG、TIF 和 BMP。系列静帧图像以一系列的图像来表现动画的整个过程，根据时间的长短和帧数设置会产生不同数量的多个文件。其选项设置除了比动画的导出选项少一些之外，其他设置完全相同。

5.8　SketchUp 中的其他设置

在前面的练习中，我们或多或少都已经接触到了 SketchUp 的一些设置。在本小节中，我们将对影响 SketchUp 全局的部分设置作补充说明。这部分设置主要在场景信息对话框和系统参数对话框中，分别通过菜单 Window->Model Info 和 Preferences 打开。

5.8.1 场景信息（Model Info）设置

场景信息对话框中设定的是影响当前场景的参数，从上到下依次包括动作、组件、信息、尺寸、文件、位置、渲染、统计、文字和单位。

（1）动作（Animation）

图 5-146

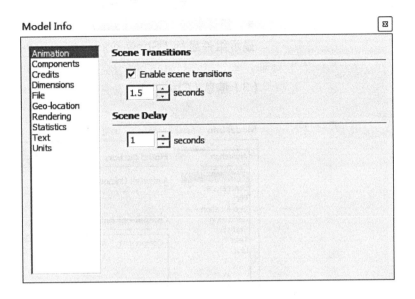

● 场景切换（Scene Transitions）

启用（Enable scene transitions）：作幻灯演示时在两个场景之间平滑移动照相机，并可设定场景切换的时间。当取消该选项时，则直接切换场景显示。

● 场景延迟（SceneDelay）：

作幻灯演示时每个场景的停留时间。

（2）组件（Components）

图 5-147

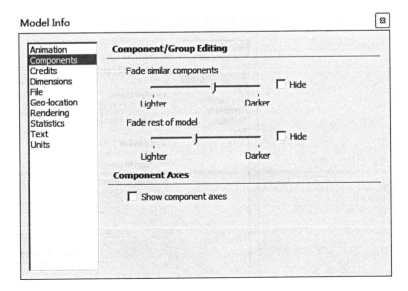

● 组件 / 群组编辑（Component/Group Editing）

淡化显示相同组件（Fade similar components）：当编辑组件时，设定相同组件的淡化程度，也可完全隐藏。

淡化显示其余模型（Fade rest model）：当编辑组件或群组时，设定其他物体的淡化程度，也可完全隐藏。

● 组件坐标（Component Axes）

显示组件坐标（Show component axes）：是否显示组件自身的坐标轴。

（3）信息（Credits）

图 5-148

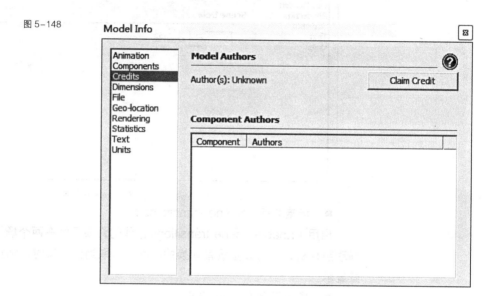

主要显示模型的所有权信息，包括模型中所使用的组件的作者信息。

（4）尺寸（Dimensions）

图 5-149

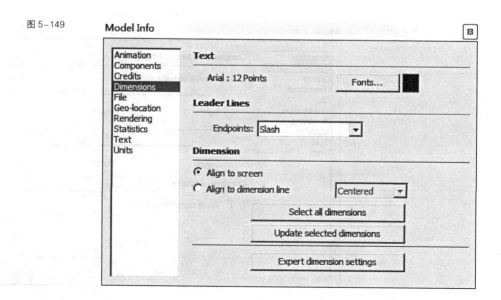

- 文字（Text）

字体（Fonts）：改变标注文字的字体、字形和大小。字体按钮后的颜色可以更改字体的颜色。

- 标注引线（Leader Lines）

端点（Endpoints）：选择标注引线的端点形式，下拉列表中共有五种端点形式：没有（None）、斜杆（Slash）、点（Dot）、关闭箭头（Closed Arrow）、打开箭头（Open Arrow）。

- 尺寸标注（Dimension）

水平显示（Align to screen）：标注文字保持在水平位置上。

对齐到尺寸线（Align to dimension line）：在三维空间中将标注文字对齐到标注线上。在下拉列表中有三种对齐到标注线的形式：上面（Above）、中心（Centered）、外表（Outside）。

选择所有尺寸标注（Select all dimensions）：选择场景中所有尺寸标注。

更新选择的尺寸标注（Update selected dimensions）：对所选择的尺寸标注按照当前设定的样式进行更新。

- 高级设定（Expert dimension settings）

在新的设置对话框中对尺寸标注的前缀、显示方式和关联性进行设置。

注意：尺寸标签下各选项的具体说明可参见 4.4.3。

（5）文件（File）

图 5-150

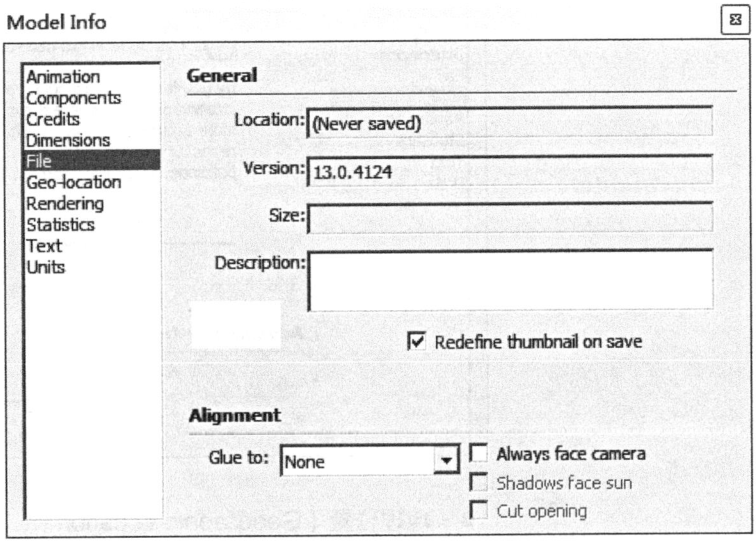

- 概要（General）

位置（Location）：当前文件所在的文件夹和路径。

版本（Version）：当前文件上一次被编辑时所用 SketchUp 的版本。

大小（Size）：当前文件的大小。

注释（Description）：对当前文件的注释。

保存时重定义缩略图（Redefine thumbnail on save）：每次保存文件时更新缩略图。

● 对齐（Alignment）：

下列选项表示当前文件被作为组件插入到其他SketchUp模型中时的相关设置。相关设置参见2.3.4中定义组件对话框的内容。

粘合到（Glue to）：定义将本文件作为组件时插入时可以被放置到什么样的平面上。其选择项包括：没有（None）、任意（Any）、水平（Horizontal）、垂直（Vertical）、斜面（Sloped）。

总是面向相机（Always face camera）：在旋转相机时，允许组件沿粘合面的蓝轴自动旋转以使得其某一面始终面向相机。只有"Glue to"选项为"None"时，这一选项才被激活。

阴影朝向太阳（Shadows face sun）：在组件面向相机旋转时，其阴影来自组件面向太阳时的位置，阴影的位置和大小不随组件的旋转而改变。只有当"Always face camera"选项被选中时，这一选项才被激活。

剖切开口（Cut opening）：允许将本文件作为组件时插入时在其插入面上自动开洞。当"Glue to"选项为"None"时，这一选项将变成灰色而无法选择。

（6）位置（Geo-location）

图5-151

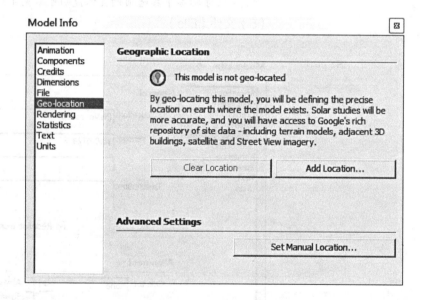

● 地理位置（Geographic Location）

清除位置（Clear Location）：清除当前场景中已经设定的地理位置。

添加位置（Add Location）：选择当前场景所处的地理位置。该选项将打开新的对话框以选择确切的地理位置（图5-152）。该对话框的内容实际上是谷歌地图，通过缩放和平移找到场景所处位置即可。要注意的是，地图必须放大的足够大才能准确定位。地理位置确定之后，结合时间设置就可以为当前场景模型设定准确的太阳方位角和高度角。

图 5–152

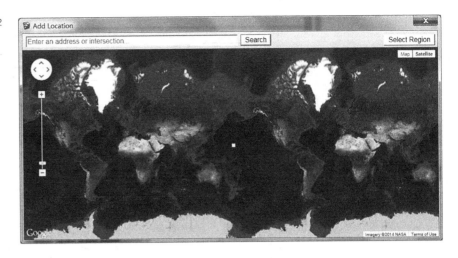

● 高级设定（Advanced Settings）

手动设定位置（Set Manual Location）：该选项将通过设定经纬度坐标来确定场景的地理位置。

（7）渲染（Rendering）

图 5–153

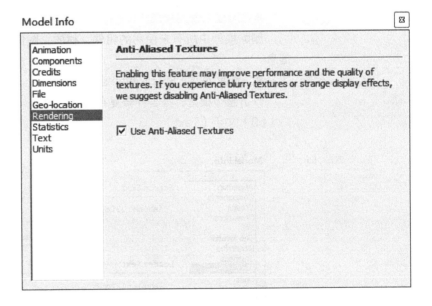

● 反锯齿贴图（Anti–Aliased Textures）

使用反锯齿贴图（Use Anti–Aliased Textures）：将材质贴图以反锯齿状态显示，如果显示效果比较模糊或有些奇怪的效果，建议取消该选项。

（8）统计（Statistics）

● 统计信息：

全部模型（Entire model）：显示当前场景中各种图形要素的数量，包括边线、表面、群组、组件等等。

只有组件（Only components）：只显示当前场景中被使用的组件名称

图 5-154

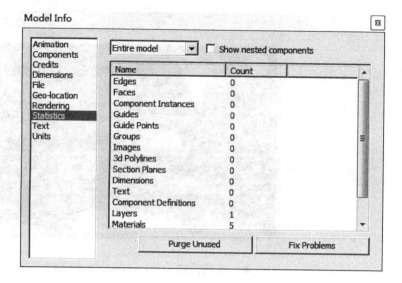

以及数量。

显示嵌套组件（Show nested components）：在统计信息中列出嵌套组件的信息。

● 清理未使用材质（Purge unused）：

删除模型中所有未使用的组件、材质、图像文件、图层和其他多余的信息。

● 修复问题（Fix problems）：

分析整个模型，报告并修复存在的问题。

（9）文字（Text）

图 5-155

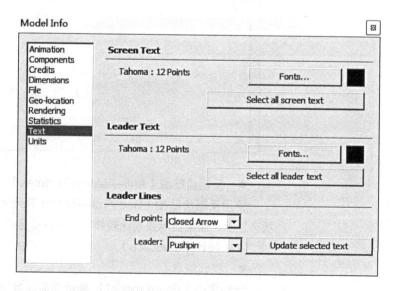

● 屏幕文字（Screen Text）

字体（Fonts）：改变屏幕文字的字体、字形和大小。字体按钮后的颜色可以更改字体的颜色。

选择所有屏幕文字(Select all screen text)：选择场景中所有的屏幕文字。

● 标注文字（ Leader Text ）

字体（ Fonts ）：改变标注文字的字体、字形和大小。字体按钮后的颜色可以更改字体的颜色。

选择所有标注文字（ Select all leader text ）：选择场景中所有的标注文字。

● 标注引线（ Leader Lines ）

端点（ End point ）：选择标注引线的端点形式，下拉列表中共有四种端点形式：没有（ None ）、点（ Dot ）、关闭箭头（ Closed Arrow ）、打开箭头（ Open Arrow ）。

箭头（ Leader ）：选择标注引线的形式，下拉列表中共有两种形式：背景（ View Based ）和图钉（ Pushpin ）。

更新选择的文字（ Update selected text ）：用对话框中当前设定的标注形式替换所有选择的文字标注。

注意：文字标签下各选项的说明还可参见 4.4.1。

（10） 单位（ Units ）

图 5-156

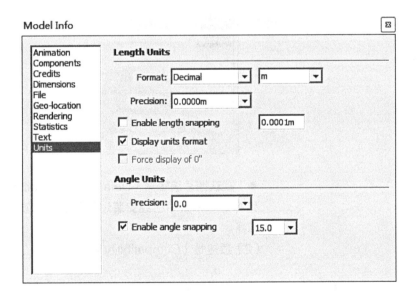

● 长度单位（ Length Units ）

单位格式（ Format ）：选择系统使用的单位格式，下拉列表中列举了四种格式：十进制（ Decimal ）、分数制（ Fractional ）、工业图（ Engineering ）、建筑图（ Architectural ）。其中后三种均为美制标准，我们常用的是十进制格式。十进制格式下可选择的单位包括：英寸，英尺，毫米，厘米，米。

精确度（ Precision ）：设定数值的精确度，十进制格式下可达小数点后六位。

启用捕捉（ Enable length snapping ）：按照所设定的捕捉间距在绘图或编辑时自动捕捉点。在数值控制框中输入的数值可不受此选项限制。

显示单位形式（ Display units format ）：显示单位的形式。

强制显示为 0"（ Force display of 0" ）：强制显示 0 英寸。该选项只在建筑图单位形式下被激活。

● 角度单位（Angle Units）

精确度（Precision）：设定角度的精确度。SketchUp 中的角度均采用十进制形式。

启用捕捉（Enable length snapping）：按照所设定的捕捉角度在绘图或编辑时自动捕捉点。在数值控制框中输入的数值可不受此选项限制。

5.8.2 系统参数（Preferences）设置

系统参数设置对话框中设定的是影响 SketchUp 系统的参数，包括外部应用、适应性、绘图方式、扩展模块、文件路径、概要、OpenGL、快捷键、模板和工作空间。

（1）外部应用（Applications）

图 5-157

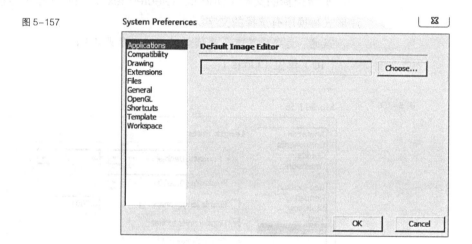

● 默认图片编辑器（Default Image Editor）

选择操作系统中已经安装过的图形编辑软件作为 SketchUp 的默认图片编辑器。

（2）适应性（Compatibility）

图 5-158

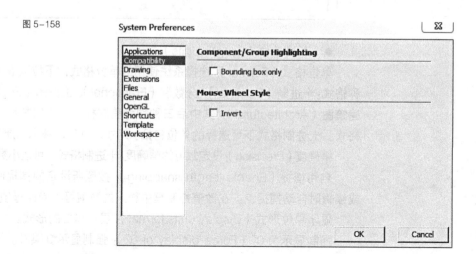

● 组件 / 群组高亮设置（Component/Group Highlighting）

只显示边界框(Bounding box only)：该选项表示当选择组件或群组时，只对组件或群组的边界框作高亮显示。当不选择该选项时，组件或群组所有边线连同边界框一起作高亮显示。

● 鼠标滚轮设置（Mouse Wheel Style）

反转（Invert）：该选项表示当使用鼠标滚轮进行视窗缩放操作时，滚轮上下方向与缩放效应反转，即向上滚时缩小，向下滚时放大。

（3）绘图方式（Drawing）

图 5-159

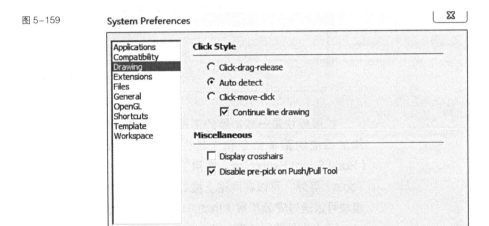

● 点选模式（Click Style）

点选 / 拖曳 / 放开（Click-drag-release）：该模式下，直线工具的画线方式只能是在一个点上按住鼠标然后拖曳，再在端点处松开鼠标完成画线。

自动检测（Auto detect）：这是默认的点选模式，点选 / 拖曳 / 放开和点选 / 移动 / 点选两种模式均可使用。采用点选 / 拖曳 / 放开时，采用点选 / 移动 / 点选方式时就会画单独的线。

点选 / 移动 / 点选（Click-move-click）：该模式下，直线工具的画线方式是通过点击线段的端点来进行画线。

连续线（Continue line drawing）：直线工具会直接以上一条线段的终点作为新的线段的起点连续画线。

● 其他（Miscellaneous）

显示光标（Display crosshairs）：画图时，在光标处显示三向坐标轴线，颜色与坐标轴颜色一致。

推拉操作时取消预选择模式（Disable pre-pick on Push/Pull Tool）：该选项使得进行推拉操作时必须先选择推拉工具，再选择需要推拉的面。而取消该选项，则可以先选择单个面，旋转视角，再选择推拉工具进行操作，从而有利于对某些很难选择的面进行推拉操作。

（4）扩展模块（Extensions）

图 5-160

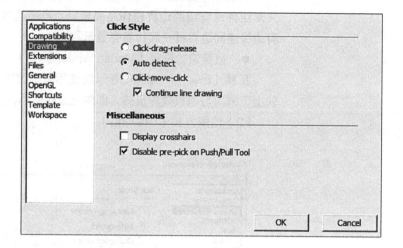

扩展模块是一些扩展的工具包，勾选不同的工具包将在 SketchUp 中添加相应的菜单命令和工具栏。除了 SketchUp 自带的 Ruby 脚本样例（Ruby Script Examples）、实用工具（Utilities Tools）和地形工具（Sandbox Tools）等外，可以在网络上搜寻并下载多种功能的扩展模块。下载的扩展模块可以通过安装扩展（Install Extension）的方式进行安装。

（5）文件路径（Files）

图 5-161

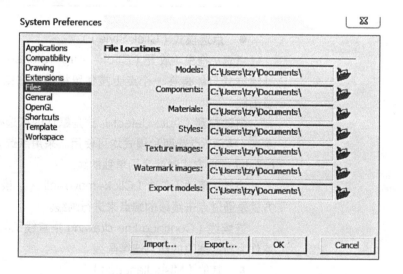

● 文件位置（File Locations）：

设定 SketchUp 的各类文件查找路径，包括模型、组件、材质库、显示样式、贴图、水印图像和导出模型。每一类文件的路径右侧的按钮可用来指定新的路径。

输入（Import）：输入现存的 SketchUp 参数设置文件。

输出（Export）：将当前的参数设置输出为专门的文件。

（6）概要（General）

图 5-162

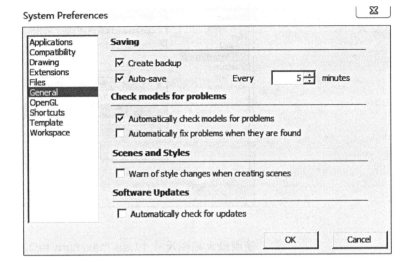

● 保存（Saving）

创建备份（Create backup）：在保存文件时，自动创建文件备份，备份文件与保存文件在同一个文件夹中，并以 skb 为文件后缀。

自动保存（Auto-save）：在画图过程中，每隔一段时间就自动保存一次文件。间隔的时间可以自己设定。自动保存的文件将会在原文件的名字前加上"AutoSave"的前缀，该文件在正常退出 SketchUp 后会自动删除，而在非正常退出程序的情况下则会保留，最大限度减少意外操作导致的损失。

● 模型检测（Check models for problems）

自动检测（Automatically check models for problems）：自动检测模型中存在的问题。

自动修复（Automatically fix problems when they are found）：当在模型中检测到问题时自动修复。

● 场景与样式（Scenes and Styles）

创建新场景时警告样式改变（Warn of style changes when creating scenes）：当创建新场景时，如果样式有改变，则显示警告信息。

● 软件升级（Software Updates）

自动检测升级（Automatically check for updates）：自动检测软件是否有新版本发布。

（7）OpenGL

● OpenGL 设置（OpenGL Settings）

使用硬件加速（Use hardware acceleration）：让 SketchUp 使用系统的 3D 硬件加速功能。目前能 100% 兼容 OpenGL 的显卡并不多，大多数显卡只是专为游戏优化，不能很好地支持其他 3D 程序。这样，在使用硬件加速的过程中就可能出现各种不兼容问题。

图 5-163

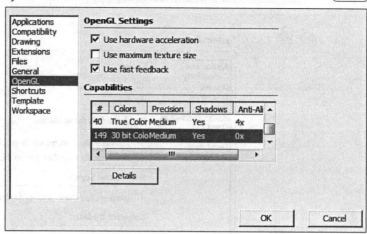

使用最大贴图尺寸（Use maximum texture size）：使用由电脑显卡支持的最大贴图尺寸，该选项可能会导致 SketchUp 运行放缓。该选项只影响屏幕显示效果，而不影响导出图片的效果。

使用快速反馈（Use fast feedback）：模型变大后，使用阴影和贴图的渲染会变慢。快速反馈可以提高速度，不过会使一些大的模型元素出现闪烁。只有在渲染变慢的时候，快速反馈才会自动起作用。

● 性能（Capabilities）：

某些 OpenGL 模式不能完全支持表面投影效果。对于一些 OpenGL 驱动，低精度的显示模式在渲染时可能出错。可以自己选择显示模式，但要注意所选的模式有可能无法正常工作。

详细内容（Details）：列出显卡的详细信息，以及当前 SketchUp 使用的渲染模式。

（8）快捷键（Shortcuts）

图 5-164

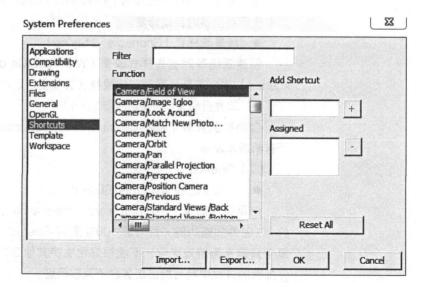

灵活应用快捷键可以明显提高我们的工作效率。SketchUp 允许我们为所有的命令添加相应的快捷键。添加或修改快捷键的步骤如下：

1）在命令列表内选择需要添加快捷键的命令。如果该命令已经有了快捷键，会在已关联快捷键（Assigned）框中显示出来。

2）在添加快捷键（Add Shortcut）框内输入快捷键，并点击添加（＋）按钮，该快捷键被添加到选定的命令上。

3）对于已经有了快捷键的命令，在已关联快捷键（Assigned）框中选择该键，点击删除（－）可以将其取消。

注意：因为数值控制框也会接受键盘的输入，因此设定命令的快捷键时，不能使用数字键、空格键和退格键，也不要使用"/"和"*"键。另外，快捷键可以采用 Shift、Ctrl、Alt 组合键。

快捷键标签下其他选项的功能如下：

● 过滤（Filter）：

输入需过滤的字符，在命令列表内只列出包含有该字符的命令，便于我们快速查找命令。

● 重置（Reset All）：

按 SketchUp 的默认设置重新设定所有的快捷键。

● 输入（Import）：输入现存的 SketchUp 参数设置文件。

● 输出（Export）：将当前的参数设置输出为专门的文件。

注意：此处输入和输出的参数设置文件中不仅包括快捷键的设置，还包括关于文件路径的设置。

（9）模板（Template）

图 5-165

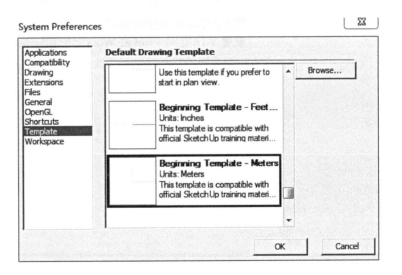

通过下拉列表选择新建 SketchUp 文件时所采用的模板文件。也可单击浏览（Browse）按钮打开文件浏览器选择其他的模板文件。

除了系统预定义的模板文件外，也可以创建自己习惯的模板，并将其添加到图形模板的下拉列表中。具体做法如下：

1）新建一个 SketchUp 文件。

2）按自己的需要调整场景信息和系统属性对话框中的相关选项。

3）如果有经常使用的几何体、图层等，也可以添加到文件中。

4）将文件保存到 SketchUp 安装目录下的 Resources–>en–US–>Templates 文件夹下。

(10) 工作空间（Workspace）

图 5-166

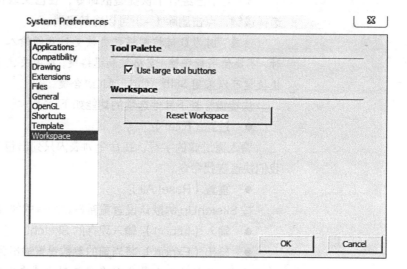

● 工具栏（Tool Palette）

使用大图标（Use large tool buttons）：工具栏图标有大小两种显示尺寸，该选项可以在这两种尺寸中进行切换。

● 工作空间（Workspace）

重置工作空间（Reset Workspace）：SketchUp 中工作空间的概念是所有设置面板的打开状态和所处位置，该按钮将关闭所有面板。